Android 性能优化之道

从底层原理到一线实践

赵子健 著

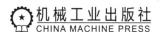

图书在版编目（CIP）数据

Android 性能优化之道：从底层原理到一线实践 / 赵子健著 . -- 北京：机械工业出版社，2025.3.
（移动开发）. -- ISBN 978-7-111-77390-0

I. TN929.53

中国国家版本馆 CIP 数据核字第 20251FF614 号

机械工业出版社（北京市百万庄大街 22 号　邮政编码 100037）
策划编辑：孙海亮　　　　　　　　　责任编辑：孙海亮
责任校对：孙明慧　张雨霏　景　飞　责任印制：常天培
北京铭成印刷有限公司印刷
2025 年 3 月第 1 版第 1 次印刷
186mm×240mm・20.75 印张・449 千字
标准书号：ISBN 978-7-111-77390-0
定价：99.00 元

电话服务　　　　　　　　　网络服务
客服电话：010-88361066　　机　工　官　网：www.cmpbook.com
　　　　　010-88379833　　机　工　官　博：weibo.com/cmp1952
　　　　　010-68326294　　金　书　网：www.golden-book.com
封底无防伪标均为盗版　　　机工教育服务网：www.cmpedu.com

前言

为何写这本书

Android 性能优化的重要性体现在能为程序带来更大的价值及帮助 Android 开发者增强职业竞争力这两个方向上。

性能优化可以提升程序的稳定性、运行速度和流畅性，从而提高用户满意度，增加用户的留存率，促进业务增长。对于大中型公司来说，每个程序都会有专门的性能品质团队来负责优化性能，由此可见性能优化对提升程序价值的重要性。

对于 Android 开发者来说，掌握性能优化技术可增强职业竞争力，并有更好的职场表现。在平时的工作中，大多数人只关注基本的业务需求，很少有人关注业务需求之上的体验需求，所以开发者若是能具备很强的性能优化能力，就可以通过产品为业务带来更多的额外价值，那么自然就能获得更高的认可。另外，在面试中，性能优化也是必考内容，它是开发者高阶技术实力的体现，擅长性能优化的开发者更容易，在面试中脱颖而出，从而提升面试的成功率。

网络上有很多与性能优化相关的文章，市面上也有不少与性能优化相关的书籍，但是其中所讲的内容大都是一个个具体的性能优化案例，看完这些案例后，我们仅知道了在某个具体场景下怎么做。但是在实际开发中，我们面对的场景是多样且复杂的，不同的业务类型、不同的性能设备都会导致性能优化方法的不同。因此，很多时候我们会因为无法在网上找到同样场景的优化方案，而不知道从哪里开始下手，或者即便找到了类似的场景，并参考别人的方案制定了自己的优化方案，但是最终的优化效果很差，甚至可能出现优化方案根本无法落地的情况。

基于此，笔者决定写一本关于 Android 性能优化的图书。笔者拥有丰富的 Android 性能优化经验，先后负责过快应用引擎、飞书客户端等多个大型 Android 应用的性能优化工作。在多年的性能优化工作中，笔者总结了大量的经验和技巧，并经过两年的提炼和总结，形成了一套完整的性能优化体系。

笔者认为，要想做好性能优化，仅通过博客等网络渠道进行零碎学习是不够的，而是需要扎实且成体系地学习硬件、系统、应用等多个层面的知识点。所以本书不仅会讲解具体的性能优化实例，还会深入讲解实现性能优化需要具备的知识体系。笔者希望读者基于本书所讲的知识体系和经验，能够构建出自己的性能优化方法论，真正了解性能优化的本质，从而能够根据具体场景灵活制定性能优化方案。

本书特色

相较于其他同类图书或者网络文章，本书具有如下特色。

- **直指本质**：针对所有性能问题，本书都从底层原理进行剖析，帮助读者理解出现类似问题的根本原因。
- **实战性强**：本书所有内容都来自笔者多年的实际工作总结和思考，以落地实操为最终目标，可以帮助读者真正解决实际工作中遇到的问题。
- **内容全面**：本书包含内存优化、速度和流畅性优化、稳定性优化、包体积优化、耗电优化、磁盘占用优化、流量优化等典型优化内容，覆盖了应用层、系统层、硬件层等多个维度。
- **体系性强**：本书力求构建出一套性能优化方法论，这套方法论可以帮助读者从多个角度思考性能优化问题，从而灵活构建可以满足自己场景需求的性能优化方案。
- **案例丰富**：本书给出了大量涉及应用层、系统层、硬件层等多个维度的针对监控和优化等环节的具体案例。
- **基于 Android 14 撰写**：本书主要基于 Android 14 进行讲解，这样可以确保读者所学的知识点都是较新的。但是，出于兼容性考虑，实际工作中往往要基于各个系统版本来做性能优化，所以本书也会涉及 Android 14 以外的其他 Android 版本的源码。
- **提供全部源码下载**：因为很多问题都是通过示例程序讲解的，所以书中涉及大量源码，对这些源码均提供了完整下载，下载链接为 https://github.com/helsonzhao/android_performance。

本书读者对象

本书适合以下读者阅读。

- **初级 Android 开发者**：这部分读者虽然主要精力放在基本业务需求上，但是要想快速成长并跑赢竞争对手，不可错过本书。
- **中级 Android 开发者**：这部分读者在日常工作中已经开始关注性能问题，本书是他们突破瓶颈、高质量完成开发工作的最佳选择。
- **所有从事性能优化工作的人员**：除了 Android 性能优化相关从业者，其他操作系统的性能优化人员也可以通过本书学到性能优化的原理和方法，这些原理和方法其实并不局限于具体的平台或者系统，而是相通的。
- **对 Android 底层原理感兴趣的读者**：本书剖析了大量 Android 底层源码，读者可以通过这部分内容深入理解 Android 底层原理。

如何阅读本书

对于初级 Android 开发人员，建议重点研读原理部分，这些知识点能帮助这部分读者建立完整的知识体系，有了这些知识，便可以轻松应对日常开发工作。至于实战部分，这部分读者可以在之后的开发工作中慢慢地阅读和实践。

对于中级 Android 开发人员，因为性能优化工作是其日常工作中的重要组成部分，所以建议从前到后通读全书，全方位了解 Android 性能优化知识。书中有不少优化案例用到了比较复杂的技术，如 Native Hook 技术、字节码插桩等，这些技术是 Android 进阶要掌握的知识点，可以帮助这部分读者在技术方面更上一层楼。

对于其他读者，建议选择自己喜欢或者需要的章节进行针对性阅读。

致谢

感谢太太张艺，由于本书的内容较多，专业性较强，很多时候笔者都怀疑自己是否能够完成本书的写作，是你的鼓励才让笔者坚持下来。

还要感谢许多活跃在技术社区的朋友们，感谢大家提出的建议和长期以来对笔者的支持，希望本书能够不辜负你们的期望。

目录 Contents

前言

引言 如何才能做好性能优化 ············ 1

第1章 内存优化原理 ············ 8
1.1 虚拟内存 ············ 9
  1.1.1 为什么需要虚拟内存 ············ 9
  1.1.2 什么是虚拟内存 ············ 10
  1.1.3 ELF 文件 ············ 11
  1.1.4 虚拟内存申请和释放 ············ 14
  1.1.5 虚拟内存到物理内存 ············ 16
1.2 内存数据的组成 ············ 17
  1.2.1 maps 文件 ············ 17
  1.2.2 Java 堆内存 ············ 18
  1.2.3 Native 内存 ············ 26
1.3 内存优化方法论 ············ 26
  1.3.1 及时清理数据 ············ 26
  1.3.2 减少数据的加载 ············ 27
  1.3.3 增加内存大小 ············ 29

第2章 内存优化实战 ············ 30
2.1 Java 内存泄漏检测 ············ 31
  2.1.1 手动分析 ············ 31
  2.1.2 自动分析 ············ 36
2.2 Native 内存泄漏检测 ············ 40
  2.2.1 拦截 malloc 和 free 函数 ············ 40
  2.2.2 获取 Native 堆栈 ············ 50
  2.2.3 Native 堆栈信息还原 ············ 51
  2.2.4 开源工具介绍 ············ 55
2.3 Bitmap 治理 ············ 55
  2.3.1 字节码操作 ············ 56
  2.3.2 超大 Bitmap 优化 ············ 61
  2.3.3 Bitmap 泄漏优化 ············ 65
2.4 线程栈优化 ············ 66
  2.4.1 线程创建流程 ············ 67
  2.4.2 减少线程数量 ············ 69
  2.4.3 减小线程默认的栈空间大小 ············ 70
2.5 默认 webview 内存释放 ············ 72
  2.5.1 通过 maps 文件寻找地址 ············ 73
  2.5.2 通过系统变量寻找地址 ············ 75

第3章 速度与流畅性优化原理 ············ 81
3.1 CPU ············ 81

	3.1.1	CPU 的结构	82
	3.1.2	CPU 的工作流程	82
	3.1.3	汇编指令	84
3.2	缓存		84
	3.2.1	缓存的结构	84
	3.2.2	寄存器	85
	3.2.3	高速缓存	86
	3.2.4	主存	86
3.3	任务调度		86
	3.3.1	进程与线程的状态	87
	3.3.2	进程调度	88
	3.3.3	协程和线程	89
3.4	速度与流畅性优化方法论		90
	3.4.1	提升 CPU 执行效率	90
	3.4.2	提升缓存效率	92
	3.4.3	提升任务调度效率	92

第4章 速度与流畅性优化实战 … 93

4.1	充分利用 CPU 闲置时刻		94
	4.1.1	proc 文件方案	94
	4.1.2	times 函数方案	98
4.2	减少 CPU 的等待		100
	4.2.1	锁等待优化	100
	4.2.2	I/O 等待优化	108
4.3	绑定 CPU 大核		110
	4.3.1	线程绑核函数	111
	4.3.2	获取大核序列	111
4.4	GC 抑制		113
	4.4.1	GC 的执行流程	114
	4.4.2	抑制 GC 执行的方案	120
4.5	缓存策略优化		126

	4.5.1	常用的淘汰策略	127
	4.5.2	LFUCache	128
4.6	Dex 类文件重排序		131
	4.6.1	局部性原理	131
	4.6.2	Redex 使用流程	132
4.7	提升核心线程优先级		133
	4.7.1	调整线程优先级的方式	134
	4.7.2	需要调整优先级的线程	135
4.8	线程池优化		137
	4.8.1	默认的线程池创建方式	137
	4.8.2	线程池配置解析	139
	4.8.3	线程池类型及创建	141
	4.8.4	线程池监控	147

第5章 稳定性优化原理 … 152

5.1	ANR		153
	5.1.1	ANR 的类型	153
	5.1.2	常见的 ANR 归因	168
5.2	Crash		169
	5.2.1	Java Crash	169
	5.2.2	Native Crash	172
5.3	稳定性优化方法论		174

第6章 稳定性优化实战 … 176

6.1	Native Crash 监控方案		177
	6.1.1	异常信号捕获	177
	6.1.2	获取 Native 堆栈	178
	6.1.3	使用开源库	182
6.2	ANR 监控方案		188
	6.2.1	信号捕获检测方案	188
	6.2.2	AMS 接口检测方案	191

	6.2.3	抓取 Trace 文件 ················· 192
	6.2.4	使用开源框架 ··················· 193
6.3	OOM 监控方案 ························· 193
	6.3.1	Hprof 文件结构 ··················· 194
	6.3.2	Hprof 裁剪方案 ··················· 197
	6.3.3	使用开源框架 ··················· 198
6.4	Native Crash 分析思路 ·················· 198
	6.4.1	初步分析 ······················· 199
	6.4.2	堆栈分析 ······················· 200
	6.4.3	指令分析 ······················· 200
6.5	ANR 分析思路 ························ 201
	6.5.1	初步分析 ······················· 202
	6.5.2	性能分析 ······················· 203
	6.5.3	直接和间接分析 ················· 205
6.6	慢函数监控 ···························· 206
	6.6.1	慢函数检测方法 ················· 206
	6.6.2	主线程方法插桩 ················· 207

第7章 包体积优化原理 ···················· 208

7.1	APK 组成分析 ························· 208
	7.1.1	dex 文件 ······················· 209
	7.1.2	资源和 so 库文件 ················ 210
7.2	APK 包构建流程 ······················· 212
	7.2.1	编译和打包流程 ················· 213
	7.2.2	Gradle 任务 ···················· 216
7.3	包体积优化方法论 ···················· 218

第8章 包体积优化实战 ···················· 220

8.1	精简资源 ···························· 222
	8.1.1	删除无用资源 ··················· 222
	8.1.2	删除重复图片 ··················· 224
	8.1.3	混淆文件名 ····················· 232
	8.1.4	使用开源工具 ··················· 233
8.2	精简 dex 文件 ························ 233
	8.2.1	删减无用的代码 ················· 233
	8.2.2	开启编译优化 ··················· 236
	8.2.3	dex 重排 ······················· 238
	8.2.4	移除行号信息 ··················· 239
8.3	精简 so 库 ·························· 244
	8.3.1	删除无用代码 ··················· 244
	8.3.2	删除冗余的 so 文件 ············· 245
	8.3.3	删除符号信息 ··················· 245
8.4	压缩 dex 文件 ························ 246
8.5	压缩 so 库 ·························· 249
	8.5.1	官方方案压缩 so ················ 249
	8.5.2	自定义方案压缩 so ·············· 249
8.6	动态加载资源文件 ···················· 252
	8.6.1	资源加载原理 ··················· 253
	8.6.2	动态加载资源 ··················· 260
8.7	动态加载类文件 ······················ 262
	8.7.1	类加载原理 ····················· 262
	8.7.2	动态加载类 ····················· 267
8.8	动态加载 so 库文件 ···················· 267
	8.8.1	so 库加载原理 ·················· 267
	8.8.2	动态加载 so 库 ·················· 270
8.9	动态加载四大组件 ···················· 271
	8.9.1	Activity 启动流程 ··············· 271
	8.9.2	启动拦截 ······················· 285
	8.9.3	方法重定向 ····················· 290
	8.9.4	开源插件化框架 ················· 291

第9章 其他优化 ···························· 292

| 9.1 | 耗电优化 ···························· 293 |
| | 9.1.1 | 耗电统计原理 ··················· 293 |

		9.1.2 耗电监控 …………… 301
		9.1.3 耗电治理 …………… 305
9.2	流量优化 ……………………… 306	
		9.2.1 流量消耗监控 ………… 306
		9.2.2 流量分类 …………… 310
		9.2.3 流量优化 …………… 312
9.3	磁盘占用优化 ……………… 313	
		9.3.1 磁盘监控 …………… 313

- 9.3.2 存储目录 …………… 314
- 9.3.3 磁盘优化 …………… 315

9.4 降级优化 …………………… 316
    9.4.1 性能指标采集和异常判断 … 317
    9.4.2 降级任务的添加和调度 …… 318
    9.4.3 降级框架的效果度量 …… 319
    9.4.4 方案实现 …………… 320

如何才能做好性能优化

本书所有内容都是围绕着如何做好性能优化展开的，因此我们需要对性能优化有一个总体的认知，这样后面的学习才能更有方向性和目的性。

性能优化的本质

做任何事情，如果不了解其本质，就很难制定出真正有效的方案，所以了解性能优化的本质对于做好性能优化来说是一件很重要的事情。那么性能优化的本质是什么呢？笔者认为性能优化的本质是"**通过充分且合理地使用设备的硬件资源，来让程序的用户体验更好，让企业获得收益**"。

1. 充分且合理地使用硬件资源

我们都知道性能优化的目的是让程序获得更好的用户体验，但是要怎样做才能获得更好的用户体验呢？我们可能会想出很多方案，比如使用预加载、多线程、缓存等。但这些方案真的能提升程序的用户体验吗？答案是"不确定"，有可能有正面效果，但是也有可能没效果，甚至可能带来负面效果。为什么会这样呢？我们要从硬件资源的角度去考虑这个问题。

如果程序当前的 CPU 使用率已经很高了，我们再预加载任务或使用多线程并发执行任务无疑是雪上加霜，不仅不会带来任何优化效果，还会导致劣化效果，只有 CPU 使用率较低的时候，这些方案才能带来较好的优化效果。如果当前的内存占用已经很多了，我们再使用更多的缓存，只会导致系统频繁触发 GC（Garbage Collection，垃圾收集），甚至带来 OOM（Out Of Memory，内存溢出）问题。很多时候，在进行性能优化时之所以出现效果不佳的情况，是因为我们在制定优化方案时，并没有从性能优化的本质去思考。只有充分且合理地使用硬件资源去制定优化方案，才能确保优化方案有效。

硬件资源包括CPU、内存、磁盘、电池等。因为不同设备的硬件资源不尽相同，所以当我们基于本质来进行性能优化时，提出的方案和前面的方案就不一样了。下面以CPU和内存为例进行说明。

- **CPU**：基于如何合理且充分地使用CPU来进行性能优化时，我们需要针对不同性能的CPU采取不同的优化方案。对于中低端机型来说，由于CPU性能差，所以很容易过载，此时需要考虑通过降低CPU的消耗来合理地使用CPU资源，常见的方案有减少线程、减少和关闭预加载任务等，这样就可以将更多的CPU资源分配给主线程或者核心任务使用。而对于高端机型来说，因为CPU性能好，我们的优化方案往往围绕"如何充分使用CPU资源"来制定，所以此时的优化方案和中低端机型刚好相反，可以使用更多的线程来并发执行任务、使用更多的预加载任务来提升用户体验。
- **内存**：基于如何合理且充分地使用内存资源来进行性能优化时，我们需要针对内存资源的大小来设置缓存大小。对于大内存的设备，可以将缓存设置得大一些，让它可以存储更多数据；对于小内存的设备，则需要把缓存设置得小一些。缓存的大小要始终控制在合理的范围内，这样才能保证既充分使用内存资源来提高程序的性能表现，又不会因为内存使用过多而出现OOM等稳定性问题。

通过上面的两个例子我们会发现：基于本质制定的优化方案都是有效的。

2. 取得收益

制定方案并进行优化，只是性能优化工作中的一部分，我们还需要做一件同样重要的事情——取得收益，其中又包括两件事情，一是制定指标，二是采集指标。

（1）制定指标

既然要取得收益，第一步一定是制定指标。我们通常会选取通用的性能指标来度量优化的效果和收益。比如：度量速度的指标有启动速度、页面打开速度等；度量内存的指标有PSS（程序在系统中占用的实际物理内存量）、Java内存占用率、Native内存占用率等；度量稳定性的指标包括Crash（崩溃）率、OOM率等。但是在选取这些指标时，我们还需要进一步思考这些指标是否真的能够体现收益。

比如进行内存优化，我们很可能会选取PSS这个指标来度量内存优化的收益，经过一系列的优化，我们成功地让PSS减少了100MB，此时我们很可能会认为自己的优化带来了不错的收益。但是实际上PSS减少100MB后，程序的表现到底是更好还是更坏？这其实是不能确定的。可能因为我们减少了缓存的数据，所以PSS少了100MB，这个时候程序中某些页面的打开速度变慢了，所以性能体验变差了；也可能因为减少的这100MB PSS让程序的OOM率大幅降低了，用户体验提升了。

但是如果我们将内存优化的度量指标由PSS值改为OOM率、GC次数等指标，就能更容易地判断程序对用户体验的影响。所以我们在制定性能优化的度量指标时，要选取那些能真正体现程序对用户体验和收益的影响的指标。

（2）采集指标

制定指标之后就要采集指标了。采集指标时需要做到数据准确、一致并尽量减少对性能的损耗。

数据的准确性我们都能理解，就是采集的性能指标数据是准确的。那么，什么是数据的一致性呢？很多指标是比较主观的指标，比如页面打开速度，这个指标就涉及页面打开的结束点的选取，什么情况下算页面打开完成？这个问题没有标准答案，我们可以认为某些关键组件渲染完成算打开完成，可以认为大部分 UI 都展示出来了才算打开完成，也可以简单地认为第 1 帧渲染完成了就算打开完成。我们需要结合自身程序的特点，选择一个大家都能认可的点作为结束点，并且后续要始终以这个点作为结束点。在性能优化中，指标是很重要的，所以它的基准需要始终保持一致，如果标准总是变化，那么基准也就变得没有意义了。没有了指标，我们就无法明确不同的版本对用户体验来说是优化还是劣化。

在指标采集过程中，我们也要关注采集行为对性能的影响。不少指标都需要进行 I/O（输入/输出）操作，比如采集内存相关的数据、采集 CPU 相关的数据，I/O 本身就是消耗资源的操作，所以需要控制好采集频率，尽量减少采集对性能的损耗。

性能优化的维度

了解性能优化的本质是设计出有效的优化方案的基础，但并不代表我们就能设计出高体系化的优化方案，毕竟性能优化是一项庞大的工程。我们此时可能只有一些零碎的想法，根本无法形成体系和全面的优化方案，但只有体系且全面的优化方案才能将优化做到最好。如图 0-1 所示，想要打造体系化的优化方案，我们还需要基于应用层、系统层、硬件层 3 个维度来进行。

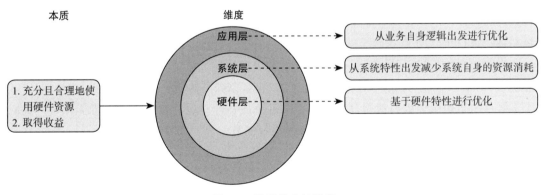

图 0-1　性能优化的维度

1. 应用层

应用层主要指的是我们开发的程序，针对应用层的优化是开发者做得最多的优化工作。在做优化时，我们通常会了解业务逻辑，然后通过多线程、预加载、缓存等手段进行优化。

但仅做到这样，优化效果是很有限的。我们还需要基于性能优化的本质来进行思考，也就是如何充分且合理地使用硬件资源。因此，针对应用层的优化通常有两个方向：一是如何让业务更加充分地使用 CPU、缓存等硬件资源；二是如何管控业务方，让其可以合理使用硬件资源。

所以想要有更好的效果，我们不仅需要了解各个业务逻辑，还要清楚业务对资源的消耗，例如每个业务消耗了多少内存资源、消耗了多少 CPU 资源、使用了多少个线程等。我们只有把这些都摸透之后，才能开始进行优化。大型应用要面对的业务多，资源消耗往往都是过载的，优化方案的重点是如何分配和管理业务对资源的使用，所以我们可以通过启动框架、预加载框架、降级框架等来约束和管控业务方对资源的使用；中小型应用面对的业务较少，资源消耗往往都是不足的，所以我们可以通过更多的预加载任务、多线程等方案来提升资源的使用率。

2. 系统层

系统层指的是 Android 系统和 Linux 系统，针对系统层的优化要比针对应用层的优化难很多。因为想要针对系统层进行优化，就要熟悉系统知识，而熟悉 Android 系统和 Linux 系统的原理与特性，比熟悉程序的业务逻辑要复杂太多了。另外，由于我们无法直接控制系统层的逻辑，所以经常需要使用一些复杂的技术（如 Native Hook 技术）来达到优化的目的。

系统层的优化通常都是以减少系统自身的资源消耗为主，比如系统在进行 GC 时，频繁切换线程、频繁缺页中断和换页，都会消耗大量的 CPU 资源，所以我们要想办法减少这些系统逻辑的资源消耗，或者降低这些系统逻辑在执行时对应用的影响。

虽然针对系统层的优化很复杂，但很多已有的优化方案可以直接使用或借鉴，因为针对系统层的优化一般都是通用的，比如在启动时进行 GC 抑制、合理设计线程池等。

3. 硬件层

针对硬件层的优化需要先了解硬件的特性，然后寻找优化点。大部分硬件层的优化方案都是针对 CPU 和缓存这两个硬件的特性来展开的。比如，CPU 由大小核组成，大核的运行频率高，小核的运行频率低，我们可以将主线程放在大核上运行；如果厂商提供了相应的超频 API，我们也可以在核心场景中将 CPU 提频以提高性能。

缓存的架构由多级高速缓存、内存、磁盘组成，针对缓存这一硬件进行优化时，我们可以思考如何提升高速缓存的命中率和内存的命中率。

性能优化的难点

到这里，我们已经知道性能优化的本质和维度了，但是此时我们只知道前方的路在哪里，想要到达终点还需要不断前行，并克服路上遇到的重重障碍。这条路上的障碍就是性能优化的难点，主要涉及 4 个方面：知识储备、思考的角度、思考的方式、优化的流程。

1. 知识储备

想要做好性能优化，首先需要具有完备的知识体系，前文提到性能优化要从应用层、系统层和硬件层 3 个维度进行，这就意味着我们要扎实地掌握这 3 个维度的知识点。

- **应用层**：我们想在针对应用层的性能优化中取得好的效果，就需要加深对所开发的应用的了解。我们需要知道自己所负责的 App 有哪些线程，都是干什么的，都有哪些业务在使用，这些线程要消耗多少 CPU 资源；内存占用多少，都是哪些业务占用的，缓存命中率多少；启动过程中、核心页面打开过程中都做了哪些事情，I/O 阻塞耗时是多少，逻辑耗时是多少，CPU 使用率是多少……如果我们能对应用有全面和透彻的了解，那在进行性能优化时，自然就能像庖丁解牛一般顺畅。
- **系统层**：系统层的知识点相比应用层的知识点，数量更加庞大，也更加复杂。如 Linux 系统的相关知识包括进程管理和调度、内存管理、虚拟内存、锁、IPC 等；Android 系统的相关知识包括虚拟机、核心服务、渲染、核心流程等。针对系统层的性能优化，一定是建立在对系统的机制和流程充分掌握的基础之上。如果我们不了解 Linux 系统的进程调度机制，就无法充分利用进程优先来提升性能；如果我们不熟悉 Android 系统的虚拟机，那么围绕虚拟机的一些优化，比如 OOM 优化、GC 优化等，都无法很好地开展和落地。
- **硬件层**：对于硬件层来说，我们需要熟悉 CPU、缓存等硬件的特性。如果能知道 CPU 由几个核组成，哪些是大核，哪些是小核，我们自然就会想到可以将核心线程绑定在大核上运行，以此来进行性能优化；如果能了解存储结构中寄存器、高速缓存、主存的设计，我们自然就会想到将核心数据尽量放在高速缓存中。

除了上面提到的知识，如果想要在性能优化上更进一步，我们还需要掌握汇编、编译器、编程语言、逆向等知识。比如我们知道了用 C++ 写的代码比用 Java 写的代码运行得快，就可以将一些业务需求用 C++ 代码来实现从而提高性能。类似的方案还有：通过优化编译器的内联、消除无用代码等来减小包体积，通过逆向技术优化系统的逻辑。

可以看到，想要精通性能优化，需要庞大的知识储备，所以性能优化非常能体现开发者的技术深度和广度。不管是在面试中还是在工作中，擅长性能优化一定会成为我们的加分项。

2. 思考的角度

在处理一件复杂且庞大的事情时，我们首先要做的是分层和分类，不同的层和类代表着不同的角度。比如在构建客户端程序架构时，通常都是采用分层架构，不同层的逻辑和职责是不一样的；在成体系地进行性能优化时，我们可以从应用层、系统层、硬件层分别进行优化，每一层的优化方案也不尽相同。

除了针对事情本身从不同角度进行思考外，我们还可以跳出事情本身，以获取更多的灵感。比如跳出本设备来思考：是否可以用其他设备帮助我们加速启动？Google Play（谷歌的应用商店）就有类似的优化方案。Google Play 会上传一些其他机器已经编译好的机器码,相同设备下载这个应用时会带着这些编译好的机器码。还有很常用的服务器端渲染技术,也就是让服务器端先渲染好界面,然后直接使用静态模块来提升页面打开速度。又或者站在用户的角度去思考,想一想到底什么样的优化给用户的感知是正向的,比如有时候我们在做启动和页面打开速度优化时,可以先给用户一个假的静态页面,让用户感知到页面已经打开了,然后再去绑定真实的数据。

做性能优化时,我们考虑的角度越多、越全面,优化方案能取得的效果就越好。

3. 思考的方式

在处理复杂的事情时,我们可以从更多的角度去思考,从而得到更多的优化方案。但是我们要怎样去得到这些思考角度呢?如果我们就是想不出这些角度怎么办?其实这些都和我们思考问题的方式有关,不同的思考方式会帮助我们获得不一样的思考角度,最常见的思考方式有两种——自上而下和自下而上。

- **自上而下**:自上而下的思考方式是一种从整体到局部进行逐步分解并各个击破的思维方式。在大型应用的性能优化中,自上而下是一种很常用的思维方式。大型应用面对的业务非常多,不同业务的负责团队都不一样,所以我们在做性能优化时,需要从整体来考虑如何管控和分配业务对资源的消耗及使用。我们可以设计一些全局的框架来管控业务对资源的使用,如预加载框架、降级框架,或设计一些全局的监控来度量业务对资源的使用。当我们有了整体的管控和监控后,就可以进入局部视角,对资源消耗大的业务进行优化。

- **自下而上**:自下而上的思考方式刚好相反,它是一种从细节或者底层原理逐步向上构建整体解决方案的思维方式。比如当我们做速度的优化时,直接从影响速度的CPU、缓存等思考如何提高CPU的利用率和缓存的命中率,并从硬件层、系统层、应用层自下而上地逐一进行思考,最终构建出完整的优化方案。

不同的思考方式最终会让我们设计出不同的优化方案,但并不是说哪种思考方式就更胜一筹。在面对复杂问题时,我们需要尝试使用不同的思考方式来思考并解决问题。

4. 优化的流程

性能优化的完整流程如图0-2所示,监控、优化、数据收益获取、防劣化这些工作组合到一起形成一个闭环,在做性能优化时,我们需要把各个环节都考虑到。

- **监控**:监控应用运行过程中的各项性能指标。想要做好监控,除了需要尽量减少监控逻辑对性能的损耗外,还需要尽量做到对归因的监控。比如对内存的监控,除了监控应用的内存指标外,还要监控大集合、大图片、大对象等归因项的内存使用占比,这样的监控可以帮助我们直接定位问题。完整和优秀的监控方案能让我们更高效地发现和解决异常。

- **优化**:关于优化,这里只强调一点,即性能优化只是优化中的一个环节,并不是优化的全部。

- **数据收益获取**：该环节不是简单地观察指标的变化，还要做 A/B 测试、关注核心价值指标。比如做内存优化，我们不能一味地追求减少应用的 PSS，这个指标并不能直接代表真实的用户体验，所以在做内存优化时，我们最好能结合内存触顶率、崩溃率、用户留存率等与用户体验直接相关的核心价值指标，来获取内存优化的收益。
- **防劣化**：防劣化也有很多事情可以做，如建立完善的线下性能测试、线上监控报警等机制。同样以内存优化为例，我们可以在线下每天通过 Monkey 来测试内存泄漏情况，发现问题并及时治理，这就是防劣化工作。

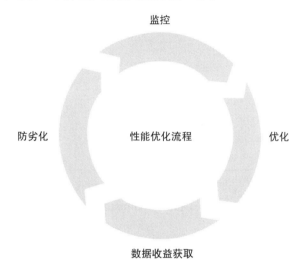

图 0-2　性能优化的完整流程

读到这里，我们应对性能优化具有了基本认知，下面就让我们正式开启性能优化之旅吧！

第 1 章

内存优化原理

本章出现的源码:

1) heap.cc, 访问链接为 https://cs.android.com/android/platform/superproject/+/android-14.0.0_r9:art/runtime/gc/heap.cc。

2) heap-inl.h, 访问链接为 https://cs.android.com/android/platform/superproject/+/android-14.0.0_r9:art/runtime/gc/heap-inl.h。

做任何事情,我们首先要知道做这件事的价值,这样我们才有做好它的动力。那么我们做内存优化的价值是什么呢? 主要有两个方面:

- 当内存占用较高时,进程可能会被系统的低内存查杀(Low Memory Killer, LMK)机制强制终止,更严重的情况下会出现 OOM 异常导致程序崩溃,所以进行内存优化可以提升程序的稳定性。
- 当内存占用较高时,Android 虚拟机会频繁地进行 GC,Linux 系统则会频繁地进行换页,这些过程都会消耗较多的 CPU 资源导致应用卡顿,所以进行内存优化可以提升程序的流畅性。

可以看到,内存优化的价值是很明显的。为了能更好地进行内存优化,本章从 Linux 系统到 Android 系统,对内存相关的知识进行全面且深入的介绍,大家在有了一定的知识储备后,就可以开始构建内存优化的方法论了。在方法论的支撑下,我们自然就能进行成体系且有效的内存优化了。

1.1 虚拟内存

1.1.1 为什么需要虚拟内存

我们日常使用的操作系统都是支持同时运行多个程序的,从技术的角度来看,这并不是一件容易做到的事情,想要支持这一特性,需要解决很多问题,笔者在这里列举几个最典型的问题。

1. 内存地址隔离问题

对于操作系统来说,应用程序是不能直接访问真实的内存(也称为物理内存)的。如果应用程序有这样的权限,那么不同的应用程序所使用的内存地址便无法相互隔离,此时恶意或非恶意的程序都可以很容易地改写其他程序的内存数据,导致内存数据被改写的程序产生数据安全或程序崩溃等严重问题。因此操作系统禁止了应用程序直接访问物理内存,并且给每个应用程序的进程创建一个"中间层",每个进程都只能在其独有的"中间层"中读写数据,然后再由系统将"中间层"的数据映射到物理内存中,这样不同的进程便有自己独立的内存地址空间,可以独立运行而不互相干扰,从而实现各个程序间的内存地址隔离。

2. 内存使用效率问题

为了确保程序运行的效率,程序被装载到内存中时地址空间都是连续的,但是内存的容量是有限的,所以很可能在加载几个程序后,就没有连续的大块内存给下一个程序使用了。这个时候,如果我们想继续执行新的程序,就只能将之前程序的数据暂时写回磁盘里,等到后面需要用到的时候再读回来。这个过程中有大量的数据被换入换出,程序的执行效率及性能自然就十分低下。所以想要提升内存的使用效率,就需要程序可以使用非连续的内存地址,而这又与程序的运行效率相冲突。操作系统的做法是创建一个地址连续的"中间层",程序的数据都加载在这个连续的"中间层"中,然后由系统将"中间层"的连续地址映射到非连续的物理内存地址中。

3. 地址稳定性问题

程序在运行过程中想要执行某个函数,首先需要知道这个函数在内存中的地址,如果程序是直接加载在物理内存中的,那么它很可能不是从地址 0 开始加载的,而是从中间某一个地址开始,所以函数的地址是不确定的。

解决函数地址不确定问题的方法依然是给每个进程创建一个独立的"中间层",并且这个"中间层"的地址都是从 0 开始的。由于程序只能加载进这个"中间层",我们就能确保程序一定是从地址 0 开始加载的,这样函数的地址不会发生改变,并能在编译时确定。

通过上文可以看到,操作系统都是通过创建一个"中间层"来解决几个典型问题的,这个"中间层"就是虚拟内存,可以说虚拟内存是现代操作系统中最重要的技术之一。那么什么是虚拟内存呢?虚拟内存又是如何解决上文提到的各种问题的呢?我们接着往下看。

1.1.2 什么是虚拟内存

虚拟内存技术相当于给每个进程分配一块独占且连续的内存，只不过这个内存是虚拟的。虚拟内存的简化模型如图 1-1 所示，从简化的模型可以看到，每个进程都独享一块唯一的虚拟内存，由内核空间和用户空间组成。其中内核空间存放的是操作系统的数据，这部分数据在所有进程中都是同一份，都映射到同一段物理内存；用户空间存放的是应用程序的数据，当某个应用程序向其对应的虚拟内存地址中写入数据时，操作系统会将该虚拟内存地址映射到真正的物理内存地址中，映射之后就能写入数据了。

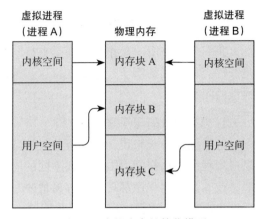

图 1-1 虚拟内存的简化模型

虚拟内存的大小在 32 位操作系统下是 2^{32}B，即 4GB；在 64 位操作系统下是 2^{48}B，即 16TB。之所以不是 2^{64}B，是因为 2^{48}B 已经足够大了，2^{64}B 的空间只会导致系统损耗更多的资源来维护和管理这些空间。虚拟内存到物理内存是按照页来进行管理和映射的，一页的大小为 4KB。

假设有一个 32 位操作系统，其物理内存只有 2GB，下面以这个系统的虚拟内存和物理内存的映射模型为例来帮助读者加强对虚拟内存的理解，该场景如图 1-2 所示。4GB 大小的虚拟内存被分成 1 048 576 个大小为 4KB 的页，当虚拟内存的某一页需要写入数据时，系统便会映射一块 4KB 大小的物理内存，如果虚拟内存中的页没有写入数据，系统则不会进行映射。虚拟内存到物理内存的地址映射由计算机的内存管理单元（MMU）完成，它属于硬件而不是系统软件，所以映射速度很快。

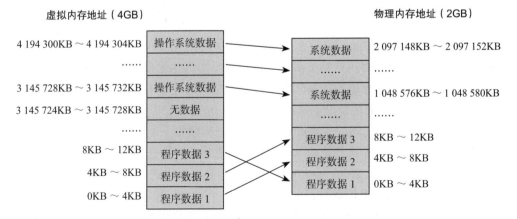

图 1-2 32 位操作系统下虚拟内存和物理内存的映射模型

1.1.3 ELF 文件

我们已经知道了虚拟内存由用户空间和内核空间两部分组成。内核空间存放的是操作系统的数据，这一块空间对于应用程序来说是没有权限进行操作的，应用程序能操作的只有用户空间，所以本节对用户空间做进一步介绍。

操作系统能执行的文件都要符合一定的格式，比如 Windows 系统的 .exe 程序文件、.dll 库文件都是 PE（Portable Executable，可移植可执行）文件。Linux 系统中可执行的文件（包括 .o 可重定位文件、.so 库文件等）都是 ELF（Executable and Linkable Format，可执行和链接格式）文件。系统要执行某个程序，首先要将程序中的数据加载进用户空间的虚拟内存块中，所以想要了解用户空间中有哪些数据，就需要先了解 ELF 文件格式。ELF 文件格式如图 1-3 所示。

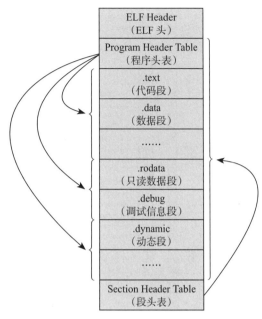

图 1-3　ELF 文件格式

ELF 文件一般由 ELF 头（ELF Header）、数据段（Section）、段头表（Section Header Table）和程序头表（Program Header Table）组成，它们的解释见表 1-1。

表 1-1　ELF 文件的组成部分解释

组成部分	说明
ELF 头	ELF 头是 ELF 文件的第一个部分，它包含了关于文件本身的基本信息，如文件类型，以及段头表和程序头表的入口点地址、偏移地址等
数据段	用于组织和存储特定类型数据的单元。不同的数据段包含不同类型的数据，如代码、数据、符号表、重定位表、字符串表等，后面会详细介绍这些数据
段头表	一个 ELF 文件一般只有一个段头表，它记录了所有数据段的属性，如名称、大小、偏移量、对齐方式等
程序头表	程序头表会按照属性或用途来重新组织数据段，比如具有相同读写权限的数据段会被组织在一起，这种新组织的结构被称为程序段（Program Section）。一个 ELF 文件中可能会包含多个程序头表，系统在加载 ELF 文件时，会按照程序头表中记录的数据段信息来组织和加载对应的数据到内存中

接着，我们再详细了解一下数据段和程序段。

1. 数据段

通过 Android NDK 中提供的 readelf 工具，执行 readelf -S libart.so 命令来读取 libart 库的数据段信息，如图 1-4 所示，可以看到 art 虚拟机库文件有 30 多个数据段。

```
 1 aarch64-linux-android-readelf -S libart.so
 2 There are 31 section headers, starting at offset 0x5978e8:
 3
 4 Section Headers:
 5   [Nr] Name              Type            Addr     Off    Size   ES Flg Lk Inf Al
 6   [ 0]                   NULL            00000000 000000 000000 00       0   0  0
 7   [ 1] .note.android.ide NOTE            0000c154 000154 000018 00   A   0   0  4
 8   [ 2] .note.gnu.build-i NOTE            0000c16c 00016c 000020 00   A   0   0  4
 9   [ 3] .dynsym           DYNSYM          0000c18c 00018c 01a800 10   A   4   1  4
10   [ 4] .dynstr           STRTAB          0002698c 01a98c 070a56 00   A   0   0  1
11   [ 5] .gnu.hash         GNU_HASH        000973e4 08b3e4 00c570 04   A   3   0  4
12   [ 6] .gnu.version      VERSYM          000a3954 097954 003500 02   A   3   0  2
13   [ 7] .gnu.version_d    VERDEF          000a6e54 09ae54 00001c 00   A   4   1  4
14   [ 8] .gnu.version_r    VERNEED         000a6e70 09ae70 000090 00   A   4   3  4
15   [ 9] .rel.dyn          LOOS+0x1        000a6f00 09af00 002a80 01   A   0   0  4
16   [10] .rel.plt          REL             000a9980 09d980 000bf8 08   AI  3  11  4
17   [11] .plt              PROGBITS        000aa578 09e578 001208 00   AX  0   0  4
18   [12] .text             PROGBITS        000ab800 09f800 374a20 00   AX  0   0 512
19   [13] .ARM.exidx        ARM_EXIDX       00420220 414220 00c2d8 08   AL 12   0  4
20   [14] .rodata           PROGBITS        0042c500 420500 027794 00   A   0   0 16
21   [15] .ARM.extab        PROGBITS        00453c94 447c94 000858 00   A   0   0  4
22   [16] .eh_frame         PROGBITS        004544ec 4484ec 0041c4 00   A   0   0  4
23   [17] .eh_frame_hdr     PROGBITS        004586b0 44c6b0 0006fc 00   A   0   0  4
24   [18] .fini_array       FINI_ARRAY      0045a410 44d410 000004 00   WA  0   0  4
25   [19] .data.rel.ro      PROGBITS        0045a420 44d420 006ab8 00   WA  0   0 16
26   [20] .init_array       INIT_ARRAY      00460ed8 453ed8 000058 00   WA  0   0  4
27   [21] .dynamic          DYNAMIC         00460f30 453f30 000170 08   WA  4   0  4
28   [22] .got              PROGBITS        004610a0 4540a0 000f60 00   WA  0   0  4
29   [23] .data             PROGBITS        00462000 455000 001290 00   WA  0   0 16
30   [24] .bss              NOBITS          00463290 456290 001fe1 00   WA  0   0 16
31   [25] .comment          PROGBITS        00000000 456290 000065 01   MS  0   0  1
32   [26] .note.gnu.gold-ve NOTE            00000000 4562f8 00001c 00       0   0  4
33   [27] .ARM.attributes   ARM_ATTRIBUTES  00000000 456314 000044 00       0   0  1
34   [28] .shstrtab         STRTAB          00000000 456358 000143 00       0   0  1
35   [29] .symtab           SYMTAB          00000000 45649c 066a90 10      30 19498 4
36   [30] .strtab           STRTAB          00000000 4bcf2c 0da9bc 00       0   0  1
37 Key to Flags:
38   W (write), A (alloc), X (execute), M (merge), S (strings), I (info),
39   L (link order), O (extra OS processing required), G (group), T (TLS),
40   C (compressed), x (unknown), o (OS specific), E (exclude),
41   y (noread), p (processor specific)
```

图 1-4　libart 库的数据段信息

由于 Section 段的数目比较多，这里仅对一些常见的数据段进行介绍。

- 代码段（.text）：包含了可执行程序的机器指令。在运行时，该段的内容被加载到内存中，并由处理器执行。代码段通常具有可执行和只读权限。
- 数据段（.data）：包含了程序的全局和静态变量的初始化值。在运行时，该段的内容被加载到内存中可以进行读写的区域，因此数据段通常具有可读写权限。
- BSS 段（.bss，Block Started by Symbol）：用于存储程序中未初始化的全局和静态变量。在运行时，该段的内容会被初始化为 0 或空值。BSS 段通常具有可读写权限。
- 只读数据段（.rodata）：包含了程序中的只读常量数据，如字符串常量、常量表等。在运行时，该段的内容被加载到内存中，并具有只读权限。
- 调试信息段（.debug）：包含了用于调试和符号解析的信息，如源码行号、变量名、函数名等。该段通常在发布版本中被剥离，以减小文件大小（基于安全、体积等因素考虑，线上的 so 文件中一般都会剔除 debug 段，所以图 1-4 中未见到 debug 段）。

- 动态段（.dynamic）：该段主要包含了外部依赖库的信息，比如外部库的名称、外部库函数的地址等。
- 符号段（.symtab）：该段主要包含了程序中的符号信息。符号信息包括符号的名称、类型、大小、值、段等，它们可以用于调试、链接、反汇编等。后文要介绍的一些技术方案会用到符号，所以这里重点讲解一下什么是符号。编译器在将 C++ 源代码编译成目标文件时，会对函数和变量的名字进行修饰，并生成对应的符号名。编译器不同，生成的符号也不一样，通过 GCC 编译器编译示例函数生成的对应符号见表 1-2。

表 1-2 示例函数及其对应的符号

函数	符号名称
int func(int)	_Z4funci
float func(float)	_Z4funcf
int Test::func(int)	_ZN4Test4funcEi

这里以 int Test::func(int) 函数为例来进行讲解。GCC 在生成方法的符号时，都以 _Z 开头，对于嵌套的名字后面紧跟 N，然后是各个名称空间和类的名称长度及名称，所以是 4Test4func，嵌套的方法以 E 表示结尾，非嵌套的方法则不需要用 E 表示结尾，最后是入参类型，所以这个函数的符号连起来就是 _ZN4Test4funcEi。这些符号信息会绑定对应的类型、信息、地址等属性，形成符号条目并存放在符号表中。符号表可以帮助我们调试和定位程序运行中的问题。但出于对包体积和安全的考虑，线上运行时我们往往会把 so 库中的符号表移除。

2. 程序段

我们再通过 readelf 工具执行 readelf -l libart.so 命令来读取 libart 库的程序段信息，如图 1-5 所示，可以看到 art 虚拟机库文件将 31 个数据段（Section）组织成了 9 个程序段（Program）。

```
1  aarch64-linux-android-readelf -l libart.so
2
3  Elf file type is DYN (Shared object file)
4  Entry point 0x0
5  There are 9 program headers, starting at offset 52
6
7  Program Headers:
8    Type         Offset   VirtAddr   PhysAddr   FileSiz  MemSiz   Flg Align
9    PHDR         0x000034 0x0000c034 0x0000c034 0x00120  0x00120  R   0x4
10   LOAD         0x000000 0x00000000 0x00000000 0x44cdac 0x44cdac R E 0x1000
11   LOAD         0x44d410 0x0045a410 0x0045a410 0x08e80  0x0ae61  RW  0x1000
12   DYNAMIC      0x453f30 0x00460f30 0x00460f30 0x00170  0x00170  RW  0x4
13   NOTE         0x000154 0x0000c154 0x0000c154 0x00038  0x00038  R   0x4
14   GNU_EH_FRAME 0x44c6b0 0x004586b0 0x004586b0 0x006fc  0x006fc  R   0x4
15   GNU_STACK    0x000000 0x00000000 0x00000000 0x00000  0x00000  RW  0x0
16   EXIDX        0x414220 0x00420220 0x00420220 0x0c2d8  0x0c2d8  R   0x4
17   GNU_RELRO    0x44d410 0x0045a410 0x0045a410 0x07bf0  0x07bf0  RW  0x10
18
19   Section to Segment mapping:
20     Segment Sections...
21      00
22      01    .note.android.ident .note.gnu.build-id .dynsym .dynstr .gnu.hash .gnu.version
23      02    .fini_array .data.rel.ro .init_array .dynamic .got .data .bss
24      03    .dynamic
25      04    .note.android.ident .note.gnu.build-id
26      05    .eh_frame_hdr
27      06
28      07    .ARM.exidx
29      08    .fini_array .data.rel.ro .init_array .dynamic .got
30      None  .comment .note.gnu.gold-version .ARM.attributes .shstrtab .symtab .strtab
```

图 1-5 libart 库的程序段信息

3. 虚拟内存的结构

系统执行 ELF 格式的程序文件时，会将 ELF 文件中的数据段按照程序头组织的顺序加载进虚拟内存中，并放在低地址区域，即虚拟内存地址从 0 开始的区域。

当 ELF 文件中的数据在虚拟内存中存放好后，就要用到栈空间和堆空间了。其中，栈空间由编译器自动分配和释放，用于在函数执行时存放函数的参数值、局部变量、执行指令等；堆空间用于内存的动态分配，可以由开发者自己分配和释放，主要由 malloc 和 free 函数实现。但通过 Java 或者 Kotlin 进行 Android 开发时，不需要我们手动分配和释放堆空间的内存，因为虚拟机程序已经帮我们做了。堆内存的地址分配是从下到上的，栈内存的地址分配是从上到下的，这种相向的分配方式可以充分利用内存空间，因为如果堆空间和栈空间同时向一个方向分配内存，那么堆空间就必然要限制在一个固定的大小，以防止堆空间申请内存时的地址越界到栈空间。

栈空间再往上便是内核空间，用于存放操作系统的数据。图 1-6 是 32 位操作系统下 ELF 文件与虚拟内存的结构模型，通过该模型，我们可以对虚拟内存的结构有更加清晰的理解。

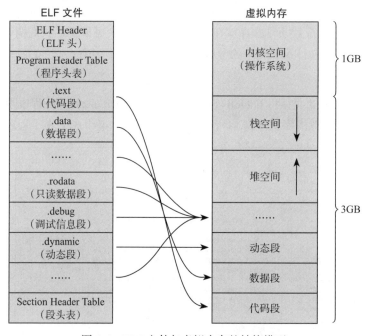

图 1-6　ELF 文件与虚拟内存的结构模型

1.1.4 虚拟内存申请和释放

应用程序是无法直接操作物理内存的，也无法感知到物理内存，应用程序面向的内存只有虚拟内存，所以我们在程序开发的过程中，分配或申请的内存实际上都是虚拟内存。那么要如何申请虚拟内存呢？其中又经历了哪些流程呢？我们接着往下看。

在进行 Android 应用开发时，如果我们是做 Native 开发的，就需要手动申请或释放内存。而如果只是写 Java 层的代码，那么不需要我们自己去申请内存，在创建对象和声明变量、常量等操作时，虚拟机会自动为这些数据申请内存。并且在使用完毕后，我们也不需要自己去做内存释放，虚拟机会自动释放这些内存。虚拟机申请和释放内存的方式，和我们做 Native 开发时申请和释放内存的方式是一样的，都是使用 malloc 函数在堆空间上为数据申请合适的内存，并在数据使用结束后使用 free 函数释放内存。

1. malloc 函数

我们先看看 malloc 函数，该函数很简单，调用时我们只需要传入要申请的内存大小即可。如果分配成功，函数会返回 void* 指针地址，失败则返回 NULL。

```
void *malloc(size_t size)
```

malloc 函数是一个 C 语言库的函数，所以它分配内存最终还是得调用 Linux 系统提供的函数，让 Linux 内核去帮我们申请内存。而内核会根据申请的内存大小来执行不同的申请策略，主要有以下两种策略。

1）如果申请的内存小于或等于 128KB，则内核会调用 brk() 函数来申请内存。sbrk() 会将堆顶指针向高地址移动，获得新的虚拟内存空间，这种方式在申请和释放内存时会更加简单高效。

2）如果申请的内存大于 128KB，则内核会调用 mmap() 函数，在堆中分配我们所需大小的内存空间。在申请内存时，这种方式可以对较大的内存进行内存对齐，提高访问效率。

2. mmap 函数

mmap 函数是一个很重要的函数，后面会反复用到，所以我们在这里对这个函数进行一定的讲解。mmap 函数有两种用法：第一种是将一个文件映射到进程的虚拟内存中，进程可以通过内存访问的方式来读写对象；第二种是不映射文件，而是直接在虚拟内存中申请一块空的内存空间。mmap 函数如下：

```
void *mmap(void *addr,size_t length,int prot,int flags,int fd, off_t offset);
```

mmap 函数的每个入参解释如下：

- 参数 addr 指向欲映射的内存起始地址，通常设为 NULL，代表让系统自动选定地址，并在映射成功后返回该地址。
- 参数 length 表示映射到内存中的数据大小。
- 参数 prot 指定映射区域的读写权限。
- 参数 flags 指定映射时的特性，如是否允许其他进程映射这段内存等。
- 参数 fd 指定映射进内存的文件的描述符。
- 参数 offset 指定映射位置的偏移量，一般为 0。

对于入参 fd，我们可以传入想要映射进用户空间的文件地址，也可以不映射文件，这两种用法的解释如下：

1）如果想要映射磁盘文件到用户空间中，fd 会传入我们要映射的文件。这种用法可以让我们读写文件的效率更高，可以用来实现数据的跨进程传输，比如 Android 共享内存机制、Binder 通信都是通过 mmap 文件映射来实现的。

2）入参 fd 置为 -1，表示不映射磁盘文件，而是在堆空间中申请一块内存。虚拟机的 malloc 函数使用的就是这种用法，它会直接在 Java 堆空间中申请一块内存。malloc 函数申请的内存是虚拟内存，并且不会分配和映射真正的物理内存，只有当我们真正要往这块虚拟内存区域中写入数据，操作系统检查到对应的虚拟内存没有映射到物理内存而发生缺页中断时，才会分配一块同样大小的物理内存，并建立映射关系。这是一种懒加载技术，可以提升内存的使用效率。

3. free 函数

内存的释放则是调用 free 函数，我们只需要传入要释放的首地址，这个地址是调用 malloc 函数后返回的地址。我们不需要传入要释放的内存大小，因为内存管理机制已经记录了这个地址分配的内存大小信息。当申请的内存不再使用时，一定要记得调用 free 函数释放掉这部分内存，不然会发生内存泄漏。

```
void free(void *ptr)
```

1.1.5　虚拟内存到物理内存

调用 malloc 函数只会申请一个虚拟内存空间，这个虚拟内存空间中没有任何数据，也不会占用真正的物理内存，只有当我们往这块虚拟内存中写入数据时，才会消耗物理内存的空间。大家可以通过下面的代码了解申请内存、写入数据、释放内存的整个流程。

```
int main() {
    // 分配一个大小为 10B 的内存空间
    int size = 10;
    int* ptr = (int*)malloc(size * sizeof(int));
    if (ptr == NULL) {
        printf(" 内存分配失败 \n");
        return 1;
    }
    // 将数据写入分配的内存空间
    for (int i = 0; i < size; i++) {
        ptr[i] = i;
    }
    // 释放内存
    free(ptr);
    return 0;
}
```

当我们往申请的内存空间中写入数据时，流程如下：

1）**触发缺页中断**：当往指定的内存地址中写入数据时，如果此时该地址的页没有映射到物理内存页，就会触发缺页中断（Page Fault），操作系统接着会捕捉到这个中断异常。

2）**分配物理内存**：当操作系统捕捉到中断异常后，首先检查访问的虚拟内存页是否合法，即是否在进程的地址空间范围内。如果是合法的，操作系统就会为该虚拟内存页分配一个物理内存页。如果物理内存已经满了，操作系统可能会触发页面置换算法，将某些不常用的物理内存页换到磁盘上，从而腾出空间来分配新的物理内存页。

3）**更新页表**：一旦物理内存页被分配，操作系统就会更新该进程的页表，将该进程中的虚拟内存页与新分配的物理内存页进行映射。

4）**写入数据**：操作系统完成页表更新后，程序会继续执行，此时上面的代码就可以继续完成数据的写入操作了。

1.2　内存数据的组成

Android 系统的核心是 Linux 系统，所以在 Android 系统下进程的内存空间模型和 Linux 系统是一样的。站在 Linux 系统的角度来看，每一个进程所承载的程序实际上都是 ART 虚拟机程序，虚拟机程序再从堆空间中申请内存空间给真正运行在这个虚拟机上的程序使用。因此，在 Android 系统中进程的内存组成实际就是虚拟机以及运行在虚拟机上的程序两部分。作为 Android 开发者，我们更关心的是虚拟机为程序申请的内存区域，下面就来介绍内存区域的数据组成。

1.2.1　maps 文件

为了清晰地了解 Android 系统中进程的内存数据组成，我们首先需要了解 maps 文件。在 Linux 系统中，/proc/{pid}/maps 路径下的文件记录了每个进程的虚拟内存所映射的数据信息，其中 {pid} 是进程的 id。

对于 root 的手机，我们可以通过 cat /proc/xxx/maps 命令直接查看某个进程的 maps 文件，图 1-7 展示了 Android 系统中某个程序的部分 maps 文件数据。

```
blueline:/ # cat /proc/31656/maps
12c00000-32c00000 rw-p 00000000 00:00 0                              [anon:dalvik-main space (region space)]
7001e000-70eff000 rw-p 00000000 00:00 0                              [anon:dalvik-/data/misc/apexdata/com.android.art/dalvik-cache/boot.art]
70eff000-71248000 r--p 00000000 fd:08 132104                         /data/misc/apexdata/com.android.art/dalvik-cache/arm/boot.oat
71248000-71d3f000 r-xp 00349000 fd:08 132104                         /data/misc/apexdata/com.android.art/dalvik-cache/arm/boot.oat
71d3f000-71d40000 rw-p 00000000 00:00 0                              [anon:.bss]
71d40000-71de9000 rw-p 00000000 fd:08 132111                         /data/misc/apexdata/com.android.art/dalvik-cache/arm/boot.vdex
71de9000-71dea000 r--p 00e40000 fd:08 132104                         /data/misc/apexdata/com.android.art/dalvik-cache/arm/boot.oat
71dea000-71deb000 rw-p 00e41000 fd:08 132104                         /data/misc/apexdata/com.android.art/dalvik-cache/arm/boot.oat
71deb000-720dd000 rw-p 00000000 00:00 0                              [anon:dalvik-/data/misc/apexdata/com.android.art/dalvik-cache/boot-framework-appsearch.art]
720dd000-720e9000 r--p 00000000 fd:08 132119                         /data/misc/apexdata/com.android.art/dalvik-cache/arm/boot-framework-appsearch.oat
720e9000-72101000 r-xp 0000c000 fd:08 132119                         /data/misc/apexdata/com.android.art/dalvik-cache/arm/boot-framework-appsearch.oat
72101000-72102000 r--p 0000c000 fd:08 132119                         /data/misc/apexdata/com.android.art/dalvik-cache/arm/boot-framework-appsearch.oat
72102000-72103000 rw-p 00023000 fd:08 132119                         /data/misc/apexdata/com.android.art/dalvik-cache/arm/boot-framework-appsearch.oat
72103000-72754000 rw-p 00000000 00:00 0                              [anon:dalvik-zygote space]
72754000-72755000 rw-p 00000000 00:00 0                              [anon:dalvik-non moving space]
72755000-7275c000 rw-p 00000000 00:00 0                              [anon:dalvik-non moving space]
7275c000-75984000 ---p 00000000 00:00 0                              [anon:dalvik-non moving space]
75984000-76103000 rw-p 00000000 00:00 0                              [anon:dalvik-non moving space]
afa14000-afa1c000 r--p 00000000 fd:04 170                            /system/bin/app_process32
afa1c000-afa1d000 r-xp 00001000 fd:04 170                            /system/bin/app_process32
afa1d000-afa1e000 r--p 00001000 fd:04 170                            /system/bin/app_process32
b97b8000-b99b8000 rw-s 00017000 00:11 14414                          /dev/kgsl-3d0
```

图 1-7　部分 maps 文件数据

以图 1-7 中的第一行数据为例，从左至右对各个数据段的解释如下：
- 12c00000-32c00000（address，地址）：本段内存映射的虚拟地址空间范围。
- rw-p（perms，权限）：该内存区域的访问权限。
- 00000000（offset，偏移值）：本段映射地址在文件中的偏移。
- 00:00（dev，设备号）：映射文件所属设备的设备号，由主设备号和次设备号两部分组成。主设备号用于标识设备的类型，如字符设备或块设备；次设备号用于标识同一类型设备中的具体设备。如果是匿名映射，如堆、栈等空间，设备号则为 00:00。
- 0（inode，索引）：映射文件的索引节点号。inode 可以用来识别文件的内容和属性，而不依赖文件名。文件名只是 inode 的别名，可以有多个文件名指向同一个 inode。如果是匿名映射，inode 则为 0。
- [anon:dalvik-main space (region space)]（路径名，pathname）：映射文件的路径名。如果是匿名映射，路径名则为空。

1.2.2 Java 堆内存

了解了 maps 文件中各数据段的含义后，我们再来看看每一列的数据，图 1-7 中出现的 dalvik-main space、boot.art 等都是什么数据呢？实际上，当 Android 虚拟机启动时，便会创建 Java 堆空间，所以 maps 文件前面很多列记录的映射数据都属于 Java 堆的数据。

1. 堆内存的组成

当 Android 虚拟机启动时便会创建 Java 堆，后续所有 Java 对象所需要的内存都会从这个堆中分配，所以我们先来了解一下 Java 堆的组成。Java 堆由 MainSpace、ImageSpace、ZygoteSpace、NonMovingSpace、LargeObjectSpace 5 个部分组成，下面是对每个组成部分的说明。

- MainSpace：程序中除大对象以外的 Java 对象数据都会存放在这块空间中，它是程序运行时的核心存储区域。
- ImageSpace：用来存放系统库的对象，如 java.lang 包下的对象、android.jar 的对象等。该空间的大小不固定。
- ZygoteSpace：该空间和 ImageSpace 相邻，用来存放进程启动时所需要的基本资源和对象，这些对象不会被 GC 机制回收。当通过 fork 操作从 Zygote 进程创建一个新的应用进程时，该应用进程会继承 ZygoteSpace 中的资源，这样可以提高应用程序的启动效率，因为不需要重新加载这些资源。ZygoteSpace 在 Zygote 进程中的大小为 64MB，但是在非 Zygote 进程中，便只会保留 2MB 左右，因为非 Zygote 进程用到的资源只需要 2MB，所以可以留出更多空间给其他资源使用。
- NonMovingSpace：非 Zygote 进程启动时，会将 ZygoteSpace 切分出 62MB，只保留需要用到的 2MB 大小的空间，剩下的空间称作 NonMovingSpace，用来存放一些生命周期较长的对象。

❑ LargeObjectSpace：用来存放大对象，即大于 12 KB 的基本类型数组和 String 对象。

通过图 1-7 中的 maps 文件数据可知，12c00000 到 32c00000 的地址范围刚好是 512MB，属于 MainSpace。从 6fe2e000 到 726e0000 的地址范围则属于 ImageSpace，共 40MB，用于存放各个系统相关的库。紧跟着 ImageSpace 的便是 ZygoteSpace、NonMovingSpace 和 LargeObjectSpace，具体的堆空间组成如图 1-8 所示。

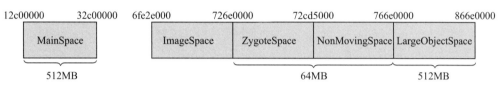

图 1-8 堆空间组成

2. 堆的创建

了解了 Java 堆的组成就可以通过阅读源码来了解 Java 堆的创建流程了。该流程的源码位于 heap.cc 文件中。为了方便阅读，笔者对源码进行了精简，并将整个流程拆分成了 6 个部分。

我们先看第一部分，代码如下所示。该部分的代码主要用于创建 ImageSpace，该空间主要用来加载 boot.oat 库，该库是 ART 虚拟机的一部分。

```
Heap::Heap(……){
    ……
    std::vector<std::unique_ptr<space::ImageSpace>> boot_image_spaces;
    // 1. 创建 ImageSpace，用来加载 boot.oat
    if (space::ImageSpace::LoadBootImage(……,&boot_image_spaces,……)) {
        ……
    } else {
        ……
    }

    // 2. 创建 ZygoteSpace
    ……
    // 3. 创建 MainSpace
    ……
    // 4. 管理 ZygoteSpace
    ……
    // 5. 管理 MainSpace
    ……
    // 6. 创建并管理 LargeObjectSpace
    ……
}
```

第二部分主要用于创建 ZygoteSpace，代码如下。

```
MemMap non_moving_space_mem_map;
if (separate_non_moving_space) {
    // 创建 ZygoteSpace 虚拟内存，大小为 64MB
```

```
        const char* space_name = is_zygote ? kZygoteSpaceName : kNonMovingSpaceName;
        if (heap_reservation.IsValid()) {
            non_moving_space_mem_map = heap_reservation.RemapAtEnd(
                heap_reservation.Begin(), space_name, PROT_READ | PROT_WRITE, &error_str);
        } else {
            non_moving_space_mem_map = MapAnonymousPreferredAddress(
                space_name, request_begin, non_moving_space_capacity, &error_str);
        }
        request_begin = kPreferredAllocSpaceBegin + non_moving_space_capacity;
    }
```

第三部分主要用于创建 MainSpace，根据代码逻辑可知，如果前台 GC 机制的类型（foreground_collector_type_）不是并发复制（Concurrent Copying）回收，即不是 kCollectorTypeCC，操作系统会创建名为 main space 的空间，大小为 capacity_。capacity_ 的值等同于 system 目录下的 build.prop 配置文件中 dalvik.vm.heapsize 项的值，大部分设备都为 512MB。如果前台或后台的 GC 机制是半空间 GC（kCollectorTypeSS），操作系统则创建名为 main space 1 的空间，只有 Android 5 到 Android 7 的操作系统下的 GC 机制符合这两个条件，因此在这些操作系统中会创建名为 main space 和 main space 1 的空间。

```
    static const char* kMemMapSpaceName[2] = {"main space", "main space 1"};

    MemMap main_mem_map_1;
    MemMap main_mem_map_2;
    // 前台 GC 机制的类型不是并发复制回收时，会创建两个空间，Android 5 到 Android 7 的操作系统采用
    这种 GC 算法
    if (foreground_collector_type_ != kCollectorTypeCC) {
        if (separate_non_moving_space || !is_zygote) {
        // 创建名为 main space 的空间的虚拟内存
            main_mem_map_1 = MapAnonymousPreferredAddress(
                kMemMapSpaceName[0], request_begin, capacity_, &error_str);
        } else {
            ……
        }
    }
    // 同样是 Android 5 到 Android 7 的系统会采用上述 GC 算法
    if (support_homogeneous_space_compaction ||
        background_collector_type_ == kCollectorTypeSS ||
        foreground_collector_type_ == kCollectorTypeSS) {
            // 创建名为 main space 1 的空间的虚拟内存
            main_mem_map_2 = MapAnonymousPreferredAddress(
                kMemMapSpaceName[1], main_mem_map_1.End(), capacity_, &error_str);
    }
    ……
```

第四部分的代码会通过 DlMallocSpace 来管理前面创建的 ZygoteSpace，如下所示。

```
    if (separate_non_moving_space) {
        const size_t size = non_moving_space_mem_map.Size();
```

```
        const void* non_moving_space_mem_map_begin =
        non_moving_space_mem_map.Begin();
        // 通过DlMallocSpace来管理ZygoteSpace
        non_moving_space_ =
    space::DlMallocSpace::CreateFromMemMap(std::move(non_moving_space_mem_map),
                                            "zygote / non moving space",
                                            kDefaultStartingSize,
                                            initial_size,
                                            size,
        ......
    }
```

第五部分的代码会判断前台 GC 机制的类型是否为并发复制回收，若是则创建名为 main space (region space) 并且大小为 capacity_ × 2 (即总共 1 GB) 的空间。注意，有些设备中将 capacity_ 调整成了 256MB ，在这种情况下空间总共就只有 512MB 的大小，并直接放入 RegionSpace 中进行管理。因为只有 Android 8 及以上版本的操作系统中前台 GC 机制的类型才是并发复制回收，所以该空间只会在 Android 8 及以上版本的操作系统中存在。通过图 1-7 中 maps 文件数据的第一行可知，main space (region space) 的大小为 512MB。

如果前台 GC 机制的类型不是并发复制回收，也就是在 Android 8 以下版本的操作系统中，会先判断前台 GC 机制的类型是否为移动式 GC（MovingGc），如果是则将第三部分代码创建的 main space 和 main space 1 两个空间分别放入两个 BumpPointerSpace 中进行管理，其他情况下则将 main space 和 main space 1 两个空间放入 MallocSpace 中进行管理。

```
    static const char* kRegionSpaceName = "main space (region space)"

    // 前台GC机制的类型为并发复制回收，Android 8.0及以上版本的系统采用的GC算法
    if (foreground_collector_type_ == kCollectorTypeCC) {
        // 创建一个容量为capacity_×2，即1GB的空间
        MemMap region_space_mem_map =
            space::RegionSpace::CreateMemMap(kRegionSpaceName, capacity_ * 2, request_begin);
        ......
    } else if (IsMovingGc(foreground_collector_type_)) {
        // 通过BumpPointerSpace来管理前面创建的main space和main space 1
        bump_pointer_space_ =
            space::BumpPointerSpace::CreateFromMemMap("Bump pointer space 1",
                                std::move(main_mem_map_1));

        temp_space_ = space::BumpPointerSpace::CreateFromMemMap("Bump pointer space 2",
                                std::move(main_mem_map_2));
    } else {

    // 通过MainMallocSpace来管理前面创建的main space和main space 1
        CreateMainMallocSpace(std::move(main_mem_map_1), initial_size, growth_limit_,
            capacity_);
        if (main_mem_map_2.IsValid()) {
            const char* name = kUseRosAlloc ? kRosAllocSpaceName[1] : kDlMallocSpaceName[1];
            main_space_backup_.reset(CreateMallocSpaceFromMemMap(std::move(main_mem_
                map_2),
```

```
                                    initial_size,
                                    growth_limit_,
                                    capacity_,
                                    name,
                                    /* can_move_objects= */ true));
    ......
  }
}
```

最后一部分代码主要用于创建 LargeObjectSpace，实现过程如下。

```
// 申请并创建 LargeObjectSpace
if (large_object_space_type == space::LargeObjectSpaceType::kFreeList) {
    large_object_space_ =
        space::FreeListSpace::Create("free list large object space", capacity_);
} else if (large_object_space_type == space::LargeObjectSpaceType::kMap) {
    large_object_space_ =
        space::LargeObjectMapSpace::Create("mem map large object space");
} else {
    ......
}
```

通过上面对堆创建源码的解读，我们可以知道 Android 5 到 Android 7 的系统中，会创建名为 main space 和 main space 1、大小都为 512MB 的空间，并且 main space 和 main space 1 会通过 MallocSpace 进行维护和管理。在实际工作时，系统只会使用其中一个空间，只有当执行 GC 的时候，另一个空间才会派上用场，此时 GC 会将前面使用的空间中的存活对象全部移动到另一个空间中。在 Android 8.0 及以上版本的系统中创建的 main space（region space）则会通过 RegionSpace 进行维护和管理。

在 Java 堆的创建流程中，所有内存空间都会先通过 mmap 申请一块虚拟内存，然后再将这块内存放入对应的空间中进行管理。表 1-3 列举了用来管理内存的空间。

表 1-3 管理内存的空间

空间	解释
DlMallocSpace	通过 Dlmalloc 内存分配器来申请和释放内存。Dlmalloc 使用了分离的空闲链表和位图等数据结构，能够高效处理小内存分配请求，但是在处理大内存分配请求时效率较低，并且存在一定程度的内存碎片化问题
MainMallocSpace	通过谷歌开发的 rosalloc 内存分配管理器来申请和释放内存。rosalloc 的用法比 dlmalloc 要复杂很多，而且还需要 ART 虚拟机中其他模块的配合，但是分配效果要比 dlmalloc 好，能有效减少内存碎片的产生，并且在多线程下表现更好，但是会有更大的性能开销
BumpPointerSpace	很简单的内存分配算法，按照顺序分配内存，类似于链表，容易出现内存碎片，所以只能用在线程本地存储或者存活周期很长的对象空间上
RegionSpace	RegionSpace 的内存分配算法比 BumpPointerSpace 稍微高级一点。它先将内存资源划分成一个个固定大小（由 kRegionSize 指定，默认为 1MB）的内存块，每一个内存块由一个 Region 对象表示。在进行内存分配时，算法先找到满足要求的 Region，然后再从这个 Region 中分配资源
FreeListSpace LargeObjectMapSpace	通过 list 或者 map 来分配和释放内存，比 BumpPointerSpace 简单

不同的 GC 算法对空间的要求不一样，比如标记清除算法只需要 1 个空间，但是复制回收算法就需要 2 个空间。不同性质的对象也会对空间有不同的要求，比如系统对象的存活周期非常长，需要放在一些生命周期较长的空间中；而有些应用对象的存活周期非常短，需要统一放在生命周期较短的空间中。所以在创建 Java 堆的过程中会出现很多空间，这些空间的内存申请和释放机制都不一样，GC 算法也不一样，系统会根据不同的场景选择合适的空间。

3. Java 对象申请及释放

虽然 Java 堆的组成空间很多，但实际上应用代码中的 Java 对象几乎只会存放在 MainSpace 和 LargeObjectSpace 这两个空间中，其他的空间都是给系统库使用的，所以下面我们就来看看 Java 对象所需的内存是如何在 MainSpace 和 LargeObjectSpace 中进行申请和释放的。

（1）申请流程

在 Java 中创建并加载一个对象有两种方式，分别是显式加载和隐式加载。显式加载使用 Class.forName 或者 ClassLoader.loadClass 方法加载对象；隐式加载使用 new 关键字、反射、访问静态变量等方式加载对象。这两种方式到最后都会调用 AllocObjectWithAllocator 方法到 Java 堆中申请内存，该方法位于 heap-inl.h 文件中，下面是 AllocObjectWithAllocator 方法的简化逻辑代码。

```
inline mirror::Object* Heap::AllocObjectWithAllocator(……) {
    ……
    //1.检测是不是LargeObject，如果是则在LargeObjectSpace中申请内存
    if (kCheckLargeObject && UNLIKELY(ShouldAllocLargeObject(klass, byte_count))) {
        obj = AllocLargeObject<kInstrumented, PreFenceVisitor>(self, &klass, byte_count,
                            pre_fence_visitor);
        ……
    }

    ……
    //2.如果不是LargeObject，则调用TryToAllocate在MainSpace中申请内存
    obj = TryToAllocate<kInstrumented, false>(self, allocator, byte_count,
                    &bytes_allocated,&usable_size, &bytes_tl_bulk_allocated);
    if (UNLIKELY(obj == nullptr)) {
        //3.若申请失败则在执行GC后再次申请
        obj = AllocateInternalWithGc(self,
                    allocator,
                    kInstrumented,
                    byte_count,
                    &bytes_allocated,
                    &usable_size,
                    &bytes_tl_bulk_allocated,
                    &klass);
        ……
    }
    ……
```

```
        return obj.Ptr();
}
```

通过上述代码可以看到，如果申请内存的 Java 对象是大对象，则会调用 AllocLargeObject 在 LargeObjectSpace 中申请内存；如果不是，则调用 TryToAllocate 在 MainSpace 中申请内存。如果申请失败，系统就会在执行 GC 后继续申请。

什么是大对象呢？通过下面的 ShouldAllocLargeObject 判断接口的代码可以看到，如果申请的内存大于等于 large_object_threshold_（该值为 12 KB），且对象是基本类型数组或者字符串，便认为其是大对象。

```
inline bool Heap::ShouldAllocLargeObject(ObjPtr<mirror::Class> c, size_t byte_
    count) const {
    return byte_count >= large_object_threshold_ &&
        (c->IsPrimitiveArray() || c->IsStringClass());
}
```

（2）释放流程

了解了对象的申请流程，我们再来看对象的释放流程。在 Java 堆中申请内存时，如果申请失败或者申请完毕后内存的总大小超过了阈值，系统就会执行 GC。在上面的申请流程中我们可以看到，申请内存失败后，系统会调用 AllocateInternalWithGc 接口去重新申请，这个接口会调用位于 heap.cc 文件中的 CollectGarbageInternal 方法来执行 GC，代码如下所示。

```
collector::GcType Heap::CollectGarbageInternal(collector::GcType gc_type,
                        GcCause gc_cause,
                        bool clear_soft_references,
                        uint32_t requested_gc_num) {
    ……

    collector::GarbageCollector* collector = nullptr;
    //1. 选择对应的垃圾回收器
    if (compacting_gc) {
        switch (collector_type_) {
            case kCollectorTypeSS:
                semi_space_collector_->SetFromSpace(bump_pointer_space_);
                semi_space_collector_->SetToSpace(temp_space_);
                semi_space_collector_->SetSwapSemiSpaces(true);
                collector = semi_space_collector_;
                break;
            case kCollectorTypeCC:
                collector::ConcurrentCopying* active_cc_collector;
                if (use_generational_cc_) {
                    active_cc_collector = (gc_type == collector::kGcTypeSticky) ?
                        young_concurrent_copying_collector_ : concurrent_copying_
                            collector_;
                    active_concurrent_copying_collector_.store(active_cc_collector,
                                    std::memory_order_relaxed);
                    collector = active_cc_collector;
```

```
            } else {
                collector = active_concurrent_copying_collector_.load(std::
                    memory_order_relaxed);
            }
            break;
        default:
    }
    ......
} else if (current_allocator_ == kAllocatorTypeRosAlloc ||
           current_allocator_ == kAllocatorTypeDlMalloc) {
    collector = FindCollectorByGcType(gc_type);
} else {
    LOG(FATAL) << "Invalid current allocator " << current_allocator_;
}

//2. 执行 GC
collector->Run(gc_cause, clear_soft_references || runtime->IsZygote());
......
return gc_type;
}
```

AllocateInternalWithGc 接口的逻辑比较简单,主要做下面两件事:

- 选择合适的垃圾回收器,并设置好这个垃圾回收器的环境,如半空间回收(kCollectorTypeSS)会设置好源空间(FromSpace)和目的空间(ToSpace)。
- 调用执行 collector->Run 接口,执行该垃圾回收器的回收策略。

不同的垃圾回收器对应了不同的 GC 算法,这一部分的知识比较多,超出了本章的主题范围,就不做详细介绍了,这里仅介绍垃圾回收器是如何判断一个对象是否为可回收的,它能帮助我们更好地理解内存方面的优化流程。

ART 虚拟机的垃圾回收器是通过可达性分析来判断一个对象是否可以被回收的。垃圾回收器会对空间中的每一个对象的引用链进行分析,如果这个对象的引用链最终被 GC Root 持有,就说明这个对象不可回收;否则,就可以回收。如图 1-9 所示,对象 6、对象 7 虽然被对象 5 持有,但对象 5 并没有被 GC Root 持有,因此垃圾回收器判定对象 5、6、7 都是可被清除回收的对象,而对象 1、2、3、4 的引用链被 GC Root 持有,因此无法被垃圾回收器清除回收。

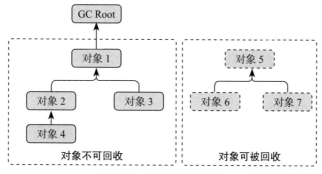

图 1-9 GC 可达性判断

GC Root 主要有下面几项：

- **栈中引用的对象**：每个线程在执行时都会开辟一个线程栈，因此只要在这个栈中引用了某个对象，那么这个对象在该线程退出前就不会被释放。
- **静态变量、常量引用的对象**：被静态变量引用的对象也属于 GC Root 可达，只有我们手动置为空才能释放这个对象。
- **Native 方法引用的对象**：通过 JNI（Java Native Interface）调用，传递到 Native 层并被 Native 的函数引用的对象也无法释放。

1.2.3 Native 内存

相比于 Java 堆内存，Native 内存主要由两个部分组成：一是 Bitmap 占用的内存，从 Android 8 版本开始，Bitmap 的内存都算在 Native 上，Bitmap 的内存空间实际上也是要通过 malloc 函数来申请的；二是 so 库中通过 malloc、calloc、realloc、mmap 等内存申请函数所申请的内存。Native 内存虽然组成较简单，但是治理起来却比 Java 堆内存难很多，后面实战部分会进一步介绍 Native 内存及其治理。

1.3 内存优化方法论

通过前文可知，内存分为虚拟内存和物理内存两个部分，虚拟内存是通过 mmap 函数申请的内存，并没有真正写入数据，物理内存是写入数据后才会消耗的内存。虚拟内存或物理内存的任何一部分的消耗超过阈值，都会导致 OOM 发生，所以我们做内存优化时首先要明确优化的是虚拟内存还是物理内存。如果优化的是物理内存，那么优化方向又可以分为 Native 内存和 Java 堆内存。不管是虚拟内存还是物理内存，优化方法论都是一样的，主要包括以下 3 个方向：

- 及时清理数据；
- 减少数据的加载；
- 增加内存大小。

1.3.1 及时清理数据

根据及时清理数据这一方法论设计出来的优化方案往往都是应用层的优化方案，这些方案一般都比较容易落地而且有较好的效果。大多数情况下，我们只需要在业务结束时和内存不足时进行数据清理。

1. 业务结束时

业务结束时，有些数据需要手动进行清理，比如全局的缓存和资源。有些数据会自动清理，比如 Activity 及其成员变量。对于需要手动清理的数据，我们要避免清理后因为还有业务使用该数据导致空异常。因为清理这类数据很容易发生异常，所以一定要谨慎，或者尽量将需要手动清理的全局数据放入 Activity 中，将其转为 Activity 成员数据。

对于 Activity 来说，当它被执行销毁操作后，只要这个 Activity 不被其他地方的某个对象长期持有，那么当虚拟机执行 GC 时，这个 Activity 及其成员变量就会被释放掉。在现实中，对于这类业务结束时自动清理的数据，优化工作更多集中在内存泄漏的排查和治理上。但是我们依然可以在排查和治理之外增加一些防御型的优化策略，比如我们可以把持有 Activity 的上下文（context）代码改成持有 Application 的上下文代码，如果不能持有 Application 的上下文，也应该以弱引用持有该 Activity 的上下文。

2. 内存不足时

在内存不足时，我们也需要主动清除非必要的对象和数据，比如在 Java 堆内存不足时，对应用中的缓存进行清理。那如何才能知道 Java 堆内存不足呢？这就需要增加一个检测机制了。我们可以开启一个独立的子线程，然后按照一定的频率进行检测以获取 Java 堆信息，可以采用通过 AMS 获取 memoryInfo 的方式，也可以通过 Runtime.getRuntime() 接口来获取。一般来说，用 Runtime.getRuntime() 是合适的，因为这种方式对性能的影响最小，并且我们只需要知道 Java 堆的最大内存和已经使用的内存即可。

```
// 通过 AMS 获取 memoryInfo
ActivityManager am = (ActivityManager) context.getSystemService(Context.ACTIVITY_
    SERVICE);
ActivityManager.MemoryInfo memoryInfo = new ActivityManager.MemoryInfo();

// 获取当前虚拟机实例的内存使用上限
Runtime.getRuntime().maxMemory()
// 获取当前已经申请的内存
Runtime.getRuntime().totalMemory()
```

当得到最大可使用内存和已经使用的 Java 堆内存后，我们便能判定内存的使用是否超过了设定的阈值，如果超过了就通过回调通知各个业务、缓存、单例对象等进行缓存的清理工作。

1.3.2 减少数据的加载

想要减少加载进 Java 堆的数据，我们可以通过减小缓存大小、按需加载数据、转移数据这几种方式来实现。

1. 减小缓存大小

业务开发中不可避免地需要用到很多缓存，缓存是一种用空间换时间的方案，可有效地提升系统性能。缓存使用得多，内存占用就多，减少缓存的使用，自然也能减少内存的占用。但是减少缓存的使用会降低用户体验，所以在减少缓存的使用时需要综合评估业务的体验、OOM、业务使用频率等多方面因素。具体该怎么操作呢？就拿 LruCache（Least Recently Used Cache，最近最少被使用缓存）来说，它是我们使用最多的缓存之一，要优化

LruCache 这类缓存，我们需要考虑如下两点：
- 缓存的大小是多少？
- 缓存中的数据何时清理？

先看第一个问题。我们需要在 LruCache 构造函数中设置 LruCache 的容量，网上很多文章都提到默认传入最大可用堆内存的 12.5%，这样设置其实并不太准确。我们需要评估业务的重要性和业务使用频率。如果是重要并且使用频率高的业务缓存，这里的容量多设置一些也能接受。同时，我们还需要评估当前的机型，如果是只有 256MB 可用堆内存的低端机，这里设置为 12.5%（即 32MB）就有点多了，可能会对整个应用的稳定性产生影响。那么到底应该设置为多少？建议综合机型、业务并充分考虑后再设置，这里没有绝对的标准，需要应用的开发者结合实际场景和业务进行评估。

再来看第二个问题。缓存中的数据何时清理呢？LruCache 自带了缓存清理的策略，这个缓存的容量满了之后，就会清理最后一个最近未被使用的数据。除了这个清理策略之外，我们可以再多增加一些策略，比如当 Java 堆内存的使用达到阈值（如 80%）时就清理 LruCache 的数据。

除了 LruCache 之外，常用的缓存还有 List、Map 等。在做内存优化时，我们需要考虑如下问题：
- 应用运行时所占用的内存会有多大？
- 是否会因为缓存过大导致内存异常？
- 如何及时清理缓存？

2. 按需加载数据

按需加载数据指的是只有真正需要用到的时候才去加载数据。Android 系统中用到大量按需加载的策略。比如前面提到的 mmap 函数申请的其实是虚拟内存，只有真正需要存放数据时才会去分配并映射物理内存。在应用开发中，使用按需加载数据的策略能节约不少 Java 堆内存。

在项目开发中，也有很多场景用到该策略，比如我们通常会在项目中将各种全局服务注册到一个服务容器中，再通过服务的接口将各个业务的能力暴露出去，达到解耦的目的。很多情况下，我们会在程序启动或者业务初始化的时候进行注册。但如果采用按需加载数据的策略，将注册逻辑延迟到真正需要使用该服务的时候再进行，便能实现对系统性能的优化。除此之外，对于应用启动时的各种预加载，我们也可以思考是否可以在真正使用时再进行加载。按需加载数据的案例有很多，这里就不一一列举了。

3. 转移数据

我们知道，Java 堆的大小是有限制的，主流机型下的可用大小只有 512MB。那如果我们将需要放入 Java 堆的数据转移到其他地方，是不是就可以突破 512MB 的限制了呢？实际上确实可以这样做，转移数据的方式主要有以下两种。

- 将 Java 堆中的数据转移到 Native 中：针对这一优化方案，Bitmap 是一个很经典的案例。在 Android 8 以前的版本中，Bitmap 是算入 Java 堆的空间的，Android 8 及之后的版本却将 Bitmap 放入了 Native 中。这一策略极大地增加了 Java 堆的可用空间。在 Android 8 之前，Fresco 这款图片加载工具也采用过将 Bitmap 的创建放在 Ashmem 匿名共享内存中的方案来优化 Java 堆内存。可以看到，Android 系统或者 Fresco 框架都是基于将原本存放在 Java 堆中的数据转移到 Native 中这一思路来优化 Java 堆内存的，所以我们在做 Java 堆内存优化时也可以采用这样的思路。比如说，我们可以将需要读取大数据的业务下沉到 Native 层去做，包括网络库、业务的数据处理等。即使是 Bitmap，在 Android 8 以前的版本中，也是可以通过 Native Hook 等技术手段转移到 Native 中的。
- 将当前进程中 Java 堆的数据转移到其他进程中：每个进程的 Java 堆都是固定的，但是我们可以将应用设计成多进程模型，这样就有多个可用的 Java 堆空间了。我们可以选择将比较独立的业务放在子进程中，如需要小程序、Flutter、RN、Webview 等容器承载的业务，当我们把这些业务放在独立的子进程中后，不仅可以减小主进程中 Java 堆的大小，还能降低主进程中因为这些业务导致的内存泄漏、Crash 等性能问题的出现概率。

1.3.3 增加内存大小

针对"增加内存大小"这个优化方法论，读者可能会有疑问：内存大小是设备决定的，要怎样增加内存大小呢？通过前面的基础知识我们可以知道，虽然物理内存以及系统为进程创建的虚拟内存的大小都是固定的，但是还有很多其他的内存空间是通过虚拟机或者系统库来创建的，比如默认为 512MB 的 Java 堆空间是虚拟机来创建和管理的，默认为 1024 KB 的线程栈空间是 libc 系统库来创建的，所以我们可以通过 Native Hook 技术来改变系统库或者虚拟机的逻辑，从而实现"改变这些空间大小，增加内存空间"的优化方案。

但是通过 Native Hook 改变系统库的逻辑，从而增加内存大小并不是很常规的优化方案，因为想要落地这个优化方案，我们不仅需要熟悉底层的逻辑和源码，还要熟悉 Native Hook 技术。比较经典的案例如字节跳动的 mSponse 内存优化方案，便是通过 Native Hook 技术将 LargeObjectSpace 从原有的空间中分离出来，并为其分配了 512MB 的独立空间。

除了扩大可用的内存空间，我们还可以通过减少内存空间中被系统所占用却并不会使用的空间，来间接提升可用的内存大小，这一方法在虚拟内存的优化中经常会用到，后文会通过实战案例来进一步讲解。

Chapter 2 第 2 章

内存优化实战

本章出现的源码：

1）MAT 官网，访问链接为 https://eclipse.dev/mat/downloads.php。

2）malloc_debug，访问链接为 https://android.googlesource.com/platform/bionic/+/master/libc/malloc_debug/。

3）memory-leak-detector，访问链接为 https://github.com/bytedance/memory-leak-detector。

4）Thread.java，访问链接为 https://cs.android.com/android/platform/superproject/+/android-14.0.0_r9:libcore/ojluni/src/main/java/java/lang/Thread.java。

5）java_lang_Thread.cc，访问链接为 https://cs.android.com/android/platform/superproject/+/android-14.0.0_r9:art/runtime/native/java_lang_Thread.cc。

6）thread.cc，访问链接为 https://cs.android.com/android/platform/superproject/+/android-14.0.0_r9:art/runtime/thread.cc。

7）bhook，访问链接为 https://github.com/bytedance/bhook。

8）profilo，访问链接为 https://github.com/facebookincubator/profilo/tree/main/deps/plthooks。

上一章总结了做内存优化的 3 条方法论，所有内存优化方案都是围绕着这 3 条方法论制定的，所以本章会基于这 3 条方法论，介绍多个优化案例，来加深大家对内存优化的理解。

针对"及时清理数据"方向，本章会介绍"Java 内存泄漏检测"和"Native 内存泄漏检测"这两种方案；针对"减少数据的加载"方向，本章会介绍"Bitmap 治理"这一方案；针对"增加内存大小"方向，本章会介绍"线程栈优化"和"默认 webview 内存释放"这两种方案。在介绍这些实战方案时，本章也会深入讲解这些方案在落地过程中所使用的技术，如 Native Hook 技术、字节码插桩技术等，这些都是 Android 进阶中必须掌握的技术。希望通过本章的学习，读者可以彻底扫清在内存优化方面因基础知识和技术储备不足而产生的障碍，同时也希望读者能举一反三，在这些基础知识和技术的加持下，自己想出更多的内存优化方案。

2.1 Java 内存泄漏检测

在业务结束或者内存接近阈值时，我们只需要及时清理掉不再使用的数据，就能取得不错的内存优化效果。虽然这一方案比较简单，但是我们依然会经常遇到因为数据没有清理干净而导致的内存泄漏问题。问题的主要原因往往是这些数据仍在某些我们没办法有效发现的代码中被使用，比如被某个长生命周期对象持有的 Activity、某个 so 库申请了却没有释放的内存等，从而导致数据没办法被有效地清理干净，最终发生内存泄漏。因此对内存泄漏的检测和治理，是确保我们能够及时清理无用数据从而提升可用内存的保障之一。

这里在示例程序中模拟一个内存泄漏的场景，如图 2-1 所示。第 27 行中，主线程持有了 JavaLeakActivity，即使 JavaLeakActivity 退出，主线程在 50 000 ms 的时间内也不会释放该 Activity。

```
17  public class JavaLeakActivity extends AppCompatActivity {
18      private Handler mHandler;
19      @Override
20      protected void onCreate(Bundle savedInstanceState) {
21          super.onCreate(savedInstanceState);
22          setContentView(R.layout.activity_java_leak);
23          mHandler = new Handler(Looper.getMainLooper());
24          mHandler.postDelayed(new Runnable() {
25              @Override
26              public void run() {
27                  Log.i("JavaLeakActivity",""+JavaLeakActivity.this);
28              }
29          }, 50000);
30      }
31  }
```

图 2-1 模拟内存泄漏场景

示例中是一个很简单的模拟场景，我们通过代码便能明确地知道这里会存在内存泄漏，但是实际项目中的内存泄漏往往非常隐秘，我们很难通过代码直接看出来，所以下面就以这个模拟场景为例，看一看在实际项目中如何分析内存泄漏。

内存泄漏有手动分析和自动分析两种方式，我们先看手动分析方式。

2.1.1 手动分析

手动分析内存泄漏时，首先需要我们通过命令抓取 Hprof（Heap profile，内存快照）文件，该文件是虚拟机的一种堆转储文件，记录了程序在运行过程中的堆内存分配和对象使用情况，用于分析 Java 应用程序的内存使用情况；然后通过 Hprof 文件分析对象的引用链，以此来发现和解决内存泄漏问题。

通过"adb shell am dumpheap <process_id> <output_file>"命令即可抓取程序的 Hprof 文件，本书示例程序中的 Hprof 文件的抓取代码如下。

```
adb shell am dumpheap com.example.performance_optimize /data/local/tmp/demo.hprof
```

抓取到 Hprof 文件后，通过 pull 命令将文件从手机目录拉取到本地计算机目录，之后就可以进行分析了。我们有两种方式来进行分析，一种是直接通过 Android Studio 自带的 Profile 工具来分析，另一种是通过 MAT 工具来分析。

1. Android Studio 分析

打开 Android Studio 的 Profile 工具，直接将刚抓取的 Hprof 文件导入进去即可进行分析，如图 2-2 所示，单击 Leaks，就能看到 JavaLeakActivity 发生了泄漏。

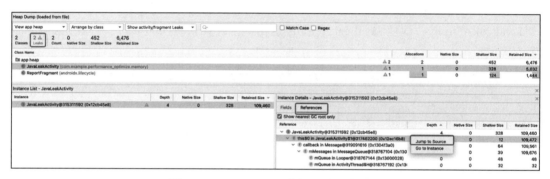

图 2-2　Android Studio 分析 Hprof 的界面

单击 References，我们就能看到 JavaLeakActivity 的引用链，从而发现该 Activity 被 JavaLeakActivity$1 这个内部类持有并发生了内存泄漏，右键单击 Jump to Source 就可以直接跳转到源码的路径中。在分析界面中，我们能看到泄漏的 Activity 出现了 Shallow Size（浅堆大小）和 Retained Size（保留堆大小），这两个"Size"的解释如下。

- Shallow Size：该对象本身占用的内存大小，不包含其所引用的对象占用的内存，可以看到 JavaLeakActivity 对象自身占用的内存大小只有 328B。
- Retained Size：该对象本身占用的内存大小，加上能从该对象直接或间接访问的对象的内存大小。如果该对象发生了内存泄漏，保留堆的大小便是内存泄漏的大小。

通过保留堆大小，我们就能知道 JavaLeakActivity 产生了 109 460B 的内存泄漏。

2. MAT 分析

除了使用 Android Studio，我们还可以使用 Eclipse 的 MAT 工具来分析 Hprof 文件。在 Eclipse 官网便能下载该工具。通过 dumpheap 命令抓取的 Hprof 文件是无法直接在 MAT 中使用的，我们需要使用 Android SDK 中 platform-tools 目录下的 hprof-conv 工具进行转换。转换命令如下。

```
hprof-conv demo.hprof after_demo.hprof
```

我们将转换后的 after_demo.hprof 拖入 MAT 工具中，便会看到如图 2-3 所示的界面。

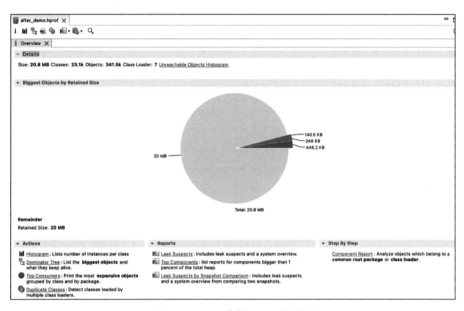

图 2-3　MAT 分析 hprof 的界面

对界面中的主要功能解释如下：

- Histogram：显示各个对象的实例数量和浅堆、保留堆的大小，可以按照不同的排序方式和分组方式查看各个对象的信息，或者使用过滤器来筛选出感兴趣的对象。
- Dominator Tree：显示各个对象的浅堆、保留堆的大小及它们的引用关系。
- Top Consumers：显示堆中占用内存最多的对象。
- Leak Suspects：显示可能存在内存泄漏的对象。MAT 会对堆内存中的对象进行遍历，找出 GC Root 持有的所有对象，并根据对象的保留堆大小、引用路径、类别等信息来分析对象是否出现内存泄漏，然后按照保留堆的大小从大到小排序，选出前几个作为内存泄漏的嫌疑对象。需要注意的是，这里的结果只是可能泄漏，并不代表真正出现内存泄漏，我们还需要对结果进行进一步的判断和分析。

单击 Leak Suspects，进入如图 2-4 所示的界面，可以看到 JavaLeakActivity 并没有出现在内存泄漏的列表中，这主要是因为 MAT 和 Android Studio 在内存泄漏检测机制方面的差异而导致的。MAT 是针对 Java 的通用内存分析工具，因此并不会对 Activity 进行特殊的泄漏判断，而 Android Studio 会针对 Activity、Fragment 等对象进行特殊的泄漏逻辑判断，即 onDestory 执行后，Activity、Fragment 等对象未被回收即表示发生了内存泄漏。

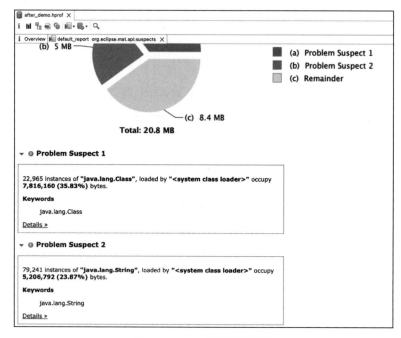

图 2-4　MAT 检测泄漏界面

既然在 Leak Suspects 里没有发现有用的信息，那 MAT 要如何分析内存泄漏呢？实际上，MAT 最主要的作用是在我们已经知道某个对象发生泄漏的情况下，分析对象的引用链等更详细的信息，从而帮助我们解决问题。通过单击 Dominator Tree，在顶部输入 JavaLeakActivity，即可显示该对象的引用链，如图 2-5 所示。

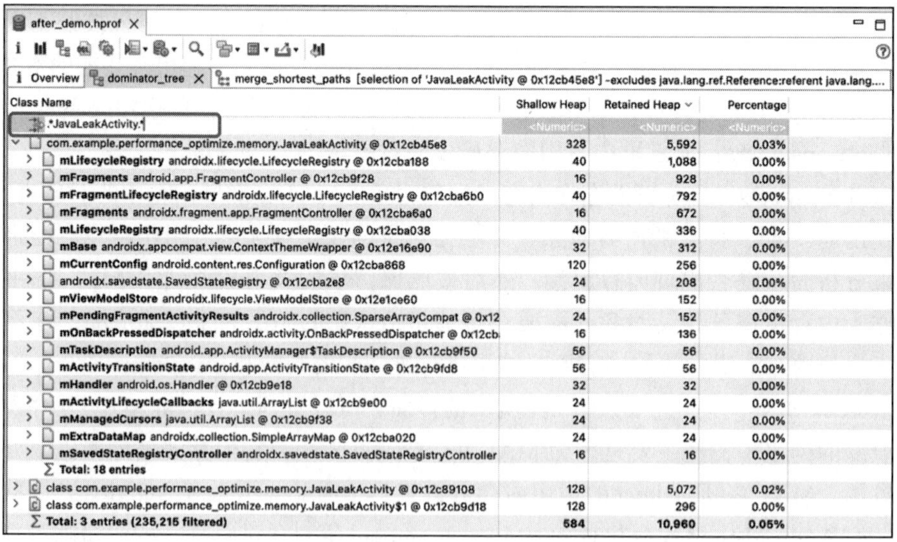

图 2-5　JavaLeakActivity 的引用链

此时界面中出现的引用链包含了所有的 Incoming references（入向引用）和 Outgoing references（出向引用），所以条目比较多，很难进行分析。我们需要用右键单击 List objects，选择 with incoming references，即选择入向引用，如图 2-6 所示。

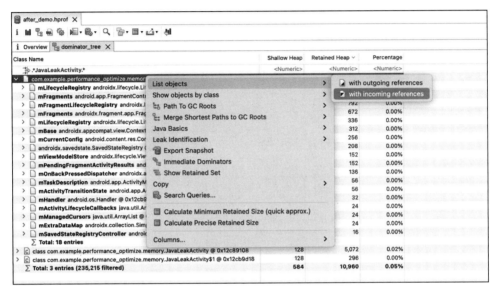

图 2-6　选择入向引用

这里笔者需要解释一下什么是 Incoming references（入向引用）和 Outgoing references（出向引用）。如图 2-7 所示，对象 C 的入向引用是对象 A、对象 B，对象 C 的出向引用是对象 D、对象 E。因此当其他对象持有对该对象的引用时，这些对象被称为入向引用对象，当一个对象持有对其他对象的引用时，这些对象被认为是出向引用对象。通过入向引用，我们就能知道 JavaLeakActivity 被哪些对象持有，从而去切断引用链来修复内存泄漏。

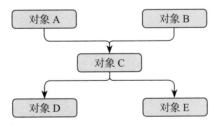

图 2-7　对象引用关系

进行 Incoming references 筛选后，可以看到所有引用了 JavaLeakActivity 的对象，这里我们还要继续筛选，单击 Path To GC Roots，并选择 exclude all phantom/weak/soft etc. references 来排除所有不会导致内存泄漏的软引用、弱引用等引用链，如图 2-8 所示。

此时我们就能看到 JavaLeakActivity 被 JavaLeakActivity$1 这个内部类持有并发生了内存泄漏，如图 2-9 所示，分析的结果和 Android Studio 中的结果是一致的。

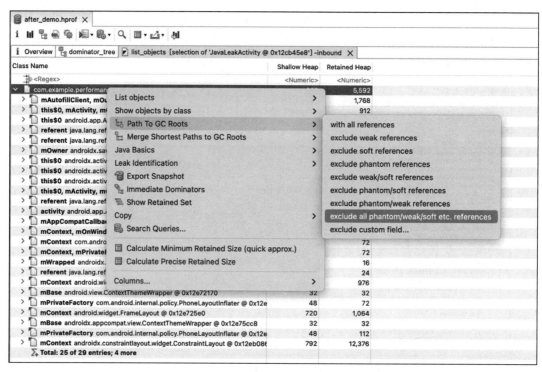

图 2-8　排除引用链

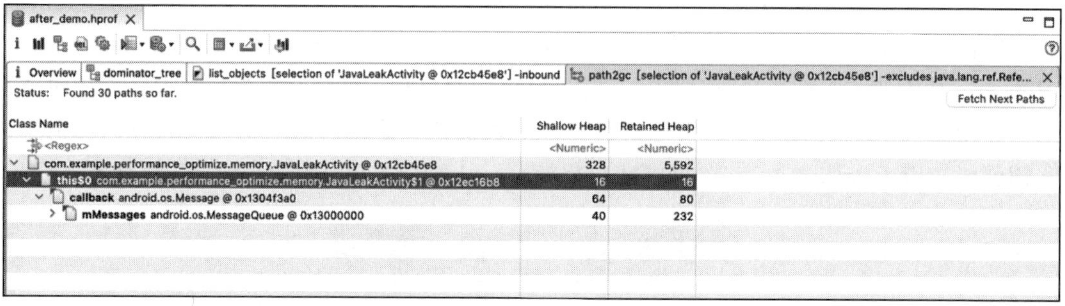

图 2-9　导致内存泄漏的引用链

MAT 相比于 Android Studio，功能更强大，性能也更好，更适用于复杂的场景，但是使用起来比较复杂。而 Android Studio 使用起来更简单，对于一些引用链路径短、引用关系简单等不太复杂的场景，使用 Android Studio 来分析即可。

2.1.2　自动分析

讲完了通过手动分析 Hprof 来进行内存泄漏检测的方式，我们再来看自动分析的方式。自动分析可以帮助我们快速、及时地发现内存泄漏问题，常用的自动分析工具主要是 LeakCanary。

1. LeakCanary 的使用方式

LeakCanary 的使用方式比较简单，只需要在 dependencies 依赖配置中引入 LeakCanary 的库即可。最新的 LeakCanary 已经不需要初始化的代码，引入即可开启使用。

```
dependencies {
    debugImplementation 'com.squareup.leakcanary:leakcanary-android:3.0-alpha-1'
}
```

我们在引入 LeakCanary 后再次运行示例程序中的内存泄漏案例，就可以看到 LeakCanary 生效且自动检测到发生了内存泄漏。检测到内存泄漏后，它会抓取堆栈并通过通知栏进行提醒，如图 2-10 所示，单击通知栏就会跳转到内存泄漏详情页，如图 2-11 所示。通过详情页，我们就能看到泄漏的对象有哪些以及持有这些对象的引用链。因为 LeakCanary 在内存泄漏发生时，会抓取并分析 Hprof 文件，由于这个过程会导致程序发生卡顿，所以只建议在测试包中使用 LeakCanary。

图 2-10　LeakCanary 通知提醒　　　　图 2-11　内存泄漏详情页

2. LeakCanary 原理

LeakCanary 非常实用，在实际项目中得到广泛应用，但仅了解 LeakCanary 如何使用是无法应对复杂场景的。比如，我们可能需要用 LeakCanary 来进行二次开发，增加一些定制化的检测能力，或配置一些定制化的属性等，所以我们还需要了解 LeakCanary 原理。另外，LeakCanary 的检测原理也是面试中常见的考点之一。

LeakCanary 的本质是利用 Java 中的 WeakReference 这个弱引用对象的特点来进行内存泄漏检测，如果一个对象仅被弱引用，则当执行 GC 时，系统会清除该弱引用对象。LeakCanary

会将 Activity 封装成 WeakReference（弱引用对象），当 Acitvity 执行 onDestory 后再主动进行 GC 操作。如果此时该 Activity 的弱引用没有被回收，则判定该 Activity 发生了内存泄漏。笔者通过简化的流程代码来加深读者对检测流程的理解，主要流程如下。

1）LeakCanary 会在应用启动时通过系统提供的 ActivityLifecycleCallbacks 来注册监听每个 Activity 的生命周期。从如下实现代码中可以看到，LeakCanary 创建了继承自 ActivityLifecycleCallbacks 的 ActivityRefWatcher 对象，并在 Activity 执行销毁回调时调用了 refWatcher.watch 方法。

```java
// ActivityRefWatcher 类
public class ActivityRefWatcher implements Application.ActivityLifecycleCallbacks {
    private final RefWatcher refWatcher;

    public ActivityRefWatcher(RefWatcher refWatcher) {
        this.refWatcher = refWatcher;
    }

    @Override
    public void onActivityDestroyed(Activity activity) {
        // 当 Activity 被销毁时，调用 refWatcher.watch 方法
        refWatcher.watch(activity);
    }
}
```

2）refWatcher.watch 方法会将该 Activity 的引用包装成一个 KeyedWeakReference 对象，并加入自定义的 ReferenceQueue 对象中，代码如下。

```java
public class RefWatcher {
    private final Set<String> retainedKeys = new HashSet<>();
    private final ReferenceQueue<Object> queue = new ReferenceQueue<>();
    private final WatchExecutor watchExecutor;

    public RefWatcher(WatchExecutor watchExecutor) {
        this.watchExecutor = watchExecutor;
    }

    public void watch(Object watchedReference) {
        // 生成一个随机的 key
        String key = UUID.randomUUID().toString();
        // 将被观察的对象包装成一个 KeyedWeakReference 对象，并加入 ReferenceQueue 对象中
        KeyedWeakReference reference = new KeyedWeakReference(watchedReference, key,
            queue);
        // 将 key 加入 retainedKeys 集合中
        retainedKeys.add(key);
        // 异步地检查是否发生内存泄漏
        ensureGoneAsync(reference);
    }
}
```

```java
// KeyedWeakReference 类
public class KeyedWeakReference extends WeakReference<Object> {
    public final String key;

    public KeyedWeakReference(Object referent, String key, ReferenceQueue<Object> queue) {
        super(referent, queue);
        this.key = key;
    }
}
```

3）接着 RefWatcher 会调用 ensureGoneAsync 方法来检测内存泄漏。需要注意的是，该方法调用后不会立即进行内存泄漏检测，而是通过 WatchExecutor 在主线程空闲时检测。检测的方式是主动触发一次 GC，并检查 ReferenceQueue 中的引用是否被回收。如果发现有未被回收的引用，则说明该对象发生了内存泄漏，RefWatcher 会通过 AndroidHeapDumper 对象将堆内存转存成一个 Hprof 文件，并将其传递给 HeapAnalyzer 进行分析，代码如下。

```java
private void ensureGoneAsync(final KeyedWeakReference reference) {
    // 在主线程空闲时执行检测任务
    watchExecutor.execute(new Runnable() {
        @Override
        public void run() {
            // 触发一次 GC
            GcTrigger.DEFAULT.runGc();
            // 移除已经被回收的引用
            removeWeaklyReachableReferences();
            // 检查是否还有未被回收的引用
            if (retainedKeys.contains(reference.key)) {
                // 发生了内存泄漏，转储堆内存
                File heapDumpFile = AndroidHeapDumper.dumpHeap();
                // 分析堆内存，生成泄漏信息
                LeakTrace leakTrace = HeapAnalyzer.analyze(heapDumpFile, reference.key);
                // 展示泄漏信息
                DisplayLeakService.showLeakNotification(leakTrace);
            }
        }
    });
}

private void removeWeaklyReachableReferences() {
    KeyedWeakReference ref;
    while ((ref = (KeyedWeakReference) queue.poll()) != null) {
        // 从 retainedKeys 中移除已经被回收的引用的 key
        retainedKeys.remove(ref.key);
    }
}
```

4）HeapAnalyzer 会解析 Hprof 文件，找到泄漏对象的引用链，并生成一个 LeakTrace 对象（包含泄漏的类名、字段名、大小等信息），并将 LeakTrace 对象发送给 DisplayLeakService。

DisplayLeakService 是一个运行在另一个进程中的服务，它会将泄漏信息展示在通知栏，并提供 LeakActivity 便于用户查看泄漏的详细信息。

LeakActivity 对 Hprof 的抓取以及对引用链的分析都是通过 HAHA 这个第三方库实现的，这里不对此展开介绍，读者若对 LeakActivity 感兴趣可以进一步地去分析其中的代码细节。

2.2 Native 内存泄漏检测

Native 内存泄漏的主要原因是 so 库中的代码调用 malloc 函数申请了内存，但是在业务结束之后却没有调用 free 函数对内存进行释放，随着程序的运行，泄漏的内存越来越多，最终会因内存消耗过大而导致程序异常。

想要检测 Native 内存泄漏，通常要拦截 so 库中的 malloc 函数和 free 函数，并插入我们自己的逻辑来统计 malloc 与 free 的内存大小。如果某个 so 库申请的内存减去释放的内存超过我们设置的阈值，便认为这个 so 库发生了内存泄漏。

这里看一个示例程序，其 Native 层异常申请了接近 95MB 的内存空间，如图 2-12 所示，笔者将这个 Native 代码打包成了 example.so 库。

```
extern "C"
JNIEXPORT void JNICALL
Java_com_example_performance_1optimize_memory_NativeLeakActivity_mallocLeak(JNIEnv *env,
                                                                            jobject NativeLeakActivity thiz) {
    void * result = malloc( byte_count: 100*1000*1000);
}
```

图 2-12　异常申请 Native 内存

我们接着在上层的 Activity 中加载这个 so 库，并调用该方法，便可以模拟一个异常的 Native 内存申请的场景，如图 2-13 所示。下面就通过这个示例程序来逐步排查这个异常的 Native 内存申请，从而帮助读者掌握 Native 内存泄漏检测的技术和步骤。

```
10  public class NativeLeakActivity extends AppCompatActivity {
11
12      @Override
13      protected void onCreate(Bundle savedInstanceState) {
14          super.onCreate(savedInstanceState);
15          setContentView(R.layout.activity_native_leak);
16
17          System.loadLibrary( libname: "example");
18          mallocLeak();
19      }
20
21      private native void mallocLeak();
```

图 2-13　调用异常 Native 函数

2.2.1 拦截 malloc 和 free 函数

想要拦截并修改 so 库中的 malloc 和 free 函数，就需要使用 Native Hook 技术，这里介绍一种 Native Hook 技术——PLT Hook。

1. PLT Hook 技术

程序的运行过程就是一个不断调用和执行函数的过程，而要调用函数就一定要知道这个函数在内存中的地址。Native 代码在被打包成 so 库时，每个函数都会被分配一个偏移地址，因此如果是 so 库中内部函数之间的相互调用，那么直接通过编译期间给函数分配的偏移地址就能实现。

但如果我们调用的是一个外部 so 库的函数，那就只能通过该函数在内存中的绝对地址来进行调用了，也就是该外部 so 库在内存中的首地址 + 该函数的偏移地址。那么外部函数的调用流程是怎样的呢？这里以示例程序中的 example.so 库为例。因为 malloc 函数是位于外部库 libc.so 中的一个函数，所以 example.so 库中的代码在调用 malloc 函数时，会先查找内部的 .plt 过程链接表（这是一个包含跳转指令的代码段），再通过跳转指令跳转到 malloc 函数对应的 .got 表（这是一个包含外部函数地址的数据段，位于 .dynamic 段中），.got 表会记录 malloc 函数的真实地址，流程如图 2-14 所示。但是在编译期间，.got 表是无法确认 malloc 函数的地址的，所以初始地址为 0。在程序运行过程中，Linker（动态链接器）这个系统程序会在调用 malloc 函数时，将 malloc 函数的真实地址写入 libexample.so 库对应的 .got 全局偏移表中。

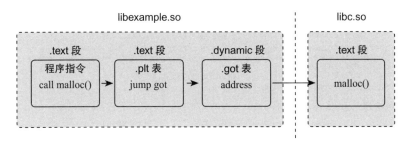

图 2-14　外部函数调用跳转流程

什么是 .plt 表和 .got 表呢？我们知道 so 库实际上就是一个 ELF 格式的文件，里面包含了代码段（.text）、数据段（.data）、BSS 段（.bss）、动态段（.dynamic）等多种数据段，在程序运行某个 so 库时，so 库的这些数据段都会被加载进内存中。而 .plt 表，也就是过程链接表（Procedure Linkage Table），实际上是位于代码段中的一张表，记录了跳转到外部的函数所对应的 .got 表的代码段。.got 表则是位于数据段下面的一张表，记录了外部库函数的地址，而该外部库的函数地址，是在程序运行时，由动态链接器（Linker）这个系统程序回写到 .got 表中的。

通过 Android NDK 中自带的 objdump 工具执行 "objdump -D libexample.so" 命令，即可查看 example.so 对应的汇编代码。我们找到示例场景中的 mallocLeak 函数对应的汇编代码，如图 2-15 所示。

```
0001edd4 <Java_com_example_performance_1optimize_memory_NativeLeakActivity_mallocLeak>:
 1edd4:   b580        push    {r7, lr}
 1edd6:   466f        mov     r7, sp
 1edd8:   b084        sub     sp, #16
 1edda:   9003        str     r0, [sp, #12]
 1eddc:   9102        str     r1, [sp, #8]
 1edde:   f24e 1000   movw    r0, #57600   ; 0xe100
 1ede2:   f2c0 50f5   movt    r0, #1525    ; 0x5f5
 1ede6:   f7fd ee82   blx     1caec <malloc@plt>
 1edea:   9001        str     r0, [sp, #4]
 1edec:   b004        add     sp, #16
 1edee:   bd80        pop     {r7, pc}
```

图 2-15 mallocLeak 函数对应的汇编代码

通过上面的汇编代码可以看到，地址 1ede6 对应的汇编指令是 "blx 1caec <malloc@plt>"，其中 blx 是函数调用指令，1caec 是函数对应的地址，也就是 malloc 函数对应的 .plt 表地址，即 <malloc@plt> 函数。通过这段指令，对函数 malloc 的调用便会跳转到对应的 .plt 表中。

下面看一下 malloc 函数在 .plt 表中的汇编代码，如图 2-16 所示，它包含了 3 条指令的代码段，分别解释如下。

```
0001caec <malloc@plt>:
 1caec:    e28fc600    add ip, pc, #0, 12
 1caf0:    e28cca35    add ip, ip, #217088 ; 0x35000
 1caf4:    e5bcf980    ldr pc, [ip, #2432]! ; 0x980
```

图 2-16 malloc 函数的 .plt 表

- 第一条指令 "add ip, pc, #0, 12" 表示将 0 左移 12 位后和 pc（Program Counter，程序计数器）寄存器的值相加，并将结果写入 ip 寄存器中。因为在 ARM 架构中，pc 的值为当前指令的地址加上 8 字节，所以此时 ip 寄存器的值为 1caec + 8 = 1caf4。
- 第二条指令 "add ip, ip, #217088 ; 0x35000" 表示将 ip 寄存器的值加上 217 088 这个十进制值，该值的十六进制数即为 0x35000，并将结果存回 ip 寄存器中，所以此时 ip 寄存器的值为 1caf4 + 35000 = 51af4。
- 第三条指令 "ldr pc, [ip, #2432]! ; 0x980" 表示将 ip 寄存器的值加上 2432 这个十进制的值，该值的十六进制数即为 0x980，并将结果存储在 pc 寄存器中，所以此时 pc 寄存器的值为 51af4 + 980 = 52474。

由上面可知，pc 寄存器中的 52474 就是指令接下来要跳转的地址，此时读者如果对这 3 条指令不太理解也没关系，待大家学完第 3 章中要介绍的常用的汇编指令和寄存器后再回头来看就会有更深入的理解了。这里只需要知道接下来会跳转到地址为 52474 的地方即可。

继续找到 52474 对应的代码，如图 2-17 所示，可以看到它位于 .got 表中，该地址对应的值 0001cac0 就是 malloc 函数真正的地址。为什么 .got 表中所有的数据都是 0001cac0 这个地址呢？实际上 0001cac0 对应的地址会跳转到一段动态链接代码段中，当程序运行且调用 malloc 函数后，这段代码段会调用动态链接器（Linker）将 malloc 函数真正的地址写进来。

```
Disassembly of section .got:

000523c0 <_GLOBAL_OFFSET_TABLE_-0xa0>:
    ...
   52454:       00044199        muleq   r4, r9, r1
   52458:       00044161        andeq   r4, r4, r1, ror #2
   5245c:       000441a1        andeq   r4, r4, r1, lsr #3

00052460 <_GLOBAL_OFFSET_TABLE_>:
    ...
   5246c:       0001cac0        andeq   ip, r1, r0, asr #21
   52470:       0001cac0        andeq   ip, r1, r0, asr #21
   52474:       0001cac0        andeq   ip, r1, r0, asr #21
   52478:       0001cac0        andeq   ip, r1, r0, asr #21
   5247c:       0001cac0        andeq   ip, r1, r0, asr #21
   52480:       0001cac0        andeq   ip, r1, r0, asr #21
   52484:       0001cac0        andeq   ip, r1, r0, asr #21
   52488:       0001cac0        andeq   ip, r1, r0, asr #21
   5248c:       0001cac0        andeq   ip, r1, r0, asr #21
```

图 2-17　malloc 函数在 .got 表中的值

了解了上述外部函数调用的原理后，就可以开始了解 PLT Hook 技术了。如果我们在程序运行过程中将 libexample.so 库中的偏移地址（52474）替换成我们自定义的函数的绝对地址，那么该库中所有对 malloc 函数的调用都会跳转到我们自定义的函数中。当自定义函数的逻辑执行完成，并在该自定义函数的末尾跳转回 52474 地址原本所记录的地址后，程序便能继续执行原来的 malloc 函数逻辑，这样便完成了对 malloc 函数的拦截操作，如图 2-18 所示。

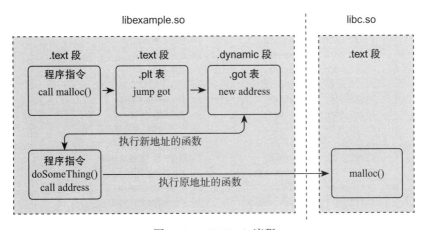

图 2-18　PLT Hook 流程

了解了流程和思路，接下来我们就可以通过代码来实现了，主要流程的代码如下。

1）通过逐行读取 maps 文件，找到并解析出 libexample.so 的地址。当然，我们也可以通过 Linux 系统提供的 dl_iterate_phdr 函数找到 libexample.so 的基地址。

```
FILE *fp = fopen("/proc/self/maps", "r");
char line[1024];
uintptr_t base_addr = 0;
// 逐行读取 maps 文件
while (fgets(line, sizeof(line), fp)) {
    __android_log_print(ANDROID_LOG_DEBUG, "hookMallocByPLTHook", "line:%s", line);
    if (NULL != strstr(line, "libexample.so")) {
        std::string targetLine = line;
        std::size_t pos = targetLine.find('-');
        if (pos != std::string::npos) {
            std::string addressStr = targetLine.substr(0, pos);
            // stoull 函数用于将字符串转换为无符号长整型
            base_addr = std::stoull(addressStr, nullptr, 16);
            break;
        }
    }
}
fclose(fp);
```

2）根据设备的平台环境，将获取的 so 库基地址转换成 Elf32_Ehdr 或 Elf64_Ehd 数据结构，该数据结构是 ELF 文件加载进内存后对应的数据结构，通过 #include <linux/elf.h> 引入头文件后就能使用该数据结构了，该数据结构的字段详情如图 2-19 所示。笔者的平台环境是 32 位，所以后文中统一以 32 位的数据结构做代码演示，但实际使用过程中需要先判断平台版本，然后再选择对应的 ELF 结构体。

```
// 32位ELF文件头部数据结构
typedef struct {
    unsigned char   e_ident[EI_NIDENT]; /* 魔数和其他信息 */
    Elf32_Half      e_type;             /* 文件类型 */
    Elf32_Half      e_machine;          /* 目标架构 */
    Elf32_Word      e_version;          /* 文件版本 */
    Elf32_Addr      e_entry;            /* 程序入口地址 */
    Elf32_Off       e_phoff;            /* 程序头表的文件偏移 */
    Elf32_Off       e_shoff;            /* 节头表的文件偏移 */
    Elf32_Word      e_flags;            /* 处理器相关标志 */
    Elf32_Half      e_ehsize;           /* ELF 头部的大小 */
    Elf32_Half      e_phentsize;        /* 程序头表项的大小 */
    Elf32_Half      e_phnum;            /* 程序头表项的数量 */
    Elf32_Half      e_shentsize;        /* 节头表项的大小 */
    Elf32_Half      e_shnum;            /* 节头表项的数量 */
    Elf32_Half      e_shstrndx;         /* 节头字符串表的索引 */
} Elf32_Ehdr;
```

图 2-19　ELF 文件头部数据结构

```
// 64位ELF文件头部数据结构
typedef struct {
    unsigned char e_ident[EI_NIDENT]; /* 魔数和其他信息 */
    Elf64_Half    e_type;             /* 文件类型 */
    Elf64_Half    e_machine;          /* 目标架构 */
    Elf64_Word    e_version;          /* 文件版本 */
    Elf64_Addr    e_entry;            /* 程序入口地址 */
    Elf64_Off     e_phoff;            /* 程序头表的文件偏移 */
    Elf64_Off     e_shoff;            /* 节头表的文件偏移 */
    Elf64_Word    e_flags;            /* 处理器相关标志 */
    Elf64_Half    e_ehsize;           /* ELF 头部的大小 */
    Elf64_Half    e_phentsize;        /* 程序头表项的大小 */
    Elf64_Half    e_phnum;            /* 程序头表项的数量 */
    Elf64_Half    e_shentsize;        /* 节头表项的大小 */
    Elf64_Half    e_shnum;            /* 节头表项的数量 */
    Elf64_Half    e_shstrndx;         /* 节头字符串表的索引 */
} Elf64_Ehdr;
```

图 2-19　ELF 文件头部数据结构（续）

Elf32_Ehdr *header = (Elf32_Ehdr *) (base_addr); // 将 base_addr 强制转换成 Elf32_Ehdr 格式

3）通过 Elf32_Ehdr 的数据结构得到程序头表的入口地址，也就是 e_phoff（程序头表的偏移地址）+so 库的基地址。得到程序头表的地址后，将其转换为程序头表对应的数据结构 Elf32_Phdr，该数据结构也定义在 elf.h 文件中，如图 2-20 所示。接着我们就可以遍历程序头表的数据结构，找到 p_type 为 PT_DYNAMIC 的段，也就是 .dynamic 段，并得到该段的地址和大小。

```
typedef struct {
    Elf32_Word p_type;   /* 段类型 */
    Elf32_Off  p_offset; /* 段在文件中的偏移 */
    Elf32_Addr p_vaddr;  /* 段在内存中的虚拟地址 */
    Elf32_Addr p_paddr;  /* 段在内存中的物理地址 */
    Elf32_Word p_filesz; /* 段在文件中的大小 */
    Elf32_Word p_memsz;  /* 段在内存中的大小 */
    Elf32_Word p_flags;  /* 段的标志 */
    Elf32_Word p_align;  /* 段的对齐 */
} Elf32_Phdr;
```

图 2-20　程序头表的数据结构

代码如下。

```
// 程序头表项个数
size_t phr_count = header->e_phnum;
// 程序头表的地址
Elf32_Phdr *phdr_table = (Elf32_Phdr *) (base_addr + header->e_phoff);
unsigned long dynamicAddr = 0;
unsigned int dynamicSize = 0;
for (int i = 0; i < phr_count; i++) {
    if (phdr_table[i].p_type == PT_DYNAMIC) {
        //so库的基地址加 .dynamic 段的偏移地址，就是 .dynamic 段的实际地址
        dynamicAddr = phdr_table[i].p_vaddr + base_addr;
        dynamicSize = phdr_table[i].p_memsz;
        break;
    }
}
```

4）遍历找到的 .dynamic 段，该段的数据结构如图 2-21 所示，当 d_tag 为 DT_PLTREL，即为指向 .plt 表的段时，我们就能通过 d_val 得到 .plt 表的地址了。

```
typedef struct {
    Elf32_Sword d_tag;      /* 动态项类型 */
    union {
        Elf32_Word d_val;   /* 整数值 */
        Elf32_Addr d_ptr;   /* 地址值 */
    } d_un;
} Elf32_Dyn;
```

图 2-21 .dynamic 段的数据结构

代码如下。

```
uintptr_t symbolTableAddr;
Elf32_Dyn *dynamic_table = (Elf32_Dyn *) dynamicAddr;
for (int i = 0; i < dynamicSize; i++) {
    if (dynamic_table[i].d_tag == DT_PLTGOT) {
        symbolTableAddr = dynamic_table[i].d_un.d_ptr + base_addr;
        break;
    }
}
```

5）修改内存属性为可写，并遍历 .plt 表，根据 malloc 函数在 .got 表中的地址（52474 + so 库的基地址）找到记录在对应的 .got 表中的值，并将该值替换成我们自定义函数的地址，同时我们需要将该值保存下来，以便在执行完自定义函数后，接着执行该值对应的地址中的命令，也就是 malloc 函数对应的真正地址处的命令。

```
// 读写权限改为可写
mprotect((void *)symbolTableAddr, PAGE_SIZE,PROT_READ|PROT_WRITE);
// 目标函数偏移地址
originFunc = 0x52474 + base_addr;
// 替换的 hook 函数的偏移地址
uintptr_t newFunc = (uintptr_t) &malloc_hook_by_plt;
int *symbolTable = (int *) symbolTableAddr;
for (int i = 0;; i++) {
    if ((uintptr_t) &symbolTable[i] == originFunc) {
        // 将 .plt 表中的值保存下来，该值就是 malloc 函数的地址
        originFunc = symbolTable[i];
        // 将 originFunc 地址中的值替换成新函数
        symbolTable[i] = newFunc;
        break;
    }
}
```

6）在自定义的拦截函数中实现想要的逻辑，如打印内存申请过大的逻辑堆栈、记录 so 库申请的总内存等，并在函数最后执行原来被替换的函数地址，代码如下。

```cpp
void *malloc_hook_by_plt(size_t len) {
    __android_log_print(ANDROID_LOG_DEBUG, "hookMallocByPLTHook",
                        "origin malloc size:%d", len);
    if(len > 20*1024*1024){
        __android_log_print(ANDROID_LOG_DEBUG, "hookMallocByPLTHook",
                            "do somethings");
        // 堆栈打印
        printNativeStack();
    }
    // 调用原函数
    return reinterpret_cast<void *(*)(size_t)>((void*)originFunc)(len);
}
```

运行 Demo 程序，通过日志可以看到，我们成功地拦截了 malloc 函数，如图 2-22 所示。

| hookMallocByPLTHook | com.example.performance_optimize | D | origin malloc size:100000000 |
| hookMallocByPLTHook | com.example.performance_optimize | D | do somethings |

图 2-22　拦截成功日志

可以看到，这个流程实现起来并不复杂，但是其中还有一个问题我们没有解决。在上述流程中，malloc 函数在 .got 表中的入口地址为 52474，但这个地址并不是固定的，可能当 so 库新增了一些代码并重新打包后，这个地址就发生了变化。所以我们要动态获取 malloc 函数在 .got 表中的地址，实际上只需要去 .rel.plt 表中查找就知道了。前文中，我们通过 3 条指令计算出 .plt 下一步的跳转地址是 52474，而这 3 条指令之所以知道要往这个地址跳转，也是因为 .rel.plt 表中记录了跳转地址。.rel.plt 表包含了对 .plt 中的入口地址进行重定位所需的信息，以及重定位所需的符号信息。在汇编代码中查看 .rel.plt 表，可以看到其中包含了地址为 52474 的条目，如图 2-23 所示。

```
0001b398 <.rel.plt>:
   1b398:    0005246c    andeq    r2, r5, ip, ror #8
   1b39c:    00000216    andeq    r0, r0, r6, lsl r2
   1b3a0:    00052470    andeq    r2, r5, r0, ror r4
   1b3a4:    00000116    andeq    r0, r0, r6, lsl r1
   1b3a8:    00052474    andeq    r2, r5, r4, ror r4
   1b3ac:    00000316    andeq    r0, r0, r6, lsl r3
   1b3b0:    00052478    andeq    r2, r5, r8, ror r4
   1b3b4:    0000f616    andeq    pc, r0, r6, lsl r6    ; <UNPREDICTABLE>
   1b3b8:    0005247c    andeq    r2, r5, ip, ror r4
   1b3bc:    00000b16    andeq    r0, r0, r6, lsl fp
   1b3c0:    00052480    andeq    r2, r5, r0, lsl #9
   1b3c4:    00021116    andeq    r1, r2, r6, lsl r1
   1b3c8:    00052484    andeq    r2, r5, r4, lsl #9
   1b3cc:    00024c16    andeq    r4, r2, r6, lsl ip
```

图 2-23　.rel.plt 表数据

.rel.plt 表也在 .dynamic 段中，我们可以将 d_tag 作为 DT_JMPREL 来判断是不是该表。.rel.plt

表包含了 malloc 函数在 .got 表中的地址以及 malloc 函数对应的符号，我们可以在遍历 .dynamic 段时，顺便获取符号表 DT_SYMTAB 以及 .rel.plt 表的大小 DT_PLTRELSZ，这两项数据在后面都会用到。代码如下。

```
Elf32_Rel *rela;
Elf32_Sym *sym;
size_t pltrel_size = 0;
// 遍历动态信息表
for (int i = 0; i < dynamicSize; i++) {
    if (dynamic_table[i].d_tag == DT_JMPREL) {
        // 获取 .rel.plt 表
        rela = (Elf32_Rel *)(dynamic_table[i].d_un.d_ptr + base_addr);
        __android_log_print(ANDROID_LOG_DEBUG, "hookMallocByPLTHook",
                "DT_PLTRELSZ2 size:%d", dynamic_table[i].d_un.d_val);
    } else if(dynamic_table[i].d_tag == DT_PLTRELSZ){
        // 获取 .rel.plt 表的大小
        pltrel_size = dynamic_table[i].d_un.d_val;
    } else if(dynamic_table[i].d_tag == DT_SYMTAB){
        // 获取符号表
        sym = (Elf32_Sym *)(dynamic_table[i].d_un.d_val + base_addr);
    }
}
```

当我们得到 .rel.plt 表后接着遍历该表，并且根据表条目中记录的符号去符号表中获取符号的名称信息。如果名称信息字符串包含了 malloc，则说明该条目是我们要找的目标项。代码如下。

```
// 计算 .rel.plt 表的条目数量
size_t entries = pltrel_size / sizeof(Elf32_Rel);
for (size_t i = 0; i < entries; ++i) {
    // 获取索引为 i 的条目
    Elf32_Rel *reloc = &rela[i];
    size_t symbol_index = ELF32_R_SYM(reloc->r_info);
    // 根据 symbol_index 获取符号表中的符号
    Elf32_Sym *sym = sym[symbol_index];
    // 根据符号获取该符号的名称
    std::string name = getSymbolNameByValue(base_addr,sym);
    if(name.find("malloc")!= std::string::npos){
        // 找到 malloc 函数在 .got 表中的入口地址
        originFunc = reloc->r_offset + base_addr;
        break;
    }
}
```

在上面的代码中，我们通过条目的索引获取到该条目的符号，但是符号里面都是索引数据，并没有符号名称的数据，所以我们还需要调用 getSymbolNameByValue 方法并根据该符号去获取对应的符号名称。记录符号名称的表位于 .symtab 段中，因此我们要对 so 库进行段遍历，并找到 .symtab 段（SHT_STRTAB），代码如下。流程中涉及较多符号的知识，如果读者对这部分知识不熟悉，可以先阅读第 4 章，待对符号有更深入的理解后，再回头看这里的流程。

```cpp
std::string getSymbolNameByValue(uintptr_t base_addr , Elf32_Sym *sym) {
    Elf32_Ehdr *header = (Elf32_Ehdr *) (base_addr);
    // 获取段头部表的地址
    Elf32_Shdr *seg_table = (Elf32_Shdr *) (base_addr + header->e_shoff);
    // 获取段的数量
    size_t seg_count = header->e_shnum;
    Elf32_Shdr* stringTableHeader = nullptr;
    // 遍历段，并找到符号字符串表头
    for (int i = 0; i < seg_count ; i++) {
        if (seg_table[i].sh_type == SHT_STRTAB) {
            stringTableHeader = &seg_table[i];
            break;
        }
    }
    // 获取符号名称的字符串表
    char* stringTable = (char*)(base_addr + stringTableHeader->sh_offset);
    // 根据符号索引获取该符号的字符串
    std::string symbolName = std::string(stringTable + sym->st_name);
    return symbolName;
}
```

到这里我们才算真正实现了完整的 PLT Hook 流程，读者可以按照上面的代码来自己实践，以此加深对流程的理解。

2. 使用开源框架

前面我们通过代码逐步实现了 PLT Hook 的完整流程，它的原理实际上并不复杂，但是整个流程有大量针对 ELF 文件中目标地址的查找和修改操作，所以想要熟悉整个流程，需要掌握 so 文件格式，实现过程还是比较烦琐的，稍不注意就会出错。特别是在面对线上环境时，我们更要做好全面的兼容和异常处理。

Naitve Hook 是一项很成熟的技术，GitHub 上有很多相关的开源库，所以当我们了解了原理和流程后，并不需要自己去重复造轮子，再去开发一套完善的 PLT Hook 库。bhook、profilo 等开源库都是稳定可靠的开源 PLT Hook 库。

这里以 bhook 这个开源的 PLT Hook 库为例，来演示 Hook 示例程序中对 testmalloc.so 库中 malloc 函数的拦截。通过 bhook 提供的 bytehook_hook_single 接口，便能轻松实现对 libexample.so 库中 malloc 函数的拦截，代码如下。

```cpp
Java_com_example_performance_1optimize_memory_NativeLeakActivity_hookMallocByBHook(
                                        JNIEnv *env,
                                        jobject thiz) {
    bytehook_stub_t stub = bytehook_hook_single(
        "libexample.so",
        nullptr,
        "malloc",
```

```
        reinterpret_cast<void *>(malloc_hook),
        nullptr,
        nullptr);
}
```

在上层的 Activity 调用该方法后，通过日志可以看到，我们成功检测到这个大小为 100 000 000B 的内存申请，如图 2-24 所示。通过使用第三方的开源库，我们仅用数行代码便完成了 PLT Hook，并有更好的稳定性与兼容性保障。

```
bytehook_tag       com.example.performance_optimize    W bytehook version 1.0.10: bytehook init(mode: AUTOMATIC, debug: false), return: 0
MallocHook         com.example.performance_optimize    D size:100000000
```

图 2-24 bhook 执行成功的日志

2.2.2 获取 Native 堆栈

当自定义函数检测到异常的内存申请后，我们就需要获取堆栈来帮助定位问题了。在 Java 代码中，只需要调用 Debug.DumpHeap 方法就能获取当前 Java 函数的堆栈，而 Native 中没有直接获取堆栈的方法，需要我们自己去实现。这里介绍一种通过 CFI（Call Frame Information，调用帧信息）获取 Native 堆栈的方案，这是目前在 Android 系统中使用得最普遍的方案，比如 Native Crash 输出的堆栈、Android 官方的一些 Native 调试工具等采用的都是这种方案。

在程序运行时，当 Native 函数执行进入栈的指令后，就会将对应指令的地址等信息写入 .eh_frame 和 .eh_frame_hdr 段。这两个段也属于 so 这个 ELF 文件中的段，因此，想要获取 Native 的堆栈，只需要读取这两个段中的数据。

在实际项目中，并不需要我们自己来实现这个方案，Android 系统中可以直接使用 libunwind 库来获取 Native 的堆栈信息，但 libunwind 库实际上是通过读取 CFI 来实现的。libunwind 库的用法如下面代码所示，其中 _Unwind_Backtrace 函数就是 libunwind 库所提供的用于获取堆栈信息的函数，该函数的入参需要传入一个回调函数和一个指针数据。其中，回调函数可以获取 _Unwind_Backtrace 函数在栈回溯过程中回调的数据，并且可以控制是否要继续进行栈回溯。指针数据则可以传入自定义的 BacktraceState 结构体，用于存储回调的数据以及限制最大栈回溯深度。

```
#include <unwind.h> // 引入 unwind 库

struct BacktraceState {
    void **current;
    void **end;
};
void printNativeStack() {
    const size_t max = 30; // 调用的层数
    void *buffer[max];        // 创建了一个指针数组，用于存储堆栈帧的地址
    //state 中的 buffer 用于缓存数据，buffer + max 用于定义最大栈深度
    BacktraceState state = {buffer, buffer + max};
```

```
    _Unwind_Backtrace(unwindCallback, &state);    // 捕获堆栈
    // 返回堆栈的深度
    size_t depth = state.current - buffer;
    // 打印堆栈
    dumpBacktrace(buffer, depth);
}
```

当我们把自定义的回调函数 unwindCallback 传入 _Unwind_Backtrace 方法后，就能在回调函数中接收回调过来的数据了，此时便可以把栈帧的地址取出来，并存储到前面传入的 BacktraceState 结构体的 buffer 容器中。如果缓存的栈的深度大于前面配置的阈值 30，则返回 _URC_END_OF_STACK 来退出栈的回溯，其他情况下则返回 _URC_NO_REASON，表示继续回溯，代码如下。

```
// 回调函数
static _Unwind_Reason_Code unwindCallback(struct _Unwind_Context *context, void *arg) {
    BacktraceState *state = static_cast<BacktraceState *>(arg);
    uintptr_t pc = _Unwind_GetIP(context);
    if (pc) {
            // 栈的深度达到阈值则退出
        if (state->current == state->end) {
            return _URC_END_OF_STACK;
        } else {
            // 将地址数据存入 buffer 中
            *state->current++ = (void *)pc;
        }
    }
    // 继续回溯
    return _URC_NO_REASON;
}
```

如果堆栈的信息已经缓存到 buffer 容器中，我们就可以将堆栈信息打印出来，代码如下所示。

```
void dumpBacktrace(void **buffer, size_t depth) {
    for (size_t idx = 0; idx < depth; ++idx) {
        void *addr = buffer[idx];
        __android_log_print(ANDROID_LOG_DEBUG, "MallocHook",
            "# %d : %p",
            idx,
            addr);
    }
}
```

2.2.3 Native 堆栈信息还原

通过 _Unwind_Backtrace 函数获取堆栈信息，实际上只能获取到堆栈的十六进制地址信息，如图 2-25 所示。根据这些地址是无法查看到有效信息的，所以我们还需要将地址还原成对应的函数详细信息。

```
com.example.performance_optimize   W  bytehook version 1.0.10: bytehook init(mode: AUTOMATIC, debug: false), return: 0
com.example.performance_optimize   D  size:100000000
com.example.performance_optimize   D  # 0 : 0xbef7b068
com.example.performance_optimize   D  # 1 : 0xbef7b11e
com.example.performance_optimize   D  # 2 : 0xbf000dea
com.example.performance_optimize   D  # 3 : 0xe8bd231e
```

图 2-25　获取的堆栈信息

将十六进制的地址堆栈还原成附带有效信息的堆栈有线上和线下两种方式。

1. 线上堆栈信息还原

我们首先要知道地址对应的是哪个 so 库，确认 so 库名有多种方法，比如通过解析 maps 文件，然后对比地址范围，就能确认是哪个 so 文件了。不过在实际业务中，我们会调用 Linux 系统提供的 dladdr 函数，该函数专门用于获取指定地址所在的共享库的信息，函数的原型如下。函数中入参 addr 表示查询地址，info 是一个 Dl_info 结构的指针，用于存储查询结果。

```
#include <dlfcn.h>
int dladdr(const void *addr, Dl_info *info);

typedef struct {
    const char *dli_fname;    //地址对应的 so 库名称
    void       *dli_fbase;    //对应 so 库的基地址
    const char *dli_sname;    //如果 so 库有符号表，这会显示离地址最近的函数符号
    void       *dli_saddr;    //符号表中，离地址最近的函数的地址
} Dl_info;
```

我们在示例程序中调用 dladdr 函数并打印信息，可以看到 dladdr 不仅能获取地址对应的 so 库名称，还能获取地址对应的符号名称，因此我们可以将地址、so 库名称、符号名称一起打印出来，以此来让堆栈的信息更加完整。

```
void dumpBacktrace(void **buffer, size_t count) {
    for (size_t idx = 0; idx < count; ++idx) {
        void *addr = buffer[idx];
        Dl_info info;
        if (dladdr(addr, &info)) {
            //获取偏移地址
            const uintptr_t addr_relative =
                ((uintptr_t) addr - (uintptr_t) info.dli_fbase);
            //打印详细的堆栈信息
            __android_log_print(ANDROID_LOG_DEBUG, "MallocHook",
                "# %d : %p : %s(%p)(%s)(%p)",
                idx,
                addr, info.dli_fname, addr_relative, info.dli_sname,
                info.dli_saddr);
        }
    }
}
```

运行程序后，我们就可以看到更加完整的堆栈信息，如图 2-26 所示。通过堆栈中函数的符号名称，我们基本就能定位到是哪些函数出现了异常。堆栈日志中 #0、#1 行的信息实际上是 liboptimize.so 库中我们的 Hook 函数和堆栈捕获函数，所以 #2 行的信息便是内存分配异常的地方，对应的 so 库名称为 libexample.so，异常函数为 Java_com_example_performance_1optimize_memory_NativeLeakActivity_mallocLeak。

```
W bytehook version 1.0.10: bytehook init(mode: AUTOMATIC, debug: false), return: 0
D size:100000000
D # 0 : 0xbeefa080 : /data/app/~~5dxo3H-Wyt8qtyQ9DfqK6w==/com.example.performance_optimize-ReLHCxmW6Z9iCFtk8nwVQA==/lib/arm/liboptimize.so(0x37080)(_Z16printNativeStackv)(0xbeefa051)
D # 1 : 0xbeefa136 : /data/app/~~5dxo3H-Wyt8qtyQ9DfqK6w==/com.example.performance_optimize-ReLHCxmW6Z9iCFtk8nwVQA==/lib/arm/liboptimize.so(0x37136)(_Z11malloc_hookj)(0xbeefa0fd)
D # 2 : 0xbef79dea : /data/app/~~5dxo3H-Wyt8qtyQ9DfqK6w==/com.example.performance_optimize-ReLHCxmW6Z9iCFtk8nwVQA==/lib/arm/libexample.so(0x1edea)(Java_com_example_performance_1optimize_memory_NativeLeakActivity_mallocLeak)
D # 3 : 0xe8bd231e : /apex/com.android.art/lib/libart.so(0x14b31e)((null))(0x0)
```

图 2-26　确认 so 库名称和符号名称后的堆栈信息

通过日志我们还可以发现，对于 liboptimize.so、libexample.so 等有符号表的 so 库，dli_sname 能显示正确的函数符号名称，但对于 libart.so 等符号表已经被移除的 so 库，则显示为 null。对于线上的正式包，出于安全和包体积的考虑，我们一般也会移除 so 库的符号表。符号表移除后，libexample.so 库便不能正常获取符号了，也就无法定位出问题的函数，此时我们可以根据堆栈的地址来进行线下的堆栈信息还原。

2. 线下堆栈信息还原

在线下环境中，我们可以使用 addr2line 工具来进行堆栈信息的还原，该工具会根据函数的偏移地址，获取该偏移地址对应的函数名、行号等信息。什么是函数的偏移地址呢？堆栈中的十六进制数是函数的绝对地址，它是在整个虚拟内存空间中的地址，而偏移地址则是 so 库中的内部地址，所以只需要用绝对地址减去 so 库的相对地址就能得到偏移地址。在前面的线上堆栈信息还原的代码中，实际上已经计算出了每个地址的偏移地址，代码如下所示。

```
//获取偏移地址
const uintptr_t addr_relative = ((uintptr_t) addr - (uintptr_t) info.dli_fbase);
```

补充了偏移地址，我们通过日志就能知道异常函数的偏移地址是 0x1edea。接下来就可以通过 addr2line 工具来进行函数名和对应行的信息还原了，Android 的 NDK 中提供了该工具，执行如下命令：

```
addr2line -C -f -e libexample.so  0x1edea
```

命令中的 -C 表示将低级别的符号名称解码为用户级别的名称，-f 表示在显示文件名、行号信息的同时显示函数名，-e 用于指定需要转换地址的可执行文件名。执行结果如图 2-27 所示，可以看到，该偏移地址位于 mock_native_leak.cpp 文件的第 10 行，我们根据这个信息就可以准确定位有问题的地方。

```
XGWRMH61Q1:bin zhaozijian$ /Users/zhaozijian/Library/Android/sdk/ndk/21.1.6352462/toolchains/arm-linux-androideabi-4
 .9/prebuilt/darwin-x86_64/bin/arm-linux-androideabi-addr2line -C -f -e /Users/zhaozijian/Desktop/libexample.so 0x1edea
Java_com_example_performance_1optimize_memory_NativeLeakActivity_mallocLeak
/Users/bytedance/AndroidStudioProjects/PerformanceOptimizeExample/app/src/main/cpp/mock_native_leak.cpp:10
```

图 2-27　使用 addr2line 进行堆栈还原

需要注意的是，通过 addr2line 工具来解析的 so 库是需要带有符号表的，否则也无法正确地进行堆栈还原。在编译产物（如图 2-28 所示）的 merged_native_libs（如图 2-29 所示）中即能找到带有符号表的 so 库，编译产物文件中还有一个名为 stripped_native_libs 的文件，里面的 so 库都是移除了符号表的，线上的正式包中都会使用这里的 so 库。

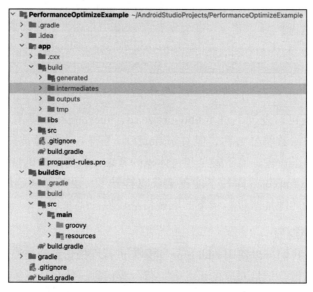

图 2-28　编译产物

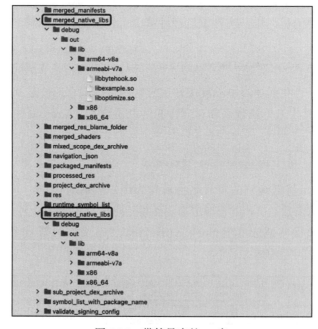

图 2-29　带符号表的 so 库

到这里我们就完成了对示例程序中异常分配内存的函数的检测和定位。虽然示例中讲解的是一个很明显的内存申请异常，而实际项目中往往出现的都是较隐秘的内存泄漏，但是排查和定位异常的原理及流程与这里讲解的都是一致的，我们只需要再补充拦截 free 内存释放函数，然后按照固定频率（比如 10min/ 次）将 malloc 函数总共申请的内存和 free 函数总共释放的内存相减计算差值，如果差值不断变大并超过我们设置的阈值，比如 512MB，则认为该 so 库发生了内存泄漏。分析和治理 so 库中内存异常的流程较长，而且知识点也比较多，这里建议读者能够自己操作一遍，以更深刻地理解整个流程以及其中涉及的知识点。

对于第三方 sdk，因为都是已经移除符号表的，所以无法通过 addr2line 查看对应的函数和对应的行数，即使第三方 sdk 的 so 库没有移除符号表，我们在没有源码的情况下也无法修改。因此，对于第三方 sdk 的 so 库，我们只需要通过 Native Hook 来确认其是否存在内存泄漏或异常问题即可，如果有的话则将该 so 库替换成稳定的版本。

2.2.4 开源工具介绍

实际上开发一款线上可用、稳定性又高的 Native 内存检测工具是需要付出很多精力的，如果读者没有这样的精力去开发一套完善的 so 库异常内存检测工具，可以使用现成的开源工具，笔者在这里推荐如下两款。

- malloc_debug：malloc_debug 是谷歌官方提供的 Native 分析工具，其技术原理和上面讲的内容一致，但它拦截的是整个 Zygote 进程中与内存申请相关的函数，并且需要在 Root 后的手机上才能使用，使用起来不太灵活，性能也较差，只能作为线下的工具使用。
- MemoryLeakDetector：MemoryLeakDetector 是字节跳动开源的一款 Native 内存泄漏监控工具，具有接入简单、监控范围广、性能优良、稳定性好的特点，并且经过了字节旗下众多 App 的线上验证。

成熟稳定的第三方开源工具的官方说明文档都很详细，这里就不重复讲解如何使用了，建议读者用一用这两款工具，并把流程跑通。有兴趣的读者也可以阅读这两个库的源码，源码中的基本原理和前面的讲解也是类似的。

2.3 Bitmap 治理

在"减少数据的加载"优化方向上，通常要进行两步：第一步是通过人工分析业务代码及堆栈，或者通过自动分析和监控机制来发现程序中低频、冗余或过大的数据；第二步是对前面分析出的数据进行优化，此时的优化方案一般都比较简单，无非就是不加载或者减少加载的数据。人工分析业务代码的通用性不高，因此不做过多介绍，这里主要针对大图片数据来讲解如何通过自动化机制来发现以及优化大图片。

对于大部分应用来说，Bitmap 通常都是内存占用的大头，因为只要应用用到了图片就会用到 Bitmap。从 Android 8 开始，Bitmap 的内存占用便算在了 Native 内存里，而在 Android 8 以前的系统中，Bitmap 的内存占用是算在 Java 内存里的，虽然目前市面上搭载 Android 8 以下系统的设备已经不多了，但不管是消耗 Native 的内存还是消耗 Java 的内存，对 Bitmap 的内存优化都是收益比较高的方向之一。

治理和优化 Bitmap 的关键就在于如何发现应用中使用了不合理的 Bitmap，比如内存占用较大的 Bitmap 或者是泄漏的 Bitmap，当我们发现这些异常的 Bitmap 后，再采用一些通用的方案，如降低图片分辨率或者质量、及时清除 Bitmap 的引用等，就能完成针对这些异常的 Bitmap 优化。想要通过自动化的机制发现异常 Bitmap，我们依然需要利用 Hook 技术来实现。前面我们已经学习了如何在 Native 层的代码中使用 Hook 技术，这里会接着介绍可以在 Java 层的代码中使用的 Hook 技术——字节码操作。

2.3.1 字节码操作

项目在打包流程中，会经历将 .java 文件编译成 .class 字节码文件，然后将 .class 字节码文件编译成 .dex 文件这两个步骤，如图 2-30 所示。

图 2-30 .java 文件编译流程

在这两个步骤中，我们可以通过以下几种技术来实现对源码的修改。

- APT：也就是注解处理器，可以作用于预编译阶段、编译期、运行时 3 个阶段，常见的 Override 注解就是预编译时注解，作用于流程预编译阶段。有名的 ButterKnife 框架则属于编译时注解，在编译过程中会帮我们自动生成 findViewById 这种重复性代码。
- AspectJ：AspectJ 可在将 .java 文件编译成 .class 字节码文件的阶段修改文件。AspectJ 会通过专门的编译器将新增的字节码插入原文件的字节码中，以此来完成对源码功能或逻辑的增强操作，但是不会直接修改原文件的字节码而改变原有的逻辑。
- ASM 和 Javaassist：这两款工具都可在将 .class 字节码文件编译成 .dex 文件的阶段修改 .class 字节码文件。它们都可以对原文件的字节码进行修改从而修改源码的功能或者逻辑。两者的区别在于，ASM 的灵活性更高，可以精确控制字节码的生成和修改过程，但开发者需要对字节码的结构和操作有一定了解；Javaassist 隐藏了复杂的底层字节码，开发者可以直接操作 Java 类、方法、字段等，无须直接操作字节码。

在 Android 中使用最广泛的还是通过 ASM 来修改代码，使用 ASM 对 Java 字节码进行修改、转换或增强的过程就是字节码操作。字节码操作在实际项目中的使用非常广泛，常用于功能扩展、性能优化、动态调试等。

为了让读者对字节码操作有进一步的了解，这里以字节码操作来实现一个简单案例：为原函数行增加打印 hello world 日志的能力。这种不修改原函数的逻辑，只增强函数能力的操作称为插桩操作。

Android 是通过 Gradle 脚本来进行打包和项目编译的，那么如何在 Gradle 中使用 ASM 来实现插桩呢？实际上 Android 在通过 Gradle 编译项目时，在一些特定的阶段会将项目中编译后的 java 文件的字节码回调给 Gradle 中的脚本进行进一步处理，这个阶段被称为 Transform 阶段。因此我们可以编写一个自定义的 Gradle 脚本并注册到 Transform 这一阶段中，在自定义的脚本中，我们便能得到项目中的字节码，并通过 ASM 对字节码中的方法进行插桩。整个插桩过程主要有两个步骤：一是将自定义脚本注册到 Transform 阶段；二是在自定义脚本中通过 ASM 进行插桩。

1. Transform 脚本注册

我们先看第一个步骤——Transform 自定义脚本的注册，实现流程如下。

1）在根目录下新建 buildSrc 模块，并在该模块的 gradle 文件中引入 ASM 库，因为笔者示例程序中的 gradle 脚本是用 Groovy 语言编写的，所以还需要在库依赖配置中通过 implementation localGroovy() 引入 groovy 库，并通过 apply plugin:'groovy' 代码来开启 groovy 插件。对于 Android 项目来说，buildSrc 是一个特殊的模块，并不需要我们进行模块引入配置，项目能自动识别该模块。

```groovy
apply plugin: 'groovy'

dependencies {
    implementation 'com.android.tools.build:gradle:4.1.1'
    implementation localGroovy()
    // ASM 依赖
    implementation 'org.ow2.asm:asm:7.1'
    implementation 'org.ow2.asm:asm-util:7.1'
    implementation 'org.ow2.asm:asm-commons:7.1'
}
```

2）接着就可以开始编写 Gradle 脚本了。新建脚本 MyAsmPlugin，它继承自 Gradle 提供的 Plugin 基类；在 apply 回调方法中获取 AppExtension，并通过 registerTransform 函数将我们自定义的 My AsmTransform 脚本注册到 Transform 阶段。AppExtension 是 Android 程序的配置和属性的扩展对象，通过 AppExtension 可以进行构建类型、依赖项、签名、资源处理等各项设置。

```groovy
class MyAsmPlugin implements Plugin<Project> {
    @Override
    void apply(Project project) {
        // 获取 AppExtension 对象
        AppExtension appExtension = project.getExtensions().getByType(AppExtension.
            class);
```

```
    // 注册自定义的 Transform 脚本
    appExtension.registerTransform(new MyAsmTransform());
  }
}
```

3）在 buildSrc 的 resouces/META-INF.gradle-plugins/ 目录中新建"MyAsmPlugin（插件名）.properties"文件，如图 2-31 所示，并在该文件中配置入口脚本，接着在 app 模块的 gradle 脚本中通过 apply plugin:'MyAsmPlugin' 开启配置的脚本。

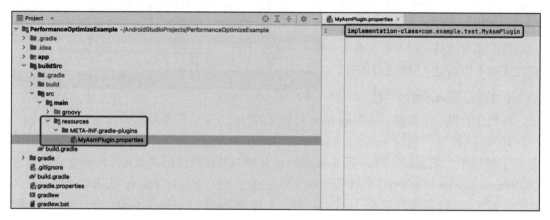

图 2-31　gradle 脚本配置

此时便完成了自定义 Transform 脚本的注册，当项目开始编译且运行到 Transform 阶段时，便会正常执行我们的自定义脚本。

2. 进行字节码插桩

前面我们已经将自定义的 Transform 脚本注册完成，接着需要在自定义的 MyAsmTransform 脚本中修改源码中的方法并插入打印 hello world 的逻辑。

MyAsmTransform 脚本继承了系统的 Transform 基类，在 transform 回调方法中可以通过遍历得到项目中所有的 .class 字节码文件，当得到这些 .class 字节码文件后，就可以通过 ASM 提供的能力进行字节码操作，来插入我们自己的逻辑了。

ASM 提供了 ClassReader、ClassVisitor、ClassWriter 这 3 个类来配合完成字节码操作。其中 ClassReader 用于读取和解析类的字节码并触发相应的回调方法给 ClassVisitor，ClassVisitor 则在回调函数中操作这些字节码文件，最后 ClassWriter 对修改后的字节码进行写回操作，此时我们就可以实现代码逻辑了。如下所示，代码中将通过文件遍历得到的 .class 字节码文件转换成流并传递给 ClassReader，并且在自定义的 TestClassVisitor 中进行字节码操作。

```
class MyAsmTransform extends Transform {
    @Override
    void transform(TransformInvocation transformInvocation)
        // 获取项目中的文件
        Collection<TransformInput> inputs = transformInvocation.getInputs();
```

```
        TransformOutputProvider outputProvider =
            transformInvocation.getOutputProvider();
    for (TransformInput input : inputs) {
        Collection<DirectoryInput> directoryInputs = input.getDirectoryInputs()
        // 遍历
        for (DirectoryInput directoryInput : directoryInputs) {
            File dstFile = outputProvider.getContentLocation(
                directoryInput.getName(),
                directoryInput.getContentTypes(),
                directoryInput.getScopes(),
                Format.DIRECTORY);

            // 根据字节码文件创建 BufferedInputStream 和 BufferedOutputStream
            BufferedInputStream bis =
                new BufferedInputStream(directoryInput.getFile())
            BufferedOutputStream bos = new BufferedOutputStream(dstFile)
            // 通过 ClassReader 读取输入流
            ClassReader reader = new ClassReader(bis);
            ClassWriter writer = new ClassWriter(reader);
            // 在自定义的 TestClassVisitor 中通过 ASM 操作 .class 文件中的方法
            ClassVisitor cv = new TestClassVisitor(writer)
            reader.accept(cv);
            bos.write(writer.toByteArray());
        }
    }
}
```

TestClassVisitor 继承了 ASM 的 ClassVisitor 类，ClassVisitor 提供了 visitMethod 的回调方法。在该回调方法中，我们又可以进一步使用 AdviceAdapter 来将方法访问的逻辑分为进入方法 onMethodEnter 和退出方法 onMethodExit 两个时机。因此，我们可以在进入方法的时机，通过 ASM 库提供的用于在方法字节码中进行访问和指令修改的 MethodVisitor 对象，来为方法增加 hello world 的打印逻辑。代码如下。

```
class TestClassVisitor extends ClassVisitor {

    TestClassVisitor(int api) {
        super(api)
    }

    @Override
    MethodVisitor visitMethod(int access, String name, String desc, String signature,
        String[] exceptions) {
        MethodVisitor mv = super.visitMethod(access, name, desc, signature, exceptions);
        // 取出所有需要修改的方法，一个一个创建 visitor 去进行访问
        mv = new TestMethodVisitor(changer, mClassName, mv, access, name, desc);
        return mv;
    }

    private static class TestMethodVisitor extends AdviceAdapter {
```

```java
    protected TestMethodVisitor(int api, MethodVisitor mv, int access, String
        name, String desc) {
        super(api, mv, access, name, desc);
    }

    @Override
    protected void onMethodEnter() {
        /* 获取 Out 对象，visitFieldInsn 方法用于访问与字段相关的字节码指令，
           GETSTATIC 为方法获取指令 */
        mv.visitFieldInsn(Opcodes.GETSTATIC,
            "java/lang/System", "out", "Ljava/io/PrintStream;")

        /* 加载常量，visitLdcInsn 方法用于将常量（如字符串、整数、浮点数等）加载到操作数
           栈上 */
        mv.visitLdcInsn("hello world")

        /* 调用 print 方法，visitMethodInsn 方法用于访问与方法调用相关的字节码，
           INVOKEVIRTUAL 为方法调用命令 */
        mv.visitMethodInsn(Opcodes.INVOKEVIRTUAL,
            "java/io/PrintStream", "print", "(Ljava/lang/String;)V", false)
        super.onMethodEnter()
    }

    @Override
    protected void onMethodExit(int opcode) {

    }
  }
}
```

到这里，我们在项目的所有方法中增加了 hello world 日志输出功能。关于字节码的详细规则，不需要专门记忆，可以通过 javap 指令将 Java 代码转换成可以阅读的字节码，或者通过 AS 的插件直接查看 Java 代码的字节码。至此，我们就通过 ASM 字节码操作完成了一个简单的方法插桩的案例，建议读者自己操作一遍，以加深对 ASM 的理解。

读者需要注意的是，从 AGP（Android Gradle Plugin）7.0 开始，注册自定义 Gradle 任务的方式发生了很大的变化，需要通过 AndroidComponentsExtension 来注册，并且 Transform 也被 BytecodeTransformationPlugin 替代了。因为 AGP 7.0 的普及率还不是很高，并且很多字节码插桩的开源库也都是 7.0 版本以下的，笔者就不在这里展开讲解 AGP 7.0 及以上版本的用法了，感兴趣的读者可以自己去调研其中的变化点或者完成 AGP 7.0 及以上版本字节码插桩的适配。

3. 使用开源框架

由于通过手写字节码的方式来进行插桩并不是很容易理解，因此容易出错，也有较高的学习成本，幸运的是有很多开源的字节码插桩工具对字节码操作进行了封装，并提供更简单的插桩方式来完成字节码插桩。笔者这里介绍一款简单易用且成熟的字节码操作开源

框架——Lancet，并通过它来快捷实现字节码插桩。

Lancet 的原理也是通过 ASM 对字节码进行修改，但我们并不需要手动完成字节码的修改，而只需要通过注解的形式说明要修改的点，框架会自动帮我们完成字节码的修改。我们看一下官方文件里面提供的例子，通过下面简单的几行代码，就可以实现将所有 Log.i(tag, msg) 方法的代码替换为 Log.i(tag,msg + "lancet")。

```
@Proxy("i")
@TargetClass("android.util.Log")
public static int anyName(String tag, String msg){
    msg = msg + "lancet";
    return (int) Origin.call();
}
```

在这段代码中，注解 @TargetClass 指定了将要被织入代码的目标类 android.util.Log，注解 @Proxy 指定了将要被织入代码的目标方法 i，织入方式为 Proxy，表示对原方法进行替换，最后调用 Origin.call() 执行 Log.i() 这个原方法。关于 Lancet 的用法，笔者在这里不做过多的介绍，官方文档讲解得很详细，读者可以自己去查看。

虽然利用 Lancet 实现字节码操作是非常容易的事情，包括字节跳动内部也广泛地使用 Lancet 进行字节码操作，但是因为 Lancet 库长时间没有更新，所以并不兼容较新的 AGP，如果我们需要兼容较新的 AGP，可以下载 Lancet 源码后进行修改和适配，字节跳动内部使用的 Lancet 也是经过修改和适配后的版本。当然，如果我们不想自己适配，GitHub 上也有很多开源作者发布了适配最新 AGP 的 Lancet 库，读者在 GitHub 上搜索一下就能找到。

2.3.2 超大 Bitmap 优化

当我们掌握了字节码插桩技术后，就可以对程序中的超大 Bitmap 进行优化了。该优化方案分为两个步骤：一是拦截 Bitmap 的创建并发现内存占用较大的 Bitmap；二是在拦截逻辑中对异常 Bitmap 进行优化。笔者继续通过 Lancet 来实现该优化方案。

1. 拦截 Bitmap 创建

想要检测出异常的 Bitmap，最好的时机便是 Bitmap 创建的时候，因此我们需要在 Bitmap 创建前就进行拦截。为了寻找拦截的入口，我们需要先分析一下 Bitmap 的源码，了解它的创建流程。

Bitmap 是通过 Bitmap.createBitmap 静态函数来创建的，而 createBitmap 静态函数又会调用 Native 层的 Bitmap.cpp 对象来创建真正的 Bitmap，最终的 Bitmap 实际上是通过调用 calloc 函数创建的一块用来存放图片元数据的内存区域。创建流程如图 2-32 所示。

结合上面的流程图可以发现，拦截的入口有两个：一是在 Java 层创建 Bitmap 的时候进行拦截，二是通过 NativeHook 技术来拦截 Native 层的 Bitmap 创建函数。但是拦截 Native 层的 Bitmap 创建流程比较复杂，稳定性也差一些，并且即使我们在 Native 层进行了 Bitmap 的拦截且发现了异常，还是要通过 JNI 调用获取 Java 层的堆栈后才能有效地定位异常申请

Bitmap 的位置。因此这里推荐在 Java 层进行 Bitmap 的创建拦截，Java 层创建 Bitmap 的静态方法主要有下面几个。

```
public static Bitmap createBitmap(int width, int height, Bitmap.Config config)
public static Bitmap createBitmap(Bitmap src)
public static Bitmap createBitmap(Bitmap source, int x, int y, int width, int height)
public static Bitmap createBitmap(Bitmap source, int x, int y, int width, int height,
    Matrix m, boolean filter)
public static Bitmap createBitmap(int width, int height, Bitmap.Config config,
    boolean hasAlpha)
public static Bitmap createBitmap(DisplayMetrics display, int width, int height, Bitmap.
    Config config, boolean hasAlpha)
public static Bitmap createBitmap(DisplayMetrics display, int width, int height, Bitmap.
    Config config, boolean hasAlpha, ColorSpace colorSpace)
```

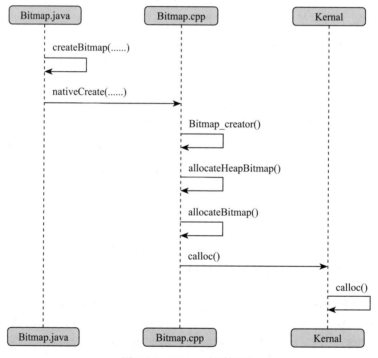

图 2-32　Bitmap 创建流程

　　所以我们只需要拦截这几个方法，就能检测到程序中的 Bitmap 是否已经创建了，这里笔者以其中一个创建方法为例，通过 Lancet 进行拦截。通过 Lancet，我们不需要写 Gradle 脚本，也不需要进行任何字节码操作，直接通过 Java 代码和注解的方式就能实现字节码操作。在拦截的代码逻辑中，会在 Bitmap 创建之前检测所创建的 Bitmap 的内存占用大小并进行日志输出。Bitmap 的格式不一样，内存消耗会不一样，常见的 ARGB_8888 格式的大小是 4B，所以用这个格式来展示图片，所占用的内存大小就是图片的宽 × 高 × 4B，其他格式（如 ARGB_4444 和 RGB_565）则是 2B。

```java
@TargetClass(value = "android.graphics.Bitmap")
@Proxy(value = "createBitmap")
public static Bitmap createBitmap(int width, int height, Bitmap.Config config) {
    monitorAndOptimizeBitmap(width, height, config);
    return (Bitmap) Origin.call();
}

private static Object[] monitorAndOptimizeBitmap(int width, int height,
                                Bitmap.Config config) {
    float factor = 1;
    if (config.name().equals(Bitmap.Config.ARGB_8888.name())) {
        factor = 4;
    } else if (config.name().equals(Bitmap.Config.ARGB_4444.name())
            || config.name().equals(Bitmap.Config.RGB_565.name())) {
        factor = 2;
    } else if (Build.VERSION.SDK_INT >= Build.VERSION_CODES.O
            && config.toString().equals(Bitmap.Config.RGBA_F16.name())) {
        factor = 8;
    }
    // 根据图片的宽、高以及格式计算出图片占用的内存大小
    float size = width * height * factor / (1024f * 1024f);
    Log.i(TAG, "Crete Bitmap Size:" + size + "M" +
            " Width:" + width +
            " Height:" + height );
}
```

运行后，通过日志可以看到，代码成功检测到了 Bitmap 的创建并输出了所创建的大小，如图 2-33 所示。

```
I Crete Bitmap size:0.01373291M Width:60 Height:60
I Crete Bitmap size:0.234375M Width:320 Height:192
I Crete Bitmap size:0.01373291M Width:60 Height:60
I Crete Bitmap size:0.01373291M Width:60 Height:60
I Crete Bitmap size:0.037387848M Width:99 Height:99
I Crete Bitmap size:0.040649414M Width:111 Height:96
I Crete Bitmap size:0.03515625M Width:96 Height:96
I Crete Bitmap size:0.16992188M Width:464 Height:96
I Crete Bitmap size:0.16992188M Width:464 Height:96
I Crete Bitmap size:0.13623047M Width:372 Height:96
I Crete Bitmap size:0.13146973M Width:359 Height:96
```

图 2-33　拦截成功日志

2. 完善拦截逻辑

实际上，仅打印 Bitmap 的大小对优化超大的 Bitmap 是没有多大帮助的，所以需要继续完善插桩逻辑。我们可以设置一个 Bitmap 大小的阈值，阈值可以根据实际的场景来确定，这里的策略是根据机型和屏幕分辨率来设置，比如一台分辨率为 1920×1080 的低端机型，

它的 Bitmap 的最大阈值为 15MB，这是一张刚好铺满整个手机屏幕且格式为 ARGB_8888 的图片所占用的内存大小。对于超过这个阈值的，需要打印出堆栈信息，并上报异常。有了这些信息我们就可以定位图片的具体位置，并进一步排查该图片是否异常。

除了检测异常图片并收集日志数据外，我们还可以进行兜底优化，比如低端机型的可用内存并不多，那么就可以在拦截逻辑中将大小超过阈值的图片按比例缩放，缩放规则可以是将超过屏幕分辨率的图片的宽高按照比例缩小至屏幕分辨率的宽高，还可以将 ARGB_8888 格式降为 RGB_565 格式，这样图片的内存占用直接减少了一半。

结合上面提到的策略，进一步优化后的 Bitmap 拦截函数如下。在代码中，我们只需要修改入参中的 width、height 或者 Config 等属性，就能完成对图片的重设置以实现兜底优化。为了避免在兜底优化时出现一些"误伤"，我们还可以增加白名单机制，只有在非白名单的 Activity 场景中才进行兜底优化。

```java
@TargetClass(value = "android.graphics.Bitmap")
@Proxy(value = "createBitmap")
public static Bitmap createBitmap(int width, int height, Bitmap.Config config) {
    // 拦截 Bitmap 的创建，并做检测和兜底处理
    Object[] objects = monitorAndOptimizeBitmap(width, height, config);
    if (objects.length == 3) {
        // 重新设置图片的宽、高和 config
        width = (int) objects[0];
        height = (int) objects[1];
        config = (Bitmap.Config) objects[2];
    }
    return (Bitmap) Origin.call();
}

private static Object[] monitorAndOptimizeBitmap(int width, int height,
                             Bitmap.Config config) {
    float factor = 1;
    if (config.name().equals(Bitmap.Config.ARGB_8888.name())) {
        factor = 4;
    } else if (config.name().equals(Bitmap.Config.ARGB_4444.name())
            || config.name().equals(Bitmap.Config.RGB_565.name())) {
        factor = 2;
    } else if (Build.VERSION.SDK_INT >= Build.VERSION_CODES.O
            && config.toString().equals(Bitmap.Config.RGBA_F16.name())) {
        factor = 8;
    }
    float size = width * height * factor / (1024f * 1024f);

    if(isLowDevice() && bitmapLimit == 0) {
        // 在低端机型上将异常图片的阈值设置成铺满整个屏幕时的大小
        bitmapLimit = UIUtils.getScreenWidth(AppContext.getApplication()) *
            UIUtils.getScreenHeight(AppContext.getApplication()) * 4 / (1024f *
                1024f);
    }
```

```
        if (bitmapLimit != 0 && size > bitmapLimit) {
            // 超过阈值的图片打印业务场景（Activity维度）、堆栈等详细信息
            Log.e(TAG, "Bitmap over "+bitmapLimit + "M limit:" + size + "M" +
                    " Width:" + width + " Height:" + height +
                    " Scene:" + scene, new Throwable());

            if (isLowDevice() && !isSceneInWhiteList(scene)) {
                // 低端机型上，图片做兜底处理，将图片质量降低
                if (config.name().equals(Bitmap.Config.ARGB_8888.name())) {
                    config = Bitmap.Config.RGB_565;
                    Log.i(TAG, "bitmap optimized");
                }
                return new Object[]{width, height, config};
            }
        }
        return new Object[]{width, height, config};
    }
```

2.3.3 Bitmap 泄漏优化

除了对超大的 Bitmap 进行自动化的检测和优化，另一个经常采用的 Bitmap 优化方案便是 Bitmap 泄漏治理。虽然 Bitmap 最终是在 Native 层创建的，但是 Bitmap 的泄漏治理实际上可以转换成 Java 对象的泄漏治理，因为 Bitmap 使用了 Android 所提供的辅助自动回收 Native 内存技术，所以我们只需要在 Java 层中将 Bitmap 的 Java 对象清除，Native 层中申请的内存会自动完成释放。

下面是 Bitmap 的构造函数，其中的 NativeAllocationRegistry 对象会将该 Bitmap 的 Java 层和 Native 层绑定起来，当 Bitmap 的 Java 对象因为 GC 被回收后，NativeAllocationRegistry 可以辅助回收该 Bitmap 对象所申请的 Native 内存。

```
Bitmap(long nativeBitmap, int width, int height, int density,
        boolean isMutable, boolean requestPremultiplied,
        byte[] ninePatchChunk, NinePatch.InsetStruct ninePatchInsets) {
    ...
    mNativePtr = nativeBitmap;
    long nativeSize = NATIVE_ALLOCATION_SIZE + getAllocationByteCount();
    // 辅助回收 Native 内存
    NativeAllocationRegistry registry = new NativeAllocationRegistry(
            Bitmap.class.getClassLoader(), nativeGetNativeFinalizer(), nativeSize);
    registry.registerNativeAllocation(this, nativeBitmap);
    if (ResourcesImpl.TRACE_FOR_DETAILED_PRELOAD) {
        sPreloadTracingNumInstantiatedBitmaps++;
        sPreloadTracingTotalBitmapsSize += nativeSize;
    }
}
```

NativeAllocationRegistry 可以帮助我们更好地避免 Native 层的内存泄漏问题，在进行 Android 的 Native 开发时，笔者建议大家尽量使用该技术来减少内存问题。总的来说，当

Java 层的 Bitmap 释放后，Native 层的 Bitmap 也就释放了，知道了这一点，我们只需要寻找在 Java 层发生泄漏的 Bitmap 对象，然后通过置空来回收即可。

此时寻找泄漏的 Bitmap 就很容易了，和寻找泄漏的 Java 对象一样，当业务结束后，手动执行 GC 以捕获 Hprof 文件，然后通过 MAT 或者 AndroidStudio 自带的工具找到还未释放的 Bitmap 对象，并进一步分析是否发生泄漏。如果判断发生了泄漏，修复的方式也和 Java 对象一样，通过分析引用链，找到持有该 Bitmap 对象的 GC Root，并及时地进行置空即可。

2.4 线程栈优化

由于市场上还存在着大量的 32 位机型，因此我们也经常会遇到因为虚拟内存空间不足而导致的程序崩溃问题，所以这一节开始主要介绍虚拟内存的优化。针对这一方向的优化，最常用的方案是释放虚拟内存空间中不使用的内存，以此来增加虚拟内存的大小。

既然需要释放虚拟内存空间中用不上的内存，那么我们就不可避免地要分析 maps 文件并从中找到可以释放的内存。通过查看 maps 文件，如图 2-34 所示，能发现每个线程栈（anno:stack_and_tls）所占用的虚拟内存大小都为 2MB 左右。对于一个稍大的应用程序来说，在运行过程中使用数百个线程也是很正常的事情，而这些线程总共消耗的虚拟内存会达到上百 MB，因此对线程栈的大小进行优化，也是有效的虚拟内存优化方案之一。

```
71865e4000-71865e6000 rw-p 00000000 00:00 0
71865e6000-7186e7f000 ---p 00000000 00:00 0
7186e7f000-7186e80000 ---p 00000000 00:00 0
7186e80000-7186e81000 ---p 00000000 00:00 0          [anon:stack_and_tls:16962]
7186e81000-7186f88000 rw-p 00000000 00:00 0          [anon:stack_and_tls:16962]
7186f88000-7186f89000 ---p 00000000 00:00 0
7186f89000-7187758000 ---p 00000000 00:00 0
7187758000-718775a000 rw-p 00000000 00:00 0
718775a000-7187f89000 ---p 00000000 00:00 0
7187f89000-7187f8a000 ---p 00000000 00:00 0
7187f8a000-7187f8b000 ---p 00000000 00:00 0          [anon:stack_and_tls:16961]
7187f8b000-7188092000 rw-p 00000000 00:00 0          [anon:stack_and_tls:16961]
7188092000-7188093000 ---p 00000000 00:00 0
7188093000-71884fa000 ---p 00000000 00:00 0
71884fa000-71884fc000 rw-p 00000000 00:00 0
71884fc000-7189093000 ---p 00000000 00:00 0
7189093000-7189094000 ---p 00000000 00:00 0
7189094000-7189095000 ---p 00000000 00:00 0          [anon:stack_and_tls:16960]
7189095000-718919c000 rw-p 00000000 00:00 0          [anon:stack_and_tls:16960]
718919c000-718919d000 ---p 00000000 00:00 0
718919d000-718a0fe000 ---p 00000000 00:00 0
718a0fe000-718a100000 rw-p 00000000 00:00 0
718a100000-718a19d000 ---p 00000000 00:00 0
718a19d000-718a19e000 ---p 00000000 00:00 0
718a19e000-718a19f000 ---p 00000000 00:00 0          [anon:stack_and_tls:16959]
718a19f000-718a2a6000 rw-p 00000000 00:00 0          [anon:stack_and_tls:16959]
```

图 2-34 maps 文件数据

2.4.1 线程创建流程

在 Android 系统中，每个线程都至少会申请 1MB 的虚拟空间来作为栈空间。笔者先带着大家了解线程的创建流程，以对这一点进行证实。

当我们使用线程执行任务时，通常会先调用 new Thread（Runnable runnable）来创建一个 Thread.java 对象的实例，Thread 的构造函数会将 stackSize 这个变量设置为 0，这个 stackSize 变量决定了线程栈的大小，接着我们便会使用 Thread 实例提供的 start 方法运行这个线程，start 方法会调用 nativeCreate 这个 Native 函数在系统层创建一个线程并运行，代码流程如下。

```
Thread(ThreadGroup group, String name, int priority, boolean daemon) {
    ……
    this.stackSize = 0;
}

public synchronized void start() {
    if (started)
        throw new IllegalThreadStateException();
    group.add(this);
    started = false;
    try {
        nativeCreate(this, stackSize, daemon);
        started = true;
    } finally {
        try {
            if (!started) {
                group.threadStartFailed(this);
            }
        } catch (Throwable ignore) {

        }
    }
}
```

通过上面 start 函数的源码可以看到，nativeCreate 会传入 stackSize，但是它默认的值为 0，那为什么线程还会默认有 1MB 大小的栈空间呢？我们需要接着看 nativeCreate 函数的源码，它的实现类是 java_lang_Thread.cc，源码如下。

```
static void Thread_nativeCreate(JNIEnv* env, jclass, jobject java_thread, jlong stack_
    size, jboolean daemon) {
    Runtime* runtime = Runtime::Current();
    if (runtime->IsZygote() && runtime->IsZygoteNoThreadSection()) {
        jclass internal_error = env->FindClass("java/lang/InternalError");
        CHECK(internal_error != nullptr);
        env->ThrowNew(internal_error, "Cannot create threads in zygote");
        return;
    }
```

```
    // 创建线程
    Thread::CreateNativeThread(env, java_thread, stack_size, daemon == JNI_TRUE);
}
```

nativeCreate 会执行 Thread::CreateNativeThread 函数，这个函数才是最终创建线程的地方，它在 Thread.cc 这个对象中，并且这个函数会调用 FixStackSize 方法将 stack_size 调整为 1MB，所以前面那个疑问在这里就解决了，即使我们将 stack_size 设置为 0，到这里依然会被调整，简化后的代码逻辑如下。

```
void Thread::CreateNativeThread(JNIEnv* env, jobject java_peer, size_t stack_
    size, bool is_daemon) {
    ......
    // 调整 stack_size，默认值为 1 MB
    stack_size = FixStackSize(stack_size);
    ......

    if (child_jni_env_ext.get() != nullptr) {
        pthread_t new_pthread;
        pthread_attr_t attr;
        child_thread->tlsPtr_.tmp_jni_env = child_jni_env_ext.get();
        CHECK_PTHREAD_CALL(pthread_attr_init, (&attr), "new thread");
        CHECK_PTHREAD_CALL(pthread_attr_setdetachstate, (&attr, PTHREAD_CREATE_
            DETACHED),
            "PTHREAD_CREATE_DETACHED");
        CHECK_PTHREAD_CALL(pthread_attr_setstacksize, (&attr, stack_size),
            stack_size);
        // 创建线程
        pthread_create_result = pthread_create(&new_pthread,
            &attr,
            Thread::CreateCallback,
            child_thread);
        CHECK_PTHREAD_CALL(pthread_attr_destroy, (&attr), "new thread");

        if (pthread_create_result == 0) {
            child_jni_env_ext.release();  // NOLINT pthreads API.
            return;
        }
    }
    ......
}
```

在上面简化后的代码中可以看到，CreateNativeThread 的源码最终调用的是 pthread_create 函数，它是一个 Linux 函数，而 pthread_create 函数最终会调用 clone 这个内核函数，该函数的主要作用是创建一个新进程，该进程与调用进程共享指定的资源。clone 函数会根据传入的 stack 大小，通过 mmap 函数申请一块对应大小的虚拟内存，并且创建一个进程。所以对于 Linux 系统来说，线程实际上是可以共享资源的轻量级进程。

```
int clone(int (*fn)(void * arg), void *stack, int flags, void *arg);
```

理解了一个线程会占用 1MB 大小的虚拟内存，我们自然而然地也能想到减少线程的数量和减少每个线程所占用的虚拟内存的大小这两种优化方案了。

2.4.2 减少线程数量

我们先看看如何减少线程的数量，主要有两种方式：
- 在程序中使用统一的线程池对线程数量进行管理。
- 将程序中的野线程及野线程池收敛。

线程池是非常重要的知识，是需要 Android 开发者熟悉原理并能熟练使用的。线程池对应用的性能提升有很大的帮助，它可以帮助我们高效和合理地使用线程，提升应用的性能。第 4 章会详细且深入地介绍线程池的使用，所以这里就不展开介绍了，下面主要针对如何减少线程数量这个方向介绍线程池中的线程数的最优设置。

对于线程池，我们需要手动设置核心线程数和最大线程数。核心线程是不会退出的线程，被线程池创建之后会一直存在。最大线程数是该线程池最大能达到的线程数量，当达到最大线程数后，线程池后续接收的任务便会放在兜底逻辑中处理。那么，核心线程数和最大线程数设置成多少比较合适呢？这两个值需要根据线程池的类型，也就是 CPU 线程和 I/O 线程池进行不同的配置。

1. CPU 线程池

CPU 线程池用来处理 CPU 类型的任务，如计算、逻辑处理等操作，需要迅速响应，但任务耗时又不能太久。因此，对于 CPU 线程池，我们会将核心线程数设置为该机型的 CPU 核数，理想状态下每一个核可以运行一个线程，这样既能减少 CPU 线程池的调度损耗，又能充分发挥 CPU 的性能。

至于 CPU 线程池的最大线程数，和核心线程数保持一致即可。因为当最大线程数超过核心线程数时，CPU 的利用率反倒会降低，因为此时系统会把更多的 CPU 资源用在线程调度上，如果与 CPU 核数相等的线程数量无法满足业务使用，很大可能就是我们对 CPU 线程池的使用出了问题，比如在 CPU 线程中执行了 I/O 阻塞的任务。

2. I/O 线程池

I/O 线程池专门用于处理耗时久，响应也不需要很迅速的任务，那些耗时较久的任务，如读写文件、网络请求等 I/O 操作便用 I/O 线程池来处理。对于 I/O 线程池，我们通常会将核心线程数设置为 0 个，而且 I/O 线程池并不需要及时响应，所以将常驻线程设置为 0 可以减少该应用的线程数量。但并不是说这里一定要设置为 0 个，如果我们的业务中 I/O 任务比较多，也可以设置少量的核心 I/O 线程。

对于 I/O 线程池的最大线程数，则可以根据应用的复杂度来设置，如果是中小型应用且业务较简单则设置为 64 个即可；如果是大型应用，业务多且复杂，则可以设置为 128 个甚至更多（这里的数量是一个经验值，从理论上说，线程数量的设置要根据吞吐量和等待时间完成，但是在实践中很难实施）。按照这样的设置，即使极端情况（如线程打满的情况）下线程也只有 100 多个，所消耗的虚拟内存也就比 100MB 多一些，并不会占用太多的内存，但是在现实情况中，总会有部分程序不遵守规范，独自创建线程或者线程池，我们称之为野线程或者野线程池。那如何才能收敛野线程和野线程池呢？

对于简单的应用，一个个排查即可，通过全局搜索 new Thread、newFixedThreadPool 等关键字，我们就能发现项目中的线程创建代码以及线程池创建代码，然后对不合规范的代码进行修改，将其收敛进公共线程池即可。

但如果是一个中大型应用，还大量引入了第二方库、第三方库和 AAR 包，那全局搜索也不适用了，这个时候就需要使用字节码操作技术。笔者依然通过 Lancet 进行代码演示，通过拦截 newFixedThreadPool 创建线程池的函数，并在函数中将线程池的创建替换成公共的线程池，就能完成对线程池的收敛，实现过程如下。

```java
public class ThreadPoolLancet {

    @TargetClass("java.util.concurrent.Executors")
    @Proxy(value = "newFixedThreadPool")
    public static ExecutorService newFixedThreadPool(int nThreads, ThreadFactory
        threadFactory) {
        // 替换并返回我们的公共线程池
        ……
    }

    @TargetClass("java.util.concurrent.Executors")
    @Proxy(value = "newFixedThreadPool")
    public static ExecutorService newFixedThreadPool(int nThreads) {
        // 替换并返回我们的公共线程池
        ……
    }
}
```

收敛完了野线程池，那些直接使用 new Thread 创建的野线程又该怎么收敛呢？对于第三方库中的野线程，我们没有太好的收敛手段，因为即使 Thread 的构造函数被拦截，也不能将其收敛到公共线程池中。好在我们使用的第三方库，大都已经很成熟并且经过大量用户验证，直接使用野线程的地方会很少。我们可以采用拦截 Thread 的构造函数并打印堆栈的方式，来确定这个线程是通过线程池创建出来的还是通过野线程创建出来的，如果第三方库中确实有大量的野线程，那么可以将源码下载下来之后手动进行修改。

2.4.3 减小线程默认的栈空间大小

我们在前面讲解 CreateNativeThread 源码的时候提到过，该函数会执行 FixStackSize 方法将 stack_size 调整为 1MB。再结合前面多个 Hook 的案例，我们可以很容易地想到通过 Native Hook 拦截 FixStackSize 这个函数，是不是就可以将 stack_size 从 1MB 减小到 512 KB 了呢？当然是可以的，因为 CreateNativeThread 是位于 libart.so 库中的函数，但是 CreateNativeThread 实际是调用 pthread_create 来创建线程的，而 pthread_create 是位于 libc.so 库中的函数，如果在 CreateNativeThread 中调用 pthread_create，则需要通过 plt 表和 got 表进行函数调用，所以我们通过 PLT Hook 技术来拦截 libc.so 库中的 pthread_create 函数，并将入参 &attr 中的 stack_size 直接设置为 512KB 即可。但是这种方式缺乏灵活性，因为在实际项目中，我们通常不会对所有线程的栈空间大小都进行调整，对于一些任务较重的线程，仍会保留它原本的栈空间大小，因此要通过白名单且动态配置的方案来排除那些不需要调整的线程，所以最好的方式就是在 Java 层创建线程的时候配置该线程的栈空间大小。

在前面线程创建的流程中我们知道了在 Java 层创建线程时，系统会将 stack_size 传递到 Native 层，并且 Java 层中 stack_size 的默认值都为 0。Native 层的 FixStackSize 函数会接着调整该 stack_size 大小，代码实现如下。可以看到，stack_size 的最终大小为 stack_size+=1*MB。如果我们传入的 stack_size 为 0，默认大小就是 1MB；如果我们传入的 stack_size 为 -512KB，stack_size 就会变成 512KB（1MB-512KB）。

```
static size_t FixStackSize(size_t stack_size) {

    if (stack_size == 0) {
        stack_size = Runtime::Current()->GetDefaultStackSize();
    }

    stack_size += 1 * MB;
    ……

    return stack_size;
}
```

所以我们只用带有 stackSize 入参的构造函数（如下代码所示）去创建线程，并且将 stackSize 设置为 -512KB，就能将线程的栈空间消耗减少 50%。

```
public Thread(ThreadGroup group, Runnable target, String name,
        long stackSize) {
    this(group, target, name, stackSize, null, true);
}
```

这个时候我们可能又会遇到一个新的问题，因为应用中创建线程的地方太多，我们似乎很难一一对这些地方进行修改。实际上并不需要一个一个去手动修改，我们在前面的优化中已经将应用中大部分的线程收敛到公共线程池中创建了，所以此时只需要修改公共线程池中创建的线程就可以了，并且线程池刚好也支持让我们自己创建，因此只需要传入自定义的 ThreadFactory 就能实现需求。在自定义的 ThreadFactory 中，创建 stack_size 为 -512 KB 的线程就能减少线程所占用的虚拟内存了。

当我们将应用中线程的栈空间大小全改成 512 KB 后，可能会导致一些任务比较重的线程出现栈溢出，此时我们可以通过埋点收集栈溢出的线程，并通过白名单控制不修改这部分线程的栈空间大小即可。

2.5 默认 webview 内存释放

前面提到过，应用进程中所有已分配的虚拟内存都会记录在 maps 文件中，所以如果我们想优化虚拟内存空间，就需要分析应用的 maps 文件，寻找应用中分配了却用不上的虚拟内存空间，然后想办法将这些空间释放掉，就能取得不错的优化效果。

通过分析本书示例程序的 maps 文件，可以发现 anno:libwebview reservation 的虚拟内存的大小约有 1GB（720e862000 — 71ce862000），如图 2-35 所示。

```
71cdd04000-71cdd06000 rw-p 00000000 00:00 0
71cdd06000-71ce862000 ---p 00000000 00:00 0
71ce862000-720e862000 ---p 00000000 00:00 0                    [anon:libwebview reservation]
720e862000-720e921000 r--p 00000000 fd:06 1616                 /vendor/lib64/egl/libGLESv2_adreno.so
720e921000-720ebc7000 r-xp 000bf000 fd:06 1616                 /vendor/lib64/egl/libGLESv2_adreno.so
720ebc7000-720ebd1000 r--p 00365000 fd:06 1616                 /vendor/lib64/egl/libGLESv2_adreno.so
720ebd1000-720ebd9000 rw-p 0036e000 fd:06 1616                 /vendor/lib64/egl/libGLESv2_adreno.so
720ebd9000-720ebdf000 rw-p 00000000 00:00 0                    [anon:.bss]
720ec00000-7211800000 ---p 00000000 00:00 0
```

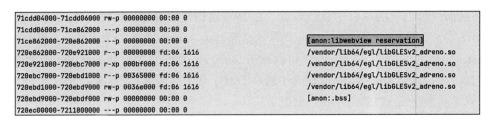

图 2-35 maps 文件中记录的 webview 内存数据

这一块虚拟内存实际上是为 webview 预留的空间，其大小在 64 位机上是 1GB，在 32 位机上是 130MB，在其他非 ARM 机器上是 190MB。这一块空间在 Zygote 进程中就已经申请了，Zygote 在启动过程中会加载 webviewchromiun_loader 这个 so 库并申请这一块虚拟空间，并通过 WebViewLibraryLoader.java 对象中的 reserveAddressSpaceInZygote 方法申请一块虚拟内存，源码如图 2-36 所示。后续所有应用的进程都是通过 Zygote 进程 fork 而来的，所以也都会保留这一块区域。

```java
static void reserveAddressSpaceInZygote() {
    System.loadLibrary("webviewchromium_loader");
    long addressSpaceToReserve;
    if (VMRuntime.getRuntime().is64Bit()) {
        // On 64-bit address space is really cheap and we can reserve 1GB which is plenty.
        addressSpaceToReserve = 1 * 1024 * 1024 * 1024;
    } else if (VMRuntime.getRuntime().vmInstructionSet().equals("arm")) {
        // On 32-bit the address space is fairly scarce, hence we should keep it to a realistic
        // number that permits some future growth but doesn't hog space. For ARM we use 130MB
        // which is roughly what was calculated on older OS versions. The size has been
        // growing gradually, but a few efforts have offset it back to the size close to the
        // original.
        addressSpaceToReserve = 130 * 1024 * 1024;
    } else {
        // The number below was obtained for a binary used for x86 emulators, allowing some
        // natural growth.
        addressSpaceToReserve = 190 * 1024 * 1024;
    }

    sAddressSpaceReserved = nativeReserveAddressSpace(addressSpaceToReserve);

    if (sAddressSpaceReserved) {
        if (DEBUG) {
            Log.v(LOGTAG, "address space reserved: " + addressSpaceToReserve + " bytes");
        }
    } else {
        Log.e(LOGTAG, "reserving " + addressSpaceToReserve + " bytes of address space failed");
    }
}
```

图 2-36 默认 webview 的内存申请函数

如果我们的应用不需要使用系统 webview，或者已经把 webview 的使用场景放到了子进程中，那我们完全可以在主进程中释放这一块空间，节约出这一块的虚拟内存。对于示例程序来说，它是没有 webview 页面的，所以这一块虚拟内存实际上是用不上的，即使在实际项目中，我们往往也将 webview 放在子进程中运行，因此对于主进程来说，也是不需要这块 webview 内存的。

2.5.1 通过 maps 文件寻找地址

通过前面的学习我们知道，虚拟内存都是通过 mmap 函数来申请的，而想要释放虚拟内存，只需要调用 munmap 函数即可，函数如下所示。

```
int munmap(void *start, size_t length)
```

如果想要释放这部分内存，只需要在 Native 层调用如下代码即可。

```
// 720e862000 是起始地址，1 073 741 824 是 1GB 转换成 B 的大小
munmap(0x720e862000, 1073741824)
```

但由 libwebview reservation 这块空间的地址并不是固定的，所以我们并不能将地址固定为 720e862000。并且，1GB 是 64 位机的大小，而 64 位机并不需要担心虚拟内存不足，所以我们只需要判断是否是 32 位机就可以了。如果是 32 位机，则读取 maps 文件，解析 libwebview reservation，取出首地址和尾地址，计算空间大小，然后调用 munmap 函数。流程实现如下。

1）解析 maps 文件，寻找 libwebview reservation 区域的地址，实现逻辑和前面寻找 so 库基地址是一样的。

```
FILE *fp = fopen("/proc/self/maps", "r");
char line[1024];
uintptr_t webview_addr = 0;
size_t reservedSpaceSize = 0;
while (fgets(line, sizeof(line), fp)) {
    if (NULL != strstr(line, "[anon:libwebview reservation]")) {
        std::string targetLine = line;
        std::size_t pos = targetLine.find('-');
        if (pos != std::string::npos) {
            // 截取开始地址
            std::string addressStr = targetLine.substr(0, pos);
            // stoull 函数用于将字符串转换为无符号长长整型
            webview_addr = std::stoull(addressStr, nullptr, 16);

            // 截取结束地址
            addressStr = targetLine.substr(pos+1, 2*pos);
            webview_addr_end = std::stoull(addressStr, nullptr, 16);
            // 计算空间大小
            reservedSpaceSize = static_cast<size_t>(webview_addr_end - webview_addr);
```

```
            break;
        }
    }
}
fclose(fp);
```

2）找到地址后便可以通过 munmap 函数释放 libwebview reservation 区域的虚拟内存。

```
// 释放虚拟内存
munmap(webview_addr, reservedSpaceSize)
```

看到这，读者可能会觉得这个方案很简单，但此时还只是实现了这个方案的一半而已。当我们在 Android 9 的设备上运行此方案时，会发现在 maps 文件中找不到名为 libwebview reservation 的虚拟内存空间，从而导致方案无效。通过查看 Android 9 的源码，如图 2-37 所示，可以看到这块虚拟内存是以匿名（MAP_ANONYMOUS）的形式申请的。

```
android-9.0.0_r9 ▸  frameworks/base/native/webview/loader/loader.cpp
   loader.cpp
38
39  namespace android {
40  namespace {
41
42  void* gReservedAddress = NULL;
43  size_t gReservedSize = 0;
44
45  jint LIBLOAD_SUCCESS;
46  jint LIBLOAD_FAILED_TO_OPEN_RELRO_FILE;
47  jint LIBLOAD_FAILED_TO_LOAD_LIBRARY;
48  jint LIBLOAD_FAILED_JNI_CALL;
49  jint LIBLOAD_FAILED_TO_FIND_NAMESPACE;
50
51  jboolean DoReserveAddressSpace(jlong size) {
52      size_t vsize = static_cast<size_t>(size);
53
54      void* addr = mmap(NULL, vsize, PROT_NONE, MAP_PRIVATE | MAP_ANONYMOUS, -1, 0);
55      if (addr == MAP_FAILED) {
56          ALOGE("Failed to reserve %zd bytes of address space for future load of "
57                "libwebviewchromium.so: %s",
58                vsize, strerror(errno));
59          return JNI_FALSE;
60      }
61      gReservedAddress = addr;
62      gReservedSize = vsize;
63      ALOGV("Reserved %zd bytes at %p", vsize, addr);
64      return JNI_TRUE;
65  }
66
```

图 2-37 Android 9 中的 webview 内存申请函数

实际上从 Android 10 开始，通过 mmap 函数申请这块虚拟内存才会接着调用 prctl 函数，并将这一块区域命名为"libwebview reservation"，源码如图 2-38 所示。因此想要在搭载 Android 10 以下的机型上实施该优化，我们的方案还需要进一步完善。

第2章 内存优化实战 ❖ 75

```
android-10.0.0_r9 ▼ > frameworks/base/native/webview/loader/loader.cpp
    loader.cpp
38  #define NELEM(x) ((int) (sizeof(x) / sizeof((x)[0])))
39
40  namespace android {
41  namespace {
42
43  void* gReservedAddress = NULL;
44  size_t gReservedSize = 0;
45
46  jint LIBLOAD_SUCCESS;
47  jint LIBLOAD_FAILED_TO_OPEN_RELRO_FILE;
48  jint LIBLOAD_FAILED_TO_LOAD_LIBRARY;
49  jint LIBLOAD_FAILED_JNI_CALL;
50  jint LIBLOAD_FAILED_TO_FIND_NAMESPACE;
51
52  jboolean DoReserveAddressSpace(jlong size) {
53    size_t vsize = static_cast<size_t>(size);
54
55    void* addr = mmap(NULL, vsize, PROT_NONE, MAP_PRIVATE | MAP_ANONYMOUS, -1, 0);
56    if (addr == MAP_FAILED) {
57      ALOGE("Failed to reserve %zd bytes of address space for future load of "
58            "libwebviewchromium.so: %s",
59            vsize, strerror(errno));
60      return JNI_FALSE;
61    }
62    prctl(PR_SET_VMA, PR_SET_VMA_ANON_NAME, addr, vsize, "libwebview reservation");
63    gReservedAddress = addr;
64    gReservedSize = vsize;
65    ALOGV("Reserved %zd bytes at %p", vsize, addr);
66    return JNI_TRUE;
67  }
```

图 2-38　Android 10 中的 webview 内存申请函数

2.5.2　通过系统变量寻找地址

对于 Android 10 以下的机型，这块区域在 maps 文件中是匿名的，我们没办法根据 libwebview reservation 这个字段来找出这块区域，所以解析 maps 文件的方案便不生效了，如何找到这块区域的地址，便是整个方案的难点。

从内存申请源码中的 DoReserveAddressSpace 方法可以发现，通过 mmap 申请这块内存后，系统会将地址 addr 和大小 vsize 分别赋值给 gReservedAddress 和 gReservedSize 这两个静态变量，所以我们只需要想办法拿到这两个变量的值就能解决这个难点了。获取这两个值的方案有多种，笔者在这里介绍其中一种方案。

首先在 Android 源码中全局搜索 gReservedAddress，如图 2-39 所示，会发现它仅被 loader.cpp 对象中的 DoReserveAddressSpace、DoCreateRelroFile 和 DoLoadWithRelroFile 这 3 个方法使用。

在 DoCreateRelroFile（源码如图 2-40 所示）和 DoLoadWithRelroFile（源码如图 2-41 所示）方法中可以发现，gReservedAddress 和 gReservedSize 会被封装在 extinfo 结构体中并作为入参，传入 android_dlopen_ext 函数，这个函数是 libdl.so 库中的函数。

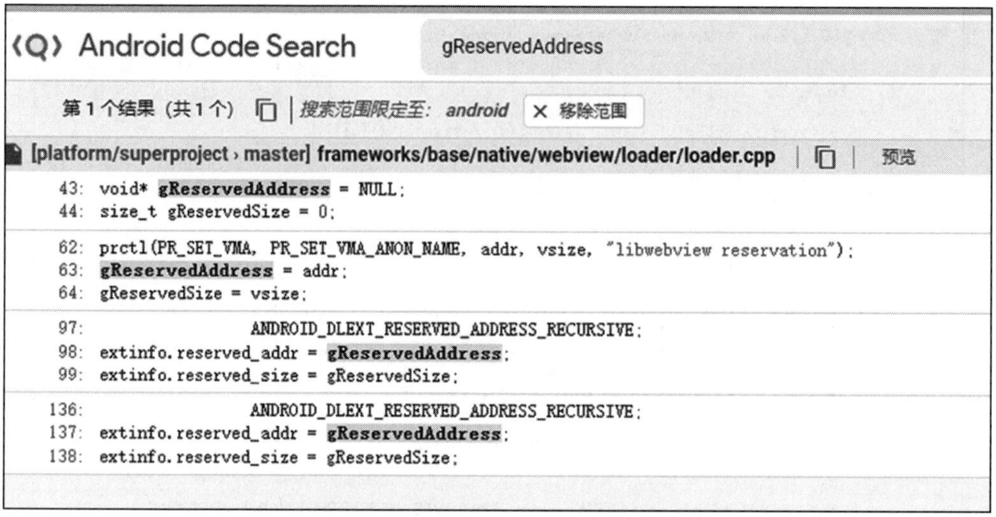

图 2-39 使用到 gReservedAddress 的代码

图 2-40 DoCreateRelroFile 源码

```
120  jint DoLoadWithRelroFile(JNIEnv* env, const char* lib, const char* relro,
121                           jobject clazzLoader) {
122    int relro_fd = TEMP_FAILURE_RETRY(open(relro, O_RDONLY));
123    if (relro_fd == -1) {
124      ALOGW("Failed to open relro file %s: %s", relro, strerror(errno));
125      return LIBLOAD_FAILED_TO_OPEN_RELRO_FILE;
126    }
127    android_namespace_t* ns =
128          android::FindNamespaceByClassLoader(env, clazzLoader);
129    if (ns == NULL) {
130      ALOGE("Failed to find classloader namespace");
131      return LIBLOAD_FAILED_TO_FIND_NAMESPACE;
132    }
133    android_dlextinfo extinfo;
134    extinfo.flags = ANDROID_DLEXT_RESERVED_ADDRESS | ANDROID_DLEXT_USE_RELRO |
135                    ANDROID_DLEXT_USE_NAMESPACE |
136                    ANDROID_DLEXT_RESERVED_ADDRESS_RECURSIVE;
137    extinfo.reserved_addr = gReservedAddress;
138    extinfo.reserved_size = gReservedSize;
139    extinfo.relro_fd = relro_fd;
140    extinfo.library_namespace = ns;
141    void* handle = android_dlopen_ext(lib, RTLD_NOW, &extinfo);
142    close(relro_fd);
143    if (handle == NULL) {
144      ALOGE("Failed to load library %s: %s", lib, dlerror());
145      return LIBLOAD_FAILED_TO_LOAD_LIBRARY;
146    }
147    ALOGV("Loaded library %s with relro file %s", lib, relro);
148    return LIBLOAD_SUCCESS;
149  }
```

图 2-41　DoLoadWithRelroFile 源码

前面我们已经了解了 PLT Hook 技术，它专门用来拦截外部库的调用函数，而对于 webviewchromiun_loader 这个库来说，android_dlopen_ext 刚好是一个外部函数，所以我们只需要通过 PLT Hook 技术拦截住 webviewchromiun_loader 这个 so 库中的 android_dlopen_ext 函数，就能拿到 extinfo 数据，进而拿到 gReservedAddress 和 gReservedSize 的值了。这里笔者还是以 bhook 作为工具来演示具体的代码实现，如下所示。

```
// 通过 bhook，hook 住 webviewchromiun_loader 这个 so 库中的 android_dlopen_ext 函数
bytehook_stub_t bytehook_hook_single(
    "libwebviewchromium_loader.so",
    null,
    reinterpret_cast<void*>(android_dlopen_ext),
    reinterpret_cast<void*>(android_dlopen_ext_hook),
    bytehook_hooked_t hooked,
    void *hooked_arg);
```

通过 bytehook_hook_single 方法便能完成对 libwebviewchromium_loader.so 库中 android_dlopen_ext 函数调用的拦截，接着在自定义的 hook 函数中取出 sReservedSpaceStart 和 sReservedSpaceSize，并进行释放，代码实现如下。此时我们会遇到在 Native Hook 中经常遇到的一个问题，即没有拦截函数中入参函数的结构体，此时只需要按照原有的数据结构重新定义一个即可。

```
/*extinfo 实际是一个 android_dlextinfo 结构体，
但是因为在我们的 hook 函数中无法直接使用这个结构体，所以需要按照原来结构体的数据结构定义一个 */
typedef struct {
    uint64_t flags;
```

```
    void* reserved_addr;
    size_t reserved_size;
    int relro_fd;
    int library_fd;
    off64_t library_fd_offset;
    struct android_namespace_t* library_namespace;
} android_dlextinfo;

// 在 hook 函数中获取 gReservedAddress 和 gReservedSize 的值
static void* android_dlopen_ext_hook(const char* filepath, int flags, void* extinfo) {
    // 将 extinfo 强制转换成 android_dlextinfo 结构体
    auto android_extinfo = reinterpret_cast<android_dlextinfo*>(extinfo);
    // 然后就能直接拿到 reserved_addr 和 reserved_size 的值了
    sReservedSpaceStart = android_extinfo->reserved_addr;
    sReservedSpaceSize = android_extinfo->reserved_size;
    // 释放对应的虚拟内存空间
    munmap(sReservedSpaceStart ,sReservedSpaceSize )
    // 调用原函数
    BYTEHOOK_CALL_PREV();
}
```

当我们做完上面一系列操作后，会发现方案依然没有生效，因为如果进程中不使用系统的 webview 的话，DoCreateRelroFile 或者 DoLoadWithRelroFile 这两个方法并不会执行，如果这两个方法都不执行的话，android_dlopen_ext 也根本就不会被调用，自然也拿不到想要的数据。所以我们需要在应用中通过代码来主动调用这两个函数中的任意一个，但是又不能通过正常启动 webview 的方式来调用这两个函数，因为这违背了只有当进程不需要使用 webview 的时候才进行该优化的初衷。

怎么才能执行这两个函数呢？通过分析源码后会发现，想要主动调用这两个函数其实很简单，因为这两个函数其实可以通过 nativeCreateRelroFile 和 LoadWithRelroFile 这两个 JNI 方法来调用，如图 2-42 所示。

此时读者可能会想到，是否只需要直接在 Java 层调用 System.loadLibrary（"webview-chromiun_loader"），然后调用其中一个 JNI 方法就可以实现目的了呢？答案是不行的，这是因为从 Android 7.0 版本开始，便不允许应用加载系统的 so 库了，而 webviewchromiun_loader 是一个系统的 so 库，自然无法正常加载。没办法正常加载系统的 so 库，自然就无法直接在 Java 层调用 LoadWithRelroFile 或者 CreateRelroFile 这两个 Native 函数。

虽然在 Java 层无法调用这两个方法，但是在 Native 层却是可以的，通过 JNI 提供的 CallStaticIntMethod 方法，就能完成对 Java 层的静态方法的调用，这里以调用 nativeLoadWithRelroFile 函数为例，它的入参有"lib、relro、clazzLoader"这 3 个，其中 lib 为 webviewchromiun_loader 这个 so 库的名称，relro 为 so 库的路径。我们只需要通过 env->FindClass 拿到这个函数对应的 Java 对象以及 methodId 后，就能执行这个方法了，代码实现流程如下。

```
// 在 JNI 层调用 nativeLoadWithRelroFile 函数
static bool LocateReservedSpaceByProbing(JNIEnv* env,
```

```
    jint sdk_ver, jobject class_loader) {
  jclass loaderClazz = env->FindClass("android/webkit/WebViewLibraryLoader");
  const char* methodName = "nativeLoadWithRelroFile";
  jmethodID methodID = nullptr;
  jint probeMethodRet = 0;
  // 通过 GetStaticMethodID 拿到 nativeLoadWithRelroFile 的 methodId
  methodID = (*env)->GetStaticMethodID(env, loaderClazz, methodName,
         "(Ljava/lang/String;Ljava/lang/String;Ljava/lang/ClassLoader;)I");
  if (methodID != nullptr) {
      /* 执行 nativeLoadWithRelroFile 方法，因为我们不需要真的打开 webviewchromiun_
         loader，
         所以 lib 和 relro 传一个假的路径即可 */
      probeMethodRet = env->CallStaticIntMethod(loaderClazz, methodID,
              "/dev/test/","/dev/test/", class_loader);
      env->ExceptionClear();
  }
}
```

```
jboolean CreateRelroFile(JNIEnv* env, jclass, jstring lib, jstring relro,
                         jobject clazzLoader) {
  jboolean ret = JNI_FALSE;
  const char* lib_utf8 = env->GetStringUTFChars(lib, NULL);
  if (lib_utf8 != NULL) {
    const char* relro_utf8 = env->GetStringUTFChars(relro, NULL);
    if (relro_utf8 != NULL) {
      ret = DoCreateRelroFile(env, lib_utf8, relro_utf8, clazzLoader);
      env->ReleaseStringUTFChars(relro, relro_utf8);
    }
    env->ReleaseStringUTFChars(lib, lib_utf8);
  }
  return ret;
}

jint LoadWithRelroFile(JNIEnv* env, jclass, jstring lib, jstring relro,
                       jobject clazzLoader) {
  jint ret = LIBLOAD_FAILED_JNI_CALL;
  const char* lib_utf8 = env->GetStringUTFChars(lib, NULL);
  if (lib_utf8 != NULL) {
    const char* relro_utf8 = env->GetStringUTFChars(relro, NULL);
    if (relro_utf8 != NULL) {
      ret = DoLoadWithRelroFile(env, lib_utf8, relro_utf8, clazzLoader);
      env->ReleaseStringUTFChars(relro, relro_utf8);
    }
    env->ReleaseStringUTFChars(lib, lib_utf8);
  }
  return ret;
}

const char kWebViewFactoryClassName[] = "android/webkit/WebViewFactory";
const char kWebViewLibraryLoaderClassName[] =
    "android/webkit/WebViewLibraryLoader";
const JNINativeMethod kJniMethods[] = {
  { "nativeReserveAddressSpace", "(J)Z",
     reinterpret_cast<void*>(ReserveAddressSpace) },
  { "nativeCreateRelroFile",
     "(Ljava/lang/String;Ljava/lang/String;Ljava/lang/ClassLoader;)Z",
     reinterpret_cast<void*>(CreateRelroFile) },
  { "nativeLoadWithRelroFile",
     "(Ljava/lang/String;Ljava/lang/String;Ljava/lang/ClassLoader;)I",
     reinterpret_cast<void*>(LoadWithRelroFile) },
};

}  // namespace
```

图 2-42 CreateRelroFile 和 LoadWithRelroFile 的 JNI 调用函数

将上面的流程应用在 32 位设备上便可多出 130MB 的可用虚拟内存。除了上面提到的方案，还有其他方案也能实现该优化，比如 gReservedAddress 作为一个未初始化的全局变量会存放在 BSS 段里，所以可以先解析 maps 文件，找到 webviewchromiun_loader.so 库的地址并转换成 ELF 格式，再寻找和遍历 BSS 段即可获取 gReservedAddress 的值。实际上，webviewchromiun_loader 这个 so 库只有 7 个全局变量，因此 BSS 段中只有 7 条数据，所以可以很容易地找到 gReservedAddress 的值。读者如果对这个方案感兴趣，也可以自己去实践一下。

第 3 章
速度与流畅性优化原理

在系统运行中，速度与流畅性优化的价值不言而喻，针对这部分的优化，我们需要做的事情很多，比如启动速度优化、页面打开速度优化、业务加载速度优化、UI 渲染的流畅性优化、List 组件滚动的流畅性优化等。正是因为涉及的优化点非常多，涉及各种页面、业务、组件，所以优化工作可能很零碎，难以形成体系，因此效果往往也不会很好。

其实，我们可以换个角度来看速度和流畅性优化。对于启动速度优化来说，实际上就是尽快执行完从 attachBaseContext 开始到主页面展示的所有代码指令；对于页面打开速度优化来说，实际上就是尽快执行从 startActivity 到 Acitvity 的界面显示出来的所有代码指令；对于页面渲染或者组件的滑动流畅性优化来说，实际上就是尽快执行完从当前帧到下一帧（60 fps 的刷新率，16ms）的所有指令。通过这几个例子可以看到，速度和流畅性所涉及的相关优化都能转换成同一个优化：**尽快执行完从 A 到 B 的代码指令**。基于这一种优化思路再来构建优化方案就比较容易，构建出来的方案也能更加体系化。

想要尽快执行完从 A 到 B 的代码指令，CPU、缓存和任务调度是 3 个最基本的影响因素。接下来我们就从原理层面来了解这 3 个因素是如何影响程序的速度与流畅性的。

3.1 CPU

CPU 对程序的速度及流畅性的影响巨大。CPU 的性能越来越强大，手机的性能才会越来越强大，所运行的程序才能越来越复杂。本节就来介绍 CPU 是如何运作的，这样才能从中找到优化点，进而提高程序的速度及流畅性。

3.1.1 CPU 的结构

CPU 主要由运算单元（又称算术逻辑单元）、控制单元、存储单元组成，存储单元中有寄存器和高速缓存，其结构如图 3-1 所示。

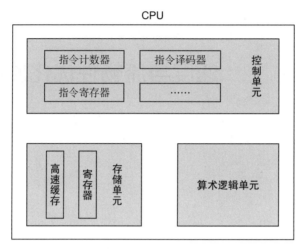

图 3-1 CPU 的结构

图 3-1 中的每个模块对应的功能见表 3-1。

表 3-1 CPU 各个模块对应的功能描述

模块	功能描述
算术逻辑单元	用于执行算术和逻辑操作，如加法、减法、与、或等操作
控制单元	控制单元负责协调和控制 CPU 内部的操作，它主要由指令寄存器、指令计数器、指令译码器、操作控制器等模块组成。控制单元从缓存中获取指令放入指令寄存器，指令译码器将指令转换成内部的操作数或者控制信号，最后通过操作控制器发出控制信号，驱动算术逻辑单元、寄存器、高速缓存等模块完成指令的执行
高速缓存	高速缓存的存在是为了解决 CPU 与主内存之间的速度差异。主内存的访问速度相对较慢，而 CPU 执行指令时需要频繁地读取和写入数据。通过在 CPU 内部添加高速缓存，可以将频繁访问的数据暂时存储在离 CPU 更近的位置，以加快数据的访问速度。这样 CPU 可以更快地获取所需的数据，而不必每次都从主内存中读取
寄存器	寄存器用来暂存指令、数据和中间结果等，它的访问速度要比高速缓存快很多，但容量非常小

3.1.2 CPU 的工作流程

CPU 的工作就是执行程序指令，这一过程大致可以分为以下几个步骤。

1）**读取指令**：控制单元访问要执行的下一条指令的内存地址，并将从该地址中读取的指令加载到指令寄存器中。

2）**译码指令**：控制单元对指令寄存器中的指令进行解析，确定指令的类型和参数。

3）**执行指令**：控制单元根据指令的类型和参数，执行相应的操作，如算术运算、逻辑运算、数据移动、控制转移等。算术逻辑等运算则会由算术逻辑单元来执行。

4）**结果写回**：控制单元将指令执行的结果写入寄存器或高速缓存中，程序计数器更新下一条要执行的指令的地址。

通过上面 4 个步骤，一条指令就执行完成了。CPU 会不断重复这个过程，直到程序结束或遇到异常。通过图 3-2 可以更直观地了解 CPU 的工作流程。

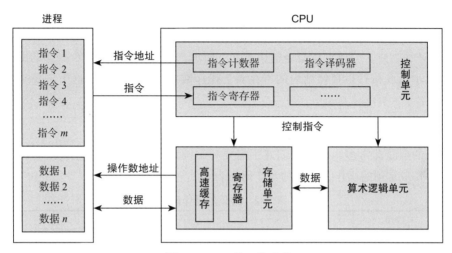

图 3-2　CPU 的工作流程

CPU 执行指令的速度越快，程序运行便越快，这一流程的快慢主要受下面几个方面影响。

- **CPU 的工作频率**：即 CPU 每秒可以执行的时钟周期数，通常用赫兹（Hz）来表示。工作频率越高，CPU 执行指令的速度就越快。图 3-3 展示了高通骁龙系列 CPU 的工作频率，可以看到越是先进的 CPU，工作频率越高。
- **CPU 的高速缓存**：高速缓存用来暂存 CPU 频繁访问的数据和指令，从而减少 CPU 与内存之间的数据交换时间。高速缓存的容量越大，CPU 存取指令和数据的性能就越好。
- **CPU 的核心数**：核心数表示 CPU 内部拥有的独立运算单元的数量，核心数越多，CPU 执行指令的并行能力就越强，现在主流手机的 CPU 一般都是 8 个核心。
- **CPU 的指令集**：不同的指令集有不同的复杂度和功能，RISC 架构下的指令少且简单，CISC

图 3-3　高通骁龙系列 CPU 的工作频率

架构下的指令多且复杂。因此 RISC 指令的执行速度更快、功耗更低，但 CISC 的功能更强大、兼容性更好。

3.1.3 汇编指令

了解了 CPU 的结构及指令的执行流程，接着来了解 ARM 架构下的汇编指令。了解了汇编指令，我们不仅可以更深入地理解计算机的底层原理，还可以更好地理解 Native Hook 等技术的实现原理。

在 ARM 平台中，一条汇编指令的格式如下所示，其中操作码是指令操作的助记符，目标寄存器表示指令执行后存储结果的寄存器，操作数用于执行操作。这里主要来看看操作码和操作数。

<操作码><目标寄存器>,<操作数1>,<操作数2>

操作码的数量非常多，但是我们并不需要死记硬背，只需要根据这些操作码的类型和作用掌握一些最常用的操作，常见的操作码见表 3-2。

表 3-2 常见的操作码

类型	作用	操作码
跳转	用于控制程序的跳转和分支	B：无条件地将程序跳转到一个指定的地址 BL：与 B 指令类似，但会在跳转之前将返回地址保存到链接寄存器（LR）中。这样在跳转完成后，程序可以通过返回到链接寄存器的地址来继续执行下一条指令
数据处理	用于执行各种算术和逻辑操作	ADD：将两个操作数的值相加，并将结果存储到目标寄存器中 SUB：从操作数中减去另一个操作数的值，并将结果存储到目标寄存器中
数据传输	用于在寄存器和存储器之间传送数据	LDR：从内存中加载数据到寄存器中 STR：将寄存器中的数据存储到内存中 MOV：将一个寄存器的值复制到另一个寄存器中

操作数可以是立即数（即值直接出现在指令中，不需要从其他位置加载的数）、寄存器、内存地址等。比如第 2 章介绍的 malloc 函数的 .plt 表中出现的指令"add ip, ip, #12288"，其中，add 表示加操作码；左侧第一个 ip 就是相加后的结果所写入的寄存器；第二个 ip 是第一个操作数，它是一个寄存器操作数；#12288 是第二个操作数，它是一个立即数。所以该指令表示将 ip 寄存器的值，加上十进制数 12288，然后将结果写入 ip 寄存器中。

3.2 缓存

本节介绍缓存是如何影响程序的性能表现的。

3.2.1 缓存的结构

手机或计算机的存储设备都被组织成一个存储器层次结构，在这个层次结构中，从上至下，设备的访问速度越来越慢，但容量越来越大，价格越来越低。图 3-4 所示为通用的数据缓存结构及对应的访问耗时。

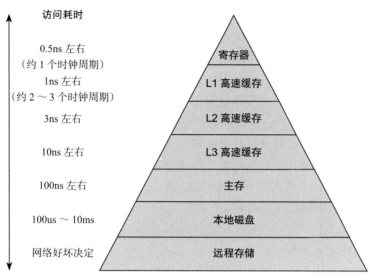

图 3-4　不同缓存类型的访问耗时

由图 3-4 可知，寄存器的访问速度最快，一般为 1 个时钟周期，图中 1 个时钟周期为 0.5ns，这个值在不同 CPU 中是不一样的，比如骁龙 8gen2 的大核心的时钟周期为 0.3ns。L1 高速缓存的访问速度一般是数个时钟周期，这也和其设计有关。每一级的缓存访问速度都是下一级的数倍到数十倍不止，因此我们要尽量将数据放在更顶层的缓存容器中，这样才能让程序有更好的性能表现。

3.2.2　寄存器

这里主要介绍 ARM 32 位 CPU 架构下的寄存器，该架构下的寄存器共有 16 个，编号为 R0 ～ R15，作用见表 3-3。

表 3-3　ARM 32 位 CPU 架构下的寄存器

寄存器编号	名称	作用
R0 ～ R12	通用寄存器	可以用于任何目的，如算术运算、逻辑运算、数据移动、字符串操作等
R13	栈指针（SP）	指向当前的栈顶地址，用于存储局部变量、中间结果、函数参数和返回地址等
R14	链接寄存器（LR）	用于保存函数或异常的返回地址，实现函数调用或异常返回
R15	程序计数器（PC）	当一条指令执行完毕后，PC 寄存器会自动更新到下一条指令的地址，这样可以保证指令的连续执行。由于流水线处理器架构的设计，PC 的值是指向当前指令的下两条指令的地址，在 ARM 32 位 CPU 架构中，一个地址为 4B，所以 PC 的值为当前指令的地址值加 8B

ARM 64 位 CPU 架构下有 33 个寄存器。寄存器数量变多，程序的执行速度自然也会变快。

3.2.3 高速缓存

高速缓存通常设计在 CPU 中，并且分为多个级别，其中 L1 高速缓存最接近 CPU，速度最快但容量最小；L2 和 L3 高速缓存的容量更大，但速度更慢。在骁龙 8gen2 芯片中，大核心的 L1 高速缓存的容量为 128KB，L2 高速缓存的容量为 1MB，L3 高速缓存的容量为 8MB。

当 CPU 需要访问内存中的某个地址时，它会先检查高速缓存中是否有对应的数据：如果有就直接从高速缓存中读取；如果没有，就从内存中读取该数据，并将其复制到高速缓存中。在从内存中读取数据到高速缓存中时，除了读取目标数据，CPU 还会将目标数据周边的数据一起读取进高速缓存中，总共读取的数据大小在 32 位 CPU 架构下通常为 32B，在 64 位 CPU 架构下通常为 64B。这里的 32B 或者 64B 的大小就是高速缓存的基本单位，也称为缓存行（Cache Line）。

高速缓存按照自身大小，被分割成了若干个缓存行，以骁龙 8gen2 芯片为例，因为它是 64 位架构的芯片，所以它的 L1 高速缓存有 2000（128000÷64）个缓存行，如图 3-5 所示。

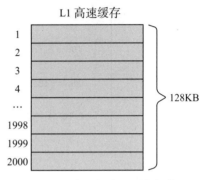

图 3-5　L1 高速缓存的缓存行数量

3.2.4 主存

主存就是物理内存，它的速度虽然比不上高速缓存，但是比起磁盘依然要快得多，因此尽量将数据从磁盘加载到主存中，是提升性能最有效的方案之一。

虽然现在主流手机设备的主存都比较大，但这并不意味我们为了提高程序的执行速度，便可以无所顾忌地将所有数据都加载进主存中。因为如果物理内存占用较多，除了容易因为内存不足导致程序崩溃外，还会因为物理内存不足导致操作系统频繁地发生换页操作。换页操作时，kswapd 守护进程会选择最少使用的页，将其移动到磁盘，从而为新的数据提供内存空间，而频繁换页会消耗较多的 CPU 资源，从而影响程序的速度与流畅性等。因此如何优化主存的缓存设计，以及如何更合理地使用主存，是提高程序性能时需要重点关注的方向。

3.3 任务调度

运行在操作系统上的任务有很多，但是 CPU 的资源是有限的，哪些任务可以获得 CPU 资源去执行指令，哪些任务只能等待，这完全取决于操作系统的任务调度机制。因此我们需要对操作系统的任务调度机制有更深入的了解，这样才能让我们在设计程序时给予重要任务更多被调度和执行的机会，从而获得更快的速度和更好的流畅性。

3.3.1 进程与线程的状态

进程是系统中正在运行的程序的实例，拥有独立的资源和执行环境。一个进程由一个或多个线程组成，这些线程可以并发执行，共享进程的资源。线程也是系统执行任务的最小单元。在 Linux 系统中，线程其实也是一个进程，只不过是轻量级的进程。轻量级进程和普通进程的调度算法都是一样的，区别只在于轻量级进程可与其他进程共享逻辑地址空间和系统资源。在第 2 章我们也已经知道，通过 new Thread 创建一个线程时，实际上会调用 Native 层的 Thread::CreateNativeThread 方法，该方法则会内部调用 Linux 系统提供的 pthread_create 函数去创建一个轻量级进程。

了解了进程和线程，我们再来看看它们在运行过程中的状态，下面是一些最常见的状态。

- 运行状态（Running，R）：进程或线程正在 CPU 上执行或准备执行。
- 就绪状态（Runnable，R）：进程或线程已准备好运行，只是在等待 CPU 时间片。Linux 系统中的运行状态和就绪状态都用 "R" 来表示，因为处于就绪状态的进程实际上是可调度的，一旦得到 CPU 资源就会进入运行状态。这两个状态之间的主要区别在于是否正在实际使用 CPU 时间。
- 可中断睡眠状态（Interruptible Sleep，S）：进程或线程正在等待某个条件，如 I/O 操作的完成，可以被信号唤醒。
- 不可中断睡眠状态（Uninterruptible Sleep，D）：类似于可中断睡眠状态，但是进程或线程不能被信号唤醒，只能等待特定事件的发生。
- 停止状态（T）：进程或线程已停止执行。

如图 3-6 所示，我们可以清晰地了解进程或线程的状态关系以及它们的切换条件。

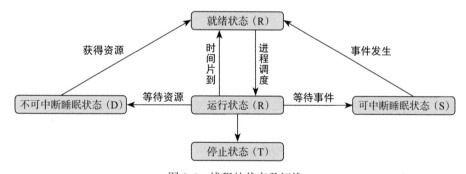

图 3-6 线程的状态及切换

线程的状态对分析 trace 文件会有很大帮助，通过对 trace 信息中线程状态的分析，可以实现下面这些优化。

- 识别性能瓶颈：线程频繁处于就绪状态，可能出现了 CPU 资源紧张等性能问题。
- 发现并发问题：线程频繁在运行和休眠状态之间切换，可能出现了锁竞争或其他同步问题。

- **排查 I/O 问题**：线程长时间处于不可中断睡眠状态，可能出现了 I/O 耗时问题。
- **优化任务调度**：分析线程状态可以帮助我们优化线程的优先级，从而减少上下文切换的损耗。

3.3.2 进程调度

系统的调度管理器在调度进程时会有一定的性能损耗，这部分损耗主要体现在下面这几个方面。

- **上下文切换**：当一个线程需要切换到另一个线程时，CPU 需要保存当前线程的上下文信息，包括寄存器的状态、堆栈指针等。接着，CPU 需要加载下一个线程的上下文信息，使其可以继续执行。这个过程需要消耗一定的资源，尤其是当线程数量增多时，上下文切换的开销会更大。
- **缓存失效**：每个线程都有自己的工作集，其中包含了它所需要的数据和指令。当一个线程被切换出去后，CPU 需要加载下一个线程的工作集到缓存中，这可能导致之前的缓存内容失效。缓存失效会引起额外的内存访问，增加访问延迟，从而影响线程的执行效率。
- **调度开销**：线程切换是由操作系统的调度器进行管理的。调度器需要维护线程的状态和调度队列，以决定下一个要执行的线程。这些调度开销包括调度算法的开销、线程队列的维护开销等。
- **同步机制**：在线程切换过程中，需要考虑线程之间的同步问题。如果一个线程正在访问共享资源，而另一个线程需要等待该资源的释放，此时就需要进行线程间的同步操作。这可能涉及锁、信号量、条件变量等同步机制的使用，而这些机制本身也会引入一定的开销。

所以为了减少调度带来的损耗，我们需要对系统的调度机制有一定了解。Linux 系统将进程分为实时进程和普通进程两类。实时进程对事件能做出快速、及时的响应，比如音频播放进程、摄像头视频采集进程，需要保证实时性和连续性；普通进程则不保证能对事件立即做出响应。两种类型进程的功能不一样，调度规则也不一样。

- **实时进程**：Linux 系统对实时进程的调度策略有两种——先进先出（SCHED_FIFO）和循环（SCHED_RR）。但是 Android 只使用了 SCHED_FIFO 这一策略，在这一调度策略下，如果某个实时进程占用 CPU，那么就会一直独占该 CPU 资源，除非该进程主动释放。比如音频播放线程在播放音频时，会始终独占一个 CPU 核心，此时并不会被调度管理器切换到其他线程，这样才能保证播放的音频内存是连续的。由于实时进程对 CPU 的独占可能会导致其他进程获取不到 CPU 资源，所以 Android 系统中的实时进程数量是有限的，只有一些核心且对实时性要求高的系统进程才是实时进程，对于应用程序的进程来说，都是无法被设置为实时进程的。
- **非实时进程**：非实时进程又称普通进程。针对普通进程，Linux 系统采用一种称为完全公平调度的算法来实现对进程的切换调度。在完全公平调度算法中，进程的优先级由 nice 值表示，nice 值越低代表优先级越大，但是调度器并不是直接以 nice 值的大小作为优先级来进行任务调度的，而是寻找所有可执行进程中运行时间最少的进程来执行。需要注意的是，这里的运行时间并不是真实的物理运行时间，而是根据进程优先级，也就是 nice 值进行加权计算得到的虚拟运行时间。在这种机制下，高优先级进程运行 10ms 和低优先级进程运行 5ms 的虚拟运行时间可能是一样的。

3.3.3 协程和线程

线程其实就是一个轻量级进程，因此受到了系统任务调度机制的管控，既然是系统的任务调度机制，那么线程切换带来的性能损耗就必不可少。我们是否可以在应用层自己来管控任务的调度和切换，从而降低性能的损耗呢？当然是可以的，我们可以实现一套用户级别的任务调度管理器来管控任务，运行在用户空间调度管理中的单元就称为协程。如图 3-7 所示，对于线程来说，一个线程就代表了内核中的一个进程，每个线程受到系统的进程调度器的管控。对于协程来说，多个协程对应着内核中的一个进程，每个协程都受到用户空间中协程调度器的管控。

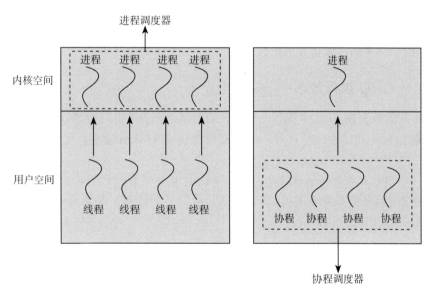

图 3-7　线程、协程与进程的对应关系

协程相比于线程，主要有以下几个优点。
- **性能损耗低**：因为线程的调度是在内核中进行的，所以用户态和内核态的切换、上下文的切换等工作，都是比较消耗系统性能的。由于协程任务的调度是在用户空间中进行的，所以任务切换的性能消耗要远远小于线程。
- **没有 I/O 的损耗**：当线程中的逻辑遇到 I/O 时，该线程所对应的进程就需要等待 I/O

完成之后才能继续往后执行，所以 I/O 任务是对速度及流程影响较大的一个因素，但是通过协程，可以让当前进程继续去执行其他的协程任务，等到该协程的 I/O 完成之后，再接着去执行该协程。这样我们就可以保证进程始终是运行的状态，不会等待，也就没有了等待 I/O 带来的损耗。

协程既然有优点，那当然也是有缺点的，这主要体现在以下几个方面。

- 因为协程是在单个进程内运行的，所以协程无法充分发挥出多核 CPU 的并行能力。
- 在 CPU 密集的场景下，由于 CPU 都是满载的，并不会有太多 I/O 导致的损耗，所以协程在这种场景下起不到更优的效果。
- 协程不能有阻塞操作，否则会导致整个进程被阻塞，从而影响其他协程的运行。

从协程的优缺点来看，在 I/O 密集型场景下，相比于线程，协程是更优的选择。但是在 CPU 密集型场景下，线程则是更优的选择。在实际的项目场景中，往往都是 I/O 密集型场景和 CPU 密集型场景并存和交织的，所以我们需要配合使用线程和协程这两套机制，这样才能让程序的性能表现得更好。

3.4 速度与流畅性优化方法论

本节围绕提升 CPU 执行效率、缓存效率及任务调度效率这 3 个方向展开介绍，以求构建出程序的速度与流畅性优化方法论。

3.4.1 提升 CPU 执行效率

从 A 到 B 的指令在 CPU 中执行完所消耗的时间，称为 CPU 执行耗时。提升 CPU 的执行效率，就能降低 CPU 的执行耗时。想要有效提升 CPU 执行效率，可以从下面这个公式入手。

$$CPU\ 执行耗时 = 程序的指令数 \times CPU\ 执行每条指令的平均耗时$$

减少程序的指令数或降低 CPU 执行每条指令的平均耗时，都能有效提升 CPU 的执行效率，从而减少 CPU 的执行耗时。

1. 减少程序的指令数

减少程序的指令数是最常用的速度优化方式之一，这里介绍一些常见的通过减少指令数提升速度的方案。

- **发挥 CPU 的多核能力**。同样逻辑的指令，如果能交给多个 CPU 来同时执行，那么对于某一个 CPU 核心来说，需要执行的指令数就变少了，那 CPU 的执行耗时自然就降低了。如何才能发挥 CPU 的多核能力呢？使用多线程即可，如果我们手机的 CPU 是 8 核的，那理论上最少能同时并发运行 8 个线程。在实际场景中，并发的难点在于任务拆分，我们需要针对代码逻辑及特性进行拆分和编排，以此减少各个并发任务之间的依赖，从而实现有效的并发。

- **更简洁的代码逻辑**。同样的功能或逻辑，如果用更简洁或更优的代码来实现，指令数也会减少，执行速度自然也就快了。我们可以采用抓 trace 或者在函数前后统计耗时的方式去分析耗时，将耗时久的方法用更优的方式实现。
- **减少场景无关的 CPU 消耗**。在程序运行过程中，会有很多和当前场景无关的业务或逻辑在消耗 CPU 资源，这些业务或者逻辑可能来自系统层，也可能来自程序中的其他业务。通过尽可能地排除无关业务对 CPU 资源的消耗，可以有效地减少 CPU 需要执行的指令数，从而带来更好的性能体验。
- **减少 CPU 的闲置**。在 CPU 闲置的时候，执行预创建界面、预准备数据等预加载逻辑，也是一种减少指令数的优化方案。后面需要运行的场景的指令数量由于预加载的执行而变少了，场景的运行速度自然也就更快了。
- **通过其他设备来减少当前设备程序的指令数**。跳出当前的机器限制也能衍生出很多优化方案。比如 Google 商店会上传某些设备中程序的机器码，这样其他用户下载这个程序时，便不需要自己的设备再进行编译操作，从而提升了安装或者启动程序的速度。比如在打开一些 webview 网页时，服务端会通过预渲染处理，将 I/O 数据都处理完成，直接展示给用户一个静态页面，这样就能极大地提高页面的打开速度。

上面提到的这些方案都是比较常用的优化方案，而且这些优化方案背后的本质，都是减少指令数。基于减少指令数这一方法论，还能衍生出更多的优化方案，这里就不逐个列举了，读者也可以自己思考，想一想还有哪些方案。

2. 降低指令执行耗时

CPU 执行指令的耗时很大程度上受到工作频率的影响，因此想要降低执行每条指令的平均耗时，最有效的办法就是提升 CPU 的工作频率。此时可能会有读者认为这部分能做的优化有限，因为我们不能要求用户去购买 CPU 性能更好的设备。但是基于前面学习到的与 CPU 相关的基础知识，我们依然可以挖掘出不少可以实施的优化方案。

我们知道 CPU 的架构是分为大核和小核的，所以让主线程等核心线程始终运行在大核上，便可以提升 CPU 执行指令的频率。除此之外，现代 CPU 一般都可以通过提升工作电压来提升工作频率，这种机制称为超频，目前一些主流的手机厂商都是有提供 API 来实现超频的，在很多游戏类的应用中都有使用超频技术。在应用程序中，我们同样可以通过厂商提供的 API 来实现超频，从而提升用户的体验，但是超频会带来更高的功耗和发热量，所以也需要谨慎使用。

我们也可以换个角度来思考，比如将提升 CPU 的工作频率转换为如何防止 CPU 降频，比如在手机发热、发烫时，设备往往都会通过降低 CPU 的工作频率来缓解设备的发热，此时我们的优化就变成了对设备发烫场景的治理。比如，通过降低 CPU 读写 I/O 的耗时来降低指令的执行耗时，这样我们的优化就变成了 I/O 优化，在这一个优化方向上，又能衍生出很多可以实施的方案。

3.4.2 提升缓存效率

提升缓存效率无非如下两种方式。

- **提高缓存速度**。在缓存的层级结构中,越靠近顶层的缓存速度越快,所以我们自然会想到如何将核心的数据尽量存储在顶层,由此便能衍生出非常多的优化方案,比如将放在服务器端的数据尽量放在本地磁盘,将放在本地磁盘中的数据尽量加载进内存。我们常用的图片加载框架 Fresco、网络请求框架 OkHttp 等,都是采用的多级缓存设计来将数据尽量存储在速度更快的缓存中,以此来提高缓存效率。
- **提高缓存命中率**。虽然我们可以将数据放在速度更快的缓存层级中来提高缓存效率,但是缓存的容量都是有限制的,而且越是顶层的缓存容量越小,所以我们只能将有限的数据存放在缓存中。如何确保在容量有限的缓存中,存放的都是程序运行时实际会使用到的数据,也就是缓存命中率的优化,是缓存效率优化中最具挑战性但也最有价值的工作之一。

操作系统中用到了大量的局部性原理来提升缓存命中率。局部性有时间局部性和空间局部性两种形式,时间局部性表示被使用过一次的数据很可能在后面还会再被多次使用。空间局部性表示如果一个数据被使用了一次,那么接下来这个数据附近的数据也很可能被使用。通过前面的知识我们也能知道,高速缓存读取数据就是按照空间局部性策略来进行的,在这种策略下,系统会将目标数据及目标数据周围的数据一起加载进高速缓存中。

在项目开发中,针对场景的特性,选择最匹配的数据加载和数据淘汰策略,才能有效地提高缓存命中率。

3.4.3 提升任务调度效率

根据前面学习到的任务调度的知识,可以知道提升任务调度效率主要有两种方式,第一种是提高线程优先级,优先级越高的线程,能获得更多的 CPU 时间片,也就能在速度与流畅性的体验方面拥有更好的性能表现。第二种是降低线程及线程状态切换的损耗,在实际项目中,线程切换带来的损耗通常是比较大的,特别是在线程数较多的大型项目中。想要在这个方向做出更好的优化,不仅要降低线程的数量,还需要充分发挥线程池的能力来减少损耗,因此在后面实战的篇章中,笔者也会对线程池的优化进行更深入的讲解。

第 4 章

速度与流畅性优化实战

本章出现的源码：

1）Pefetto，访问链接为 https://ui.perfetto.dev/。

2）Daemons，访问链接为

https://cs.android.com/android/platform/superproject/+/android-14.0.0_r9:libcore/libart/src/main/java/java/lang/Daemons.java。

3）task_processor.h，访问链接为

https://cs.android.com/android/platform/superproject/+/android-14.0.0_r9:art/runtime/gc/task_processor.h。

4）task_processor.cc，访问链接为

https://cs.android.com/android/platform/superproject/+/android-14.0.0_r9:art/runtime/gc/task_processor.cc。

5）ndk_dlopen，访问链接为 https://github.com/Rprop/ndk_dlopen。

6）redex，访问链接为 https://github.com/facebook/redex。

7）libdl.cpp，访问链接为

https://cs.android.com/android/platform/superproject/+/android-14.0.0_r9:bionic/libdl/libdl.cpp。

8）ShadowHook，访问链接为 https://github.com/bytedance/android-inline-hook。

9）ThreadPoolExecutor.java，访问链接为

https://cs.android.com/android/platform/superproject/+/android-14.0.0_r9:libcore/ojluni/src/main/java/java/util/concurrent/ThreadPoolExecutor.java。

在第 3 章我们学习了速度与流畅性优化的原理和知识，并总结出 3 条优化方法论，分别是提升 CPU 执行效率、提升缓存效率以及提升任务调度效率。所以本章会基于这 3 条方法论，介绍多个速度与流畅性优化的实战案例，来帮助大家掌握速度与流畅性优化。

在我们做速度与流畅性优化时，能够实施和落地的优化方案大多数集中于"提升 CPU 执行效率"这个方向，所以本章也会针对这一方向介绍多个案例。本章还会介绍"提升缓存效率"这个方向的优化方案，比如缓存策略优化、Dex 类文件重排等。本章最后会基于"提升任务调度效率"这个方向介绍"提升核心线程优先级""线程池优化"等方案。

4.1 充分利用 CPU 闲置时刻

除了游戏等少数品类的应用外，大部分应用都不会持续以较高的水平消耗 CPU 资源，因此在程序运行过程中，CPU 会有很多时刻都处于闲置状态，比如用户无操作、应用在后台运行等。如果我们可以充分利用闲置时刻的 CPU 去提前执行或加载后续可能用到的任务及数据，就能有效地提升 CPU 效率。想要充分利用闲置时刻的 CPU，首先需要判断出 CPU 正处于闲置状态，对此这里介绍两种方案。

- 通过 proc 文件下的 CPU 数据进行判断。
- 通过 times 函数进行判断。

4.1.1 proc 文件方案

在 Linux 系统中，设备和应用的大部分信息都会记录在 proc 目录下的某个文件中，比如 maps 文件会记录进程内存映射信息，stat 文件会记录 CPU 信息等。我们可以通过读取 /proc/stat 文件的数据获取设备 CPU 的总消耗时间，读取 /proc/{pid}/stat 文件获取某个进程消耗 CPU 的时间。

1. CPU 总消耗时间

在终端通过"adb shell cat /proc/stat"命令查看 /proc/stat 文件，它的数据如下。

```
cpu  125008 117667 128037 3196237 16160 18733 11734 0 0 0
cpu0 25839 24942 30963 355685 4113 6000 2280 0 0 0
cpu1 23695 27365 27443 363280 2860 3407 2416 0 0 0
cpu2 14162 10115 20652 398174 1798 2782 2451 0 0 0
cpu3 12507 9615 21847 397652 2491 3437 2433 0 0 0
cpu4 10043 11091 5759 424106 867 783 324 0 0 0
cpu5 11832 9604 5749 423895 911 690 311 0 0 0
cpu6 14558 12965 7616 415413 1614 799 410 0 0 0
cpu7 12367 11967 8005 418027 1502 832 1104 0 0 0
intr 14033565 0 0 0 2212446 0 138913 137167 3850 0 197 7170 0 0 0 0 56433
     39773 ……
ctxt 20963274
btime 1666009901
```

```
processes 25537
procs_running 1
procs_blocked 0
softirq 5378992 18820 1620970 6861 558158 660031 0 673436 869906 0 970810
```

数据中第 1 ～ 9 行的数据是从系统启动到当前时刻不同维度下累计消耗的 CPU 时间，其中第 1 行表示所有 CPU 核心的总体累加数据，剩下几行为 CPU 各个核心对应的数据，这里以第 1 行 CPU 使用的总数据来进行讲解，该行从左到右的数据说明如下。

- cpu：表示 CPU 总体使用情况。
- 125008（user）：用户态，也就是应用进程消耗的 CPU 时间。
- 117667（nice）：用户态中高优先级进程消耗的 CPU 时间。
- 128037（ystem）：系统态，也就是内核进程消耗的 CPU 时间。
- 3196237（idle）：空闲态，表示 CPU 处于空闲状态的时间。
- 16160（io_wait）：I/O 等待时间，CPU 等待 I/O 操作完成的时间。
- 18733（irp）：处理硬中断的时间，CPU 处理硬件中断的时间。
- 11734（soft_irp）：处理软中断的时间，CPU 处理软件中断的时间。
- 0 0 0：无效字段。

从 intr 这行（第 10 行）开始，每行表示的数据含义如下：

- intr：系统启动以来累计的中断次数。
- ctxt：系统启动以来累计的上下文切换次数。
- btime：系统启动时长。
- processes：系统启动后所创建过的进程数量。
- procs_running：当前处于运行状态的进程数量。
- procs_blocked：当前处于等待 I/O 状态的进程数量。
- softirq：系统启动以来 CPU 处理软中断的时间。

/proc/stat 文件里面记录的这些数据对我们分析 CPU 性能有很大帮助。根据里面的数据，我们就能知道 CPU 运行的总时间，只需要将第 1 行 CPU 数据中的第 2 ～ 8 列数据累加起来即可，实现代码如下。

```
RandomAccessFile mProcStatFile;

long getTotalCPUCostTime(){
    // 打开 /proc/stat 文件
    if(mProcStatFile == null && mAppStatFile == null){
        mProcStatFile = RandomAccessFile("/proc/stat", "r");
    }else{
        // 如果文件已经打开，则将指针移到行头
        mProcStatFile.seek(0);
    }

    // 读取文件的第 1 行
```

```
    String procStat = mProcStatFile.readLine();
    // 按照空格拆分数据
    String[] procStats = procStat.split(" ");
    // 2,3,4,5,6,7,8 项数据累加就是 CPU 总消耗时间
    return Long.parseLong(procStats[2]) + Long.parseLong(procStats[3]) +
        Long.parseLong(procStats[4]) + Long.parseLong(procStats[5]) +
        Long.parseLong(procStats[6]) + Long.parseLong(procStats[7]) +
        Long.parseLong(rocStats[8]);
}
```

这里是用 Java 代码实现的，在一些高版本的机型上，Java 层的代码可能没有 stat 文件的读取权限，但是 Native 层的代码是有相应权限的，所以大家可以在 Native 层中通过 C++ 代码来实现上述逻辑。

2. 进程 CPU 消耗时间

我们接着看示例程序中的 CPU 消耗时间，它的进程号是 19700，因此通过 adb shell cat /proc/19700/stat 命令看到的对应节点文件的数据如下。

```
19700 (example.android_perference) S 1271 1271 0 0 -1 1077952832 179904 0 28356
    0 651 310 0 0 10 -10 42 0 529919 15416832000 25731 18446744073709551615 1 1
    0 0 0 4612 1 1073775864 0 0 0 17 4 0 0 0 0 0 0 0 0 0 0 0
```

该文件只有一行数据，但是该行中的数据项非常多，里面不仅包含了该进程所消耗的 CPU 数据，还包括该进程中很多性能相关的信息，这里从左到右介绍一些常用的数据，详细解释见表 4-1。

表 4-1 stat 数据说明

数据项索引	数据内容	说明
1	19700	进程 ID
2	(example.android_perference)	进程的名称
3	S	进程的状态，用一个字符表示，如 R（运行）、S（睡眠）、T（终止）等
4	1271	父进程 ID
5	1271	进程组 ID
14	651	该进程处于用户态的 CPU 时间
15	310	该进程处于内核态的 CPU 时间
16	0	当前进程等待子进程在用户态累计的 CPU 时间
17	0	当前进程等待子进程在系统态累计的 CPU 时间
18	10	进程优先级
19	−10	进程 nice 值
20	42	线程个数
22	529919	进程启动总时长
23	15416832000	进程的虚拟内存大小，单位为字节（B）
24	25731	进程独占内存 + 共享库，单位为页（4KB）

通过上面字段的解释可以知道，想要获取进程的 CPU 消耗时间，将第 14 项的用户态 CPU 时间和第 15 项的内核态 CPU 时间累加即可，代码如下。

```
RandomAccessFile mAppStatFile;
long getAppProcessCPUTime(){
    // 打开 /proc/pid/stat 文件
    if(mAppStatFile == null){
        mAppStatFile =
            RandomAccessFile("/proc/" + android.os.Process.myPid() + "/stat", "r");
    }else{
        // 如果文件已经打开，则将指针移到行头
        mAppStatFile.seek(0);
    }
    // 读取文件的第 1 行
    String appStat = mAppStatFile.readLine();
    // 按照空格拆分数据
    String[] appStats = appStat.split(" ");
    // 第 14 项和第 15 项数据相加就是进程 消耗的 CPU 时间
    return Long.parseLong(appStats[14]) + Long.parseLong(appStats[15]);
}
```

3. CPU 闲置通知

CPU 使用率是指在一定的时间范围内，该应用进程消耗 CPU 的时间相对于 CPU 总运行时间的占比，如果占比较低，表示应用进程消耗的 CPU 资源较少，就说明进程处于闲置状态。有了上面的数据，我们就可以来判断 CPU 是否处于闲置状态了，但是这里还会涉及两个需要我们确认的值。

- **采集的时间范围**：该值不宜太短也不宜太长，10～60s 都可以，太短会浪费较多资源在数据采集和计算上，太长又会导致触发闲置的频率太低，我们可以根据经验和程序的业务类型来不断调整以获取一个最优值。
- **使用率**：对于一个 8 核 CPU 来说，极限满载情况下所有核都在为这个进程服务，CPU 占用率可以接近 800%，而一个 4 核 CPU，极限情况下 CPU 占用率也只能接近 400%，所以对于性能高的手机，可以将使用率闲置的阈值设置得大一些，对于性能差的手机，这个阈值就需要小一些，因此该值也不存在一个准确值，而是需要结合设备的情况进行调整。

这里以 10s 作为频率来进行采集，并以 30% 作为 CPU 闲置状态的阈值来进行方案的实现，代码如下。

```
float CPU_USAGE_IDLE_VALUE = 0.3;
// 通过调度线程池实现 10 秒一次的周期任务
mScheduledThreadPool.schedule(new Runnable() {
    @Override
    public void run() {
        // 获取 CPU 的使用率
        float cpuUsage = getCpuUsage();
```

```
            if(CPUUsage < CPU_USAGE_IDLE_VALUE){
                //CPU 闲置，可以执行任务
                ......
            }
        }
    }, 10, TimeUnit.SECONDS);

    long beforeTotalCpuTime;
    long beforeAppCpuTime;
    float getCpuUsage(){
        long curTotalCpuTime = getTotalCpuCostTime();
        long curAppCpuTime = getAppProcessCpuTime();

        // before 值为 0 则是第一次获取
        if(beforeAppCpuTime == 0){
            return 0;
        }
        // 计算 CPU 使用率
        float CpuUsage = (curTotalCpuTime - beforeTotalCpuTime)/
            (float)(curAppCpuTime - beforeAppCpuTime);

        beforeTotalCpuTime= curTotalCpuTime ;
        beforeAppCpuTime= curAppCpuTime ;

        return CpuUsage;
    }
```

当 CPU 使用率小于阈值时，我们就可以进行预创建页面组件、预拉取数据、预创建次级页面的关键对象等逻辑操作，但是如果所有的限制任务都放在这个 if 判断条件里面进行会导致业务代码耦合，所以我们可以通过观察者模式，将 CPU 闲置的状态通知给各个业务，然后在业务模块内部进行预加载等逻辑操作。

4.1.2　times 函数方案

读取并解析 stat 文件是有一定的性能损耗的，特别是在高频调用的场景下，该方式所带来的性能损耗可能是无法接受的。因此当面对需要高频进行 CPU 闲置判断的场景时，我们可以采用 times 函数来判断进程 CPU 是否闲置。times 函数是一个系统函数，通过在 Native 层引入 sys/times.h 文件就能调用该函数了，函数如下。

```
clock_t times(struct tms *buf);
struct tms {
    clock_t tms_utime; // 用户 CPU 时间
    clock_t tms_stime; // 系统 CPU 时间
    clock_t tms_cutime; // 子进程用户 CPU 时间
    clock_t tms_cstime; // 子进程系统 CPU 时间
}
```

times 函数会将返回的数据放在 tms 结构体中，通过 tms 结构体中的 tms_utime 和 tms_stime 参数，我们就能知道当前进程的 CPU 消耗时间了，实现代码如下。

```
#include <sys/times.h>

float getCPUTimes(JNIEnv *env) {
    struct tms currentTms;
    times(&currentTms);
    return currentTms.tms_utime + currentTms.tms_stime;
}
```

在计算进程的 CPU 使用率时，进程在单位时间内消耗的 CPU 时间为分子，CPU 总消耗时间为分母。这里我们通过 times 函数拿到了应用消耗的 CPU 时间，但是却无法拿到 CPU 总消耗时间，由于系统并没有对应的接口可以直接拿到 CPU 总消耗时间，因此还是只能通过读取并解析 stat 文件来实现。所以此时我们可以换一个指标，用进程的 CPU 使用速率来替代 CPU 使用率，并进行 CPU 是否闲置的判断。

CPU 使用速率指的是 CPU 在某个时间段内被使用的负载程度，可以通过公式"时间间隔内进程消耗的 CPU 时间 /（时间间隔 × 单位时间内 CPU 时钟滴答频率）"来计算，公式中的分母"时间间隔 × 单位时间内 CPU 时钟滴答频率"，就表示这段时间间隔内，CPU 在理论上的满载时间。我们可以通过 sysconf(_SC_CLK_TCK) 函数拿到每秒的 CPU 时钟滴答频率，代码如下。

```
#include <bits/sysconf.h>

int getCpuTick(JNIEnv *env) {
    return sysconf(_SC_CLK_TCK);
}
```

times 函数中获取的进程消耗的 CPU 时间是以秒为单位的，sysconf(_SC_CLK_TCK) 函数中返回的也是每秒的 CPU 时钟频率，所以在统计进程的 CPU 使用速率时，也需要以秒为频率进行统计，方案实现如下。

```
float beforeAppTime = 0;
long beforeSysTime = 0;
float CPU_SPEED_IDLE_VALUE = 0.1;
// 计算 10 秒内的 CPU 使用速率
mScheduledThreadPool.schedule(new Runnable() {
    @Override
    public void run() {
        // 执行上面的逻辑
        float curAppTime = getCPUTimes();
        long curSysTime = System.CurrentTime()/1000;
        float CpuSpeed =  (beforeAppTime - curAppTime) /
                ((curSysTime - beforeSysTime) * getCpuTick())
        if(CpuSpeed < CPU_SPEED_IDLE_VALUE){
            //CPU 闲置，可以执行任务
```

```
            ......
        }
        beforeAppTime = curAppTime;
        beforeSysTime = curSysTime ;
    }
}, 10, TimeUnit.SECONDS);
```

当应用处于闲置状态时，CPU 的速率基本在 0.1 以下，实际场景中我们可以根据应用的特性，并根据经验设定一个闲置判定的阈值。通过 times 函数来计算 CPU 速率，并以此判断 CPU 是否已经闲置的方案实现起来更加简单，并且性能也更好，因此更适用于需要高频判断 CPU 状态的场景。

4.2　减少 CPU 的等待

在 Android 系统中，界面的渲染是在主线程中进行的，所以当 CPU 在执行主线程的代码指令时，需要尽可能地减少 CPU 的等待时间，这样才能让界面展示更流畅。导致 CPU 等待的情况主要有两种——锁等待和 I/O 等待，所以我们一起来看看如何从这两个方向进行优化。

4.2.1　锁等待优化

在使用 Java 的开发过程中，我们经常会使用 synchronize 来将方法或者数据加锁，以避免出现多线程并发问题。当这个锁被某一个线程持有时，其他线程就需要等待锁释放，线程只有在获取锁后才能对方法和数据进行访问。

线程在获取锁时，首先判断这个锁是否被其他线程持有，如果被持有则通过多次循环来判断锁是否被释放，这个过程就会导致 CPU 空转，如果多次空转后还是无法获得锁，请求锁的线程便会陷入休眠并加入等待队列，待锁释放后才被唤醒。从这个流程可以看到，请求锁时，不管是空转还是休眠都会导致当前线程无法获得 CPU 资源，如果主线程和渲染线程中有太多的锁，就会导致应用的使用体验变差。

这里依然在示例程序中模拟一个主线程需要获取锁的场景，如图 4-1 所示，代码中的子线程持有了 StabilityExampleActivity.this 这个锁并且不会释放，而主线程也会去获取这个锁，因为这里始终无法获取到锁，所以会导致主线程长时间无法响应而发生 ANR。这是一个极端的锁等待案例，但通过这个极端案例，我们能更深刻地了解锁等待的优化流程。

1. Trace 文件抓取

想要优化锁的等待耗时，首先要抓取 Trace 文件。Trace 文件是一种用于性能分析和调试的文件，它记录了应用程序或系统的运行情况，包括 CPU 使用、内存分配、线程活动、函数调用、系统事件等信息。抓取 Trace 的方式也有很多，比如通过 sysTrace.py 脚本抓取 sysTrace（这种方式在 Android 10 及以上版本中已经被废弃了）、通过 Android Studio 的 Profile

抓取、通过 Perfetto 抓取等。笔者在这里主要介绍 Perfetto 抓取的方式，它是 Android 10 及以上版本提供的一种 Trace 抓取工具，功能十分强大。

```java
public class StabilityExampleActivity extends AppCompatActivity {
    final static String TAG = "StabilityExample";
    @Override
    protected void onCreate(Bundle savedInstanceState) {
        super.onCreate(savedInstanceState);
        setContentView(R.layout.activity_stability_example);
        findViewById(R.id.anr).setOnClickListener(new View.OnClickListener() {
            @Override
            public void onClick(View v) {
                ByteHook.init();
                hookAnrByBHook();
                Thread thread = new Thread(new Runnable() {
                    @Override
                    public void run() {
                        synchronized (StabilityExampleActivity.this){
                            while (true);
                        }
                    }
                });
                thread.start();
                try {
                    Thread.sleep(500);
                } catch (InterruptedException e) {
                    throw new RuntimeException(e);
                }
                Log.i(TAG,"beforeToast");
                synchronized (StabilityExampleActivity.this){
                    Log.i(TAG,"can enter this code");
                }
            }
        });
    }
```

图 4-1　会发生锁等待的代码

　　Perfetto 抓取 Trace 的方法也有很多，比如通过 Perfetto 提供的可视化网站抓取，如图 4-2 所示，通过 USB 连接设备后，在 Record 页面中即可单击抓取。

　　我们也可以在设备的开发者模式中打开系统跟踪来抓取，如图 4-3 所示，通过类别配置好抓取的内容，然后点击"录制跟踪记录"即可抓取 Trace。

　　还可以通过命令行来抓取，这是笔者推荐的一种方式，因为这种方式更加灵活。这里我们来看看通过命令行抓取 Perfetto 的 Trace 日志的方式。Perfetto 是基于 Android 的系统追踪服务来实现的，这个配置在 Android 11 之后是默认打开的，但如果是 Android 11 以下的设备，那么就需要通过下面的命令手动打开系统跟踪服务。

```
adb shell setprop persist.Traced.enable 1
```

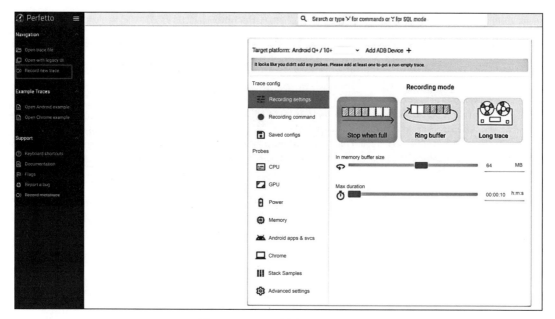

图 4-2　Perfetto 抓取 Trace 界面

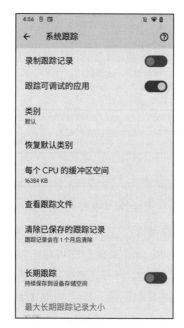

图 4-3　开发者模式中 Trace 抓取入口

在打开系统跟踪服务后，就可以开始抓取相应的 Trace 了。通过 adb shell 进入设备的命令界面，执行 perfetto [options] [categories] 命令便能抓取 Trace 文件了，其中 options 是配置选择，categories 是抓取的数据类型。我们可以通过 perfetto --help 来查看有哪些

options 和 categories。常见的 options 配置见表 4-2。

表 4-2 常见的 options 配置

参数	解释
-o 或 --out	指定一个输出文件，用于保存抓取的 Trace 数据。输出文件必须是 .perfetto-Trace 格式
-t 或 --time	指定抓取的时长，单位是秒（s）
-b 或 --buf	指定缓冲区的大小，单位是 MB

常见的 categories 配置见表 4-3。

表 4-3 常见的 categories 配置

类型	解释
sched	抓取 CPU 调度相关的数据，包括进程和线程的运行、切换、唤醒等事件
freq	抓取 CPU 频率相关的数据，包括每个 CPU 的当前频率、最大频率、最小频率等信息
gfx	抓取图形相关的数据，包括 SurfaceFlinger、Vulkan、OpenGL 等组件的渲染、合成、交换等事件
input	抓取输入相关的数据，包括触摸、按键、鼠标等输入事件的处理和分发
view	抓取视图相关的数据，包括 View、Window、Activity 等组件的创建、销毁、布局、绘制等事件
wm	抓取窗口管理相关的数据，包括窗口的添加、移除、调整、聚焦等事件
am	抓取活动管理相关的数据，包括应用的启动、停止、切换、暂停、恢复等事件
sm	抓取系统管理相关的数据，包括系统的开机、关机、重启、休眠、唤醒等事件
mem	抓取内存相关的数据，包括系统和应用的内存使用、分配、回收、压缩等事件
power	抓取电源相关的数据，包括电池的电量、电压、温度、充电状态等信息
aidl	抓取 AIDL 相关的数据，包括跨进程通信的调用、返回、异常等事件
binder_driver	抓取 Binder 驱动相关的数据，包括 Binder 事务的发送、接收、处理、完成等事件
binder_lock	抓取 Binder 锁相关的数据，包括 Binder 锁的竞争、获取、释放等事件
app	抓取应用相关的数据，包括应用自定义的 Trace 事件，用 Trace API 来记录

熟悉了命令行的使用后，输入如下命令启动 Trace 的抓取，然后操作示例程序中会产生锁等待的场景，就能成功抓取到这一段 20s 操作时间内的 Trace 了。

```
perfetto -o /data/misc/perfetto-Traces/Trace_file.perfetto-Trace -t 20s sched
freq am wm gfx input view mem binder_driver binder_lock
```

2. Trace 文件分析

抓取到 Trace 文件后就可以开始进行分析了。Perfetto 提供了一个可视化的网站，专门用来解析我们所抓取的 Trace 文件。打开 Perfetto 网站后，把已经抓取到的 Trace_file.perfetto-Trace 文件导入进去即可。

在解析的数据中，直接定位到示例程序的主线程，如图 4-4 所示，可以直观地看到主线程处于等待锁的状态，并且通过 Details 可以看到等待耗时已经有 12s 了，并且等待的 StabilityExampleActivity.java:27 这一行的锁已经被线程 id 为 29980 的线程持有。

接着看一下线程 id 为 29980 的线程的信息，可以看到它一直处于运行状态，如图 4-5 所示。

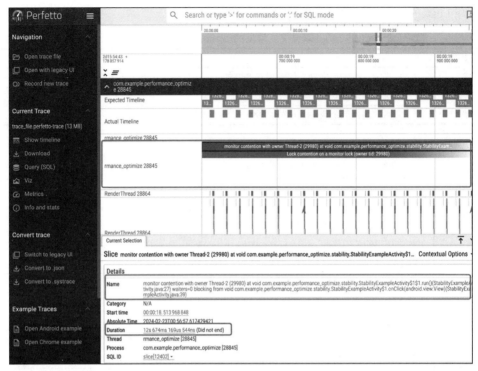

图 4-4　主线程信息

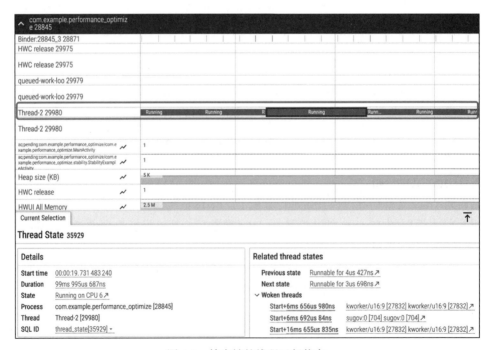

图 4-5　持有锁的线程运行状态

这里用一个比较极端的案例来带着读者学习如何通过 Perfetto 的 Trace 来分析锁的占用。Perfetto 抓取的 Trace 有非常详细的数据，我们可以用这些数据来分析很多东西，比如主线程中每个方法的耗时、休眠的时长、休眠原因、CPU 的消耗情况等。开发者需要充分利用 Trace 文件来做好速度与流畅性的优化。

3. 锁优化方案

通过 Trace 分析定位出主线程的锁导致的 CPU 等待后，就需要对锁进行优化了，锁优化的方案有下面这几种。

- **不加锁**：对业务逻辑进行判断是否有必要进行加锁，如果不可能发生并发的情况，那么就不需要加锁，除此之外，还有线程本地存储、偏向锁等方案，都属于无锁优化。
- **合理细化锁的粒度**：减少同步的代码块数量来优化锁的性能，比如将 Synchronize 锁住整个方法细化成只锁住方法内可能会影响线程安全的代码块。
- **合理粗化锁的粒度**：通过适当粗化锁也能优化性能，比如当代码逻辑中同时多次调用 Java 提供的 StringBuffer.append 方法时，虚拟机会将每个 append 方法内部的锁进行粗化，变成在多个连续的 append 方法内共用一把锁。
- **合理增加锁的数量**：和细化锁的粒度类似，只不过是通过增加锁的数量来细化粒度。

我们需要针对业务的场景具体分析，然后才能确定选用哪种优化方案，比如对于示例中的代码，就可以采用不加锁的方案来进行优化。为了让读者们对锁的优化有进一步的了解，笔者在这里介绍一个大家都熟悉的场景：Java 7 中的 ConcurrentHashMap 对锁的优化方案。

Java7 中的 ConcurrentHashMap 主要由两部分组成——Segments 和 HashEntry。Segments 数组用于存放 HashEntry 对象数组，HashEntry 对象则会存放 Key（键）、Value（值）。它们的关系及实现代码如下所示。

```
public class ConcurrentHashMap<K, V> extends AbstractMap<K, V>
        implements ConcurrentMap<K, V>, Serializable {
    final int segmentMask;     //segments 的掩码值
    final int segmentShift;    //segments 的偏移量
    final Segment<K,V>[] segments;
    ……
}

static final class Segment<K,V> extends ReentrantLock implements Serializable {
    private static final long serialVersionUID = 2249069246763182397L;
    transient volatile int count;
    transient int modCount;
    transient int threshold;
    // HashEntry 对象数组
    transient volatile HashEntry<K,V>[] table;
    final float loadFactor; // 扩容负载因子
    ……
}
```

```
static final class HashEntry<K,V> {
    final int hash;
    final K key;
    volatile V value;
    volatile HashEntry<K,V> next;
    ……
}
```

我们接着看 ConcurrentHashMap 的关键函数——put 函数在存放数据时是如何加锁的。该函数的代码如下。

```
public V put(K key, V value) {
    Segment<K,V> s;
    if (value == null)
        throw new NullPointerException();
    // 获取 key 的 hash 值
    int hash = hash(key);
    //hash 值右移 segmentShift 位与段掩码进行位运算，定位 segment
    int j = (hash >>> segmentShift) & segmentMask;
    if ((s = (Segment<K,V>)UNSAFE.getObject
         (segments, (j << SSHIFT) + SBASE)) == null)
        s = ensureSegment(j);
    // 调用 Segment 段的 put 方法
    return s.put(key, hash, value, false);
}
```

ConcurrentHashMap 的 put 函数主要用来获取 Key 的哈希函数，然后根据哈希值获取 Segment 段，接着调用 Segment 的 put 函数。put 函数的代码实现如下。通过代码可以看到，ConcurrentHashMap 在 put 函数中并不会对整个 put 函数进行加锁，而是在找到 Segement 段后才对 Segment 段进行加锁。

```
V put(K key, int hash, V value, boolean onlyIfAbsent) {
    // 对 segment 加锁
    lock();
    try {
        int c = count;
        if (c++ > threshold) // 如果超过再散列的阈值
            rehash(); // 执行再散列，table 数组的长度将扩充一倍
        HashEntry<K,V>[] tab = table;

        // 把散列码值与 table 数组的长度减 1 的值相"与"
        // 得到该散列码对应的 table 数组的下标值
        int index = hash & (tab.length - 1);

        // 找到散列码对应的具体的那个桶
        HashEntry<K,V> first = tab[index];
        HashEntry<K,V> e = first;
        while (e != null && (e.hash != hash || !key.equals(e.key)))
            e = e.next;
```

```
        V oldValue;
        if (e != null) { // 如果键值对已经存在
            oldValue = e.value;
            if (!onlyIfAbsent)
                e.value = value; // 设置 value 值
        }
        else {  // 键值对不存在
            oldValue = null;
            ++modCount; // 添加新节点到链表中，modCont 要加 1

            // 创建新节点，并添加到链表的头部
            tab[index] = new HashEntry<K,V>(key, hash, first, value);
            count = c; // 写 count 变量
        }
        return oldValue;
    } finally {
        unlock(); // 解锁
    }
}
```

了解了 put 函数，我们接着看 get 函数的实现，它的代码如下所示。通过代码可以看到，由于 get 函数并不会导致线程安全问题，所以直接从 Segment 中取 HashEntry 就行了，并没有加锁的逻辑。

```
public V get(Object key) {
    Segment<K,V> s;
    HashEntry<K,V>[] tab;
    int h = hash(key);
    long u = (((h >>> segmentShift) & segmentMask) << SSHIFT) + SBASE;
    // 先定位 Segment，再定位 HashEntry
    if ((s = (Segment<K,V>)UNSAFE.getObjectVolatile(segments, u)) != null &&
                        (tab = s.table) != null) {
        for (HashEntry<K,V> e = (HashEntry<K,V>) UNSAFE.getObjectVolatile
            (tab, ((long)(((tab.length - 1) & h)) << TSHIFT) + TBASE);
             e != null; e = e.next) {
            K k;
            if ((k = e.key) == key || (e.hash == h && key.equals(k)))
                return e.value;
        }
    }
    return null;
}
```

这里总结一下 ConcurrentHashMap 中的锁优化方案。
- **锁细化**：ConcurrentHashMap 使用分段锁方案，如图 4-6 所示，该方案将数据分为若干个 Segment 段，每个段相当于一个独立的 HashMap，拥有自己独立的锁，这样在对某个段进行操作时，只需要对该段进行加锁，而不影响其他段的并发访问，从而提高并发性能。

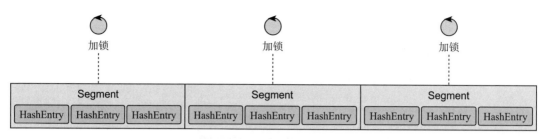

图 4-6 分段锁方案示意

❑ **锁消除**：ConcurrentHashMap 中的 get 函数是没有加锁的，因为它只是读取数据，不会修改数据，所以不会出现并发问题。

Java 8 已经放弃了分段锁的方式，Segment 数组段也没有了。所有的 HashEntry 都存放在 Node 数组中，并且采用 CAS+Synchronize 的加锁方式，在 put 方法中，会先判断所存放的 Node 的位置是否有值，即是否会产生哈希冲突，如果没值，就直接采用 CAS 加锁，存放 HashEntry；如果有，则采用 Synchronize 加锁后再进行存放逻辑。有兴趣的读者可以去看 Java 8 中 ConcurrentHashMap 的实现，并可以进一步分析新的方案在并发上有什么优势。

4.2.2　I/O 等待优化

减少 I/O 耗时是提升 CPU 执行效率最常用的手段，我们可以通过函数耗时或者 Trace 分析等多种方式分析 I/O 耗时。通过抓取 Trace 并进行分析的方法在上一节中已经介绍了，这里就不展开了，所以我们直接来看看当定位到 I/O 耗时久的函数后要如何进行优化，常用的 I/O 优化方案有下面这几种。

1. 异步 I/O

当主线程中遇到 I/O 任务时，可以将 I/O 任务放在子线程中去处理，从而让主线程可以继续执行。当主线程的逻辑需要使用这些数据时，首先可以判断数据是否已经存在，如果存在便可以直接使用，无须继续等待。对于 Java 代码，我们可以使用 CountDownLatch 来实现这一机制，使用方式如下代码所示。

```
// 创建一个 CountDownLatch 对象，并指定计数器为 1
CountDownLatch latch = new CountDownLatch(1);

new Thread(new Runnable(){
    @Override
    public void run() {
        try {
            // 模拟子线程执行任务，耗时 1 秒
            getData();
        } catch (InterruptedException e) {
            e.printStackTrace();
        } finally {
```

```
            // 子线程调用 countDown 方法，将计数器减 1
            latch.countDown();
        }
    }
}).start();

// 执行不需要 Data 的逻辑
……

// 主线程调用 await 方法，等待子线程完成任务
latch.await();
// 执行后续需要 Data 的逻辑
……
```

CountDownLatch 初始化时需要先设置计数器的值，代码中设置的值为 1，接着在子线程中执行 I/O 任务来获取数据，而主线程则继续执行逻辑，直到需要 I/O 任务获取的数据时，再调用 latch.await 方法。如果这个时候 CountDownLatch 为 0，说明数据已经获取到了，不会阻塞主线程继续执行代码逻辑，如果不为 0，则主线程会进行等待，直到子线程中获取到了数据后将 CountDownLatch 计算器的值减 1。

在实际环境中，我们有很多场景都可以使用异步 I/O 的优化，比如想渲染某个界面时，就可以在代码的起始阶段通过子线程执行 I/O 任务去读取界面的数据，然后主线程接着进行暂时用不到该数据的工作，如解析创建 View、布局测量等，直到需要用到该数据时再调用 latch.await 方法。

2. 协程

实际上，Java 线程在进行 I/O 任务时会陷入休眠，直到任务完成。由于该状态的切换是由操作系统来控制的，所以我们也无法做到让线程避免陷入休眠或者去做其他的事情。但是通过协程任务，我们就能使线程在等待 I/O 的时候去执行其他任务，这样便能保证进程也不会休眠，而是处于一直运行的状态。实际上，灵活使用协程对于 I/O 密集型应用来说帮助是很大的。

但需要提醒读者的是，我们常用的 Kotlin 的协程并不是真的协程，它并没有实现自己的调度器和上下文切换，还是依赖操作系统的线程调度，所以使用 Kotlin 的协程并不能对 I/O 密集型任务带来优化。如果我们想要通过协程来优化 I/O 任务，可以使用 Rust 语言来实现真正的协程。

Rust 是一门新的语言，我们需要下载 Rust 的开发环境后才能进行开发，然后通过 Android 的 NDK 工具将 Rust 的代码编译成 so 库，接着 Android 项目代码便可以通过 JNI 调用来执行该 so 库中的方法了。Rust 的开发已经超出本书的范围，笔者就不在这里展开讲了，读者有兴趣可以去自行研究。

3. 批处理

批处理是指将多次的 I/O 操作合并为 1 次，从而减少网络传输和磁盘寻道的开销。比

如，我们可以将多个数据库查询合并为 1 个查询，或者将多个网络请求合并为 1 个请求，这样可以提高 I/O 的吞吐量和效率。

这里以数据库操作中的事务来讲解一个批处理的优化案例。当需要对数据库进行批量插入、更新或删除时，我们可以将批量任务拆分成多个单次的任务来进行，这种方式无疑会因为大量的 I/O 操作带来性能的损耗，因此我们可以通过数据库提供的事务机制，将批量的数据库操作在一次操作中完成。事务的使用代码如下所示，首先要调用 SQLite 数据库提供的 beginTransaction 方法，然后执行多次数据库操作，最后调用 endTransaction 方法结束事务，虽然中间多次调用了数据库操作，但是这些操作都会被合并成一个原子操作，所以这些操作要么全部成功，要么全部失败。使用事务不仅可以显著提高批量操作的性能，还可以保证数据的一致性。

```
// 获取可写数据库实例
SQLiteDatabase db = dbHelper.getWritableDatabase();

// 开始事务
db.beginTransaction();
try {
    // 执行多个数据库操作
    ContentValues values1 = new ContentValues();
    values1.put("column1", "value1");
    db.insert("table_name", null, values1);

    ContentValues values2 = new ContentValues();
    values2.put("column1", "value2");
    db.insert("table_name", null, values2);

    // 如果所有操作成功，设置事务成功
    db.setTransactionSuccessful();
} catch (Exception e) {
    e.printStackTrace();
    // 发生异常，事务将回滚
} finally {
    // 结束事务
    db.endTransaction();
}
```

4.3 绑定 CPU 大核

目前手机的 CPU 都是多核的，比如骁龙 8 gen3 这款 CPU 就有 8 个核心，其中大核 Cortex-X4 的性能最好，时钟周期频率为 3.3 GHz，其他核心的性能就要差很多，两颗小核 Cortex-A520 的时钟频率只有 2.27GHz。如果用大核来执行主线程，自然会让主线程在执行 UI 渲染等逻辑时拥有更快的速度。

4.3.1 线程绑核函数

Linux 系统提供了 pthread_setaffinity_np 和 sched_setaffinity 这两个函数用于将指定的线程绑定到指定的核心上，但是 Android 系统屏蔽了 pthread_setaffinity_np 函数的使用，所以我们只能通过 sched_setaffinity 函数来进行绑核操作，函数如下。

```
#include <sched.h>
int sched_setaffinity(pid_t pid, size_t cpusetsize,cpu_set_t *mask);
```

上述函数中的几个入参的含义如下。
- pid 指的是线程的 id，如果 pid 的值为 0，则表示是主线程。
- cpusetsize 是第 3 个入参 mask 的长度。
- mask 是需要绑定的 CPU 序列的掩码。

通过这个函数实现线程绑核的代码如下。

```
void bindCore(int coreNum){
    cpu_set_t mask;              //CPU 核的集合
    CPU_ZERO(&mask);             // 将 mask 置空
    CPU_SET(coreNum,&mask);      // 将需要绑定的 CPU 核序列设置给 mask，核为序列 0,1,2,3……
    if (sched_setaffinity(0, sizeof(mask), &mask) == -1){    // 将主线程绑核
        printf("bind core fail");
    }
}
```

通过上面的代码，可以将主线程绑定到核心序列为 coreNum 的 CPU 核上。我们接着还需要进一步确定哪一个 CPU 核心为大核心。

4.3.2 获取大核序列

通过 /sys/devices/system/cpu/ 目录下的文件，可以查看当前设备有几个 CPU 核心。这里测试的是一台 Pixel 3 设备，可以看到有 cpu0 ~ cpu7 共 8 个 CPU 核心。

```
/sys/devices/system/cpu $ ls
core_ctl_isolated    cpu1       cpu3       cpu5       cpu7       cpuidle    hang_detect_gold    hotplug
kernel_max           offline    possible   present    cpu0       cpu2       cpu4       cpu6       cpufreq
gladiator_hang_detect    hang_detect_silver    isolated    modalias    online    power
uevent
```

接着进入某个 CPU 核心对应的 cpufreq 文件，即可查看具体某个 CPU 核心的详细参数，下面是序列为 0 的 CPU 核心的详细数据。

```
/sys/devices/system/cpu/cpu0/cpufreq $ ls
affected_cpus    cpuinfo_max_freq    cpuinfo_transition_latency    scaling_available_
    frequencies    scaling_boost_frequencies    scaling_driver    scaling_max_freq
    scaling_setspeed    stats    cpuinfo_cur_freq    cpuinfo_min_freq    related_cpus
    scaling_available_governors    scaling_cur_freq    scaling_governor    scaling_
    min_freq    schedutil
```

该文件下的 cpuinfo_max_freq 就是当前 CPU 核心的时钟周期频率。下面是笔者的测试机 Pixel 3 骁龙 845 芯片的每个 CPU 核心的时钟周期频率，可以看到 4、5、6、7 序列都是大核，时钟频率为 2.8GHz，而其他的小核只有 1.7GHz。

```
/sys/devices/system/cpu $ cat cpu0/cpufreq/cpuinfo_max_freq
1766400
/sys/devices/system/cpu $ cat cpu1/cpufreq/cpuinfo_max_freq
1766400
/sys/devices/system/cpu $ cat cpu2/cpufreq/cpuinfo_max_freq
1766400
/sys/devices/system/cpu $ cat cpu3/cpufreq/cpuinfo_max_freq
1766400
/sys/devices/system/cpu $ cat cpu4/cpufreq/cpuinfo_max_freq
2803200
/sys/devices/system/cpu $ cat cpu5/cpufreq/cpuinfo_max_freq
2803200
/sys/devices/system/cpu $ cat cpu6/cpufreq/cpuinfo_max_freq
2803200
/sys/devices/system/cpu $ cat cpu7/cpufreq/cpuinfo_max_freq
2803200
```

所以在代码中，只需要遍历 /sys/devices/system/cpu/ 目录下的 CPU 节点，然后读取 cpuinfo_max_freq 文件的值就能找到大核了，下面是详细的代码。

统计该设备 CPU 有多少个核的实现代码如下。

```
int getNumberOfCPUCores() {
    int cores = 0;
    DIR *dir;
    struct dirent *ent;
    if ((dir = opendir("/sys/devices/system/cpu/")) != NULL) {
        while ((ent = readdir(dir)) != NULL) {
            std::string path = ent->d_name;
            if (path.find("cpu") == 0) {
                bool isCore = true;
                for (int i = 3; i < path.length(); i++) {
                    if (path[i] < '0' || path[i] > '9') {
                        isCore = false;
                        break;
                    }
                }
                if (isCore) {
                    cores++;
                }
            }
        }
        closedir(dir);
    }
    return cores;
}
```

逐行遍历每个核，找出时钟频率最高的那个核，实现代码如下。

```cpp
int getMaxFreqCPU() {
    int maxFreq = -1;
    for (int i = 0; i < getNumberOfCPUCores(); i++) {
        std::string filename = "/sys/devices/system/cpu/cpu" +
                        std::to_string(i) + "/cpufreq/cpuinfo_max_freq";
        std::ifstream cpuInfoMaxFreqFile(filename);
        if (cpuInfoMaxFreqFile.is_open()) {
            std::string line;
            if (std::getline(cpuInfoMaxFreqFile, line)) {
                try {
                    int freqBound = std::stoi(line);
                    if (freqBound > maxFreq) maxFreq = freqBound;
                } catch (const std::invalid_argument& e) {

                }
            }
            cpuInfoMaxFreqFile.close();
        }
    }
    return maxFreq;
}
```

至此，便找出了大核的序列，然后调用 sched_setaffinity 进行绑核操作即可。除了主线程，我们也可以根据业务需要，将其他核心线程（比如渲染线程等）绑定到大核。当我们通过上面的逻辑将主线程绑定到大核后，就可以抓取 Trace 到 Perfetto 来验证目标线程运行在哪个核上，以此来确认是否绑定成功。

4.4　GC 抑制

在进行 CPU 效率优化时，我们会经常使用 AndroidStudio 自带的 Profile 工具来分析 CPU 的使用情况，此时很可能会发现 HeapTaskDaemon 线程占用了较高的 CPU 时间。如图 4-7 所示，可以看到 HeapTaskDaemon 线程有大段处于 Running 状态的时间。

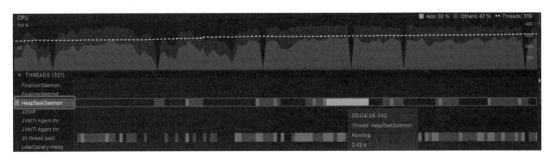

图 4-7　Profile 中的 HeapTaskDaemon 线程

这个线程实际是虚拟机用来执行 GC 操作的。当 ART 虚拟机在进行 GC 的时候，会抢占很多 CPU 资源，对于性能较差的设备，很容易因为无法获得足够的 CPU 时间片而出现卡顿或者变慢。由于 GC 操作是虚拟机最核心的操作，自然不能将该操作关闭，否则内存将无法回收从而导致严重的问题，但是如果我们在执行核心场景，比如启动、打开页面或者滑动列表时，先短暂地抑制 GC 的执行，就能让核心任务获得更多的 CPU 时间，从而提升性能体验。

4.4.1 GC 的执行流程

由于 GC 流程是系统的逻辑，所以想要抑制 GC 执行，首先要熟悉 GC 的执行流程，然后从中寻找突破口，并通过 Native Hook 技术修改其逻辑来实现目的。既然 HeapTaskDaemon 线程抢占了较多的 CPU 资源，我们就直接从 HeapTaskDaemon 这个线程来分析，看看这个线程到底是做什么的。

1. HeapTaskDaemon 线程分析

通过在 Android 系统源码中全局搜索 HeapTaskDaemon 关键字，发现它是在 Java 层创建的线程，位于 Daemons.java 对象中。分析源码可以看到，HeapTaskDaemon 继承自 Daemon 对象，实现代码如下。

```java
private static class HeapTaskDaemon extends Daemon {
    private static final HeapTaskDaemon INSTANCE = new HeapTaskDaemon();

    HeapTaskDaemon() {
        super("HeapTaskDaemon");
    }

    public void runInternal() {
        ......
        VMRuntime.getRuntime().runHeapTasks();
    }
}
```

Daemon 对象实际是一个 Runnale 对象，调用该对象的 start 方法后，便会创建一个名为 "HeapTaskDaemon" 的线程用于执行当前的 Daemon Runnable，简化的代码如下所示。到这里，我们就知道了这个线程的起源。

```java
private static abstract class Daemon implements Runnable {
    @UnsupportedAppUsage
    private Thread thread;
    private String name;
    private boolean postZygoteFork;

    protected Daemon(String name) {
        this.name = name;
    }
```

```
@UnsupportedAppUsage
public synchronized void start() {
    startInternal();
}

public synchronized void startPostZygoteFork() {
    postZygoteFork = true;
    startInternal();
}

// zygote 进程启动就会启动当前线程
public void startInternal() {
    if (thread != null) {
        throw new IllegalStateException("already running");
    }
    thread = new Thread(ThreadGroup.systemThreadGroup, this, name);
    thread.setDaemon(true);
    thread.setSystemDaemon(true);
    thread.start();
}

public final void run() {
    ……
    try {
        runInternal();
    } catch (Throwable ex) {
        ……
        throw ex;
    }
}

public abstract void runInternal();

……

}
```

HeapTaskDaemon 是一个守护线程，随着 Zygote 进程一起启动，该线程的 run 方法比较简单，就是执行 runInternal 这个抽象函数，该抽象函数会执行 VMRuntime.getRuntime().runHeapTasks 方法，而该方法会执行 RunAllTasks 这个 Native 函数。

```
static void VMRuntime_runHeapTasks(JNIEnv* env, jobject) {
    Runtime::Current()->GetHeap()->GetTaskProcessor()->RunAllTasks(ThreadForEnv(env));
}
```

RunAllTasks 函数位于 task_processor.cc 文件中，该函数实际只是在不断循环地调用 GetTask 函数获取 HeapTask 并执行。

```
void TaskProcessor::RunAllTasks(Thread* self) {
    while (true) {
```

```cpp
        HeapTask* task = GetTask(self);
        if (task != nullptr) {
            task->Run(self);
            task->Finalize();
        } else if (!IsRunning()) {
            break;
        }
    }
}
```

GetTask 函数会不断从 tasks 集合中取出 HeapTask 来执行，并且会等待需要延时执行的 HeapTask，直到目标时间到达。

```cpp
std::multiset<HeapTask*, CompareByTargetRunTime> tasks_ ;

HeapTask* TaskProcessor::GetTask(Thread* self) {
    ......
    while (true) {
        if (tasks_.empty()) {
            // 如果 tasks 集合为空，则休眠线程
            cond_.Wait(self);
        } else {
            // 如果 tasks 集合不会空，则取出第一个 HeapTask
            const uint64_t current_time = NanoTime();
            HeapTask* task = *tasks_.begin();

            uint64_t target_time = task->GetTargetRunTime();
            if (!is_running_ || target_time <= current_time) {
                tasks_.erase(tasks_.begin());
                return task;
            }
            // 对于延时执行的 HeapTask，这里会进行等待，直到目标时间到达
            const uint64_t delta_time = target_time - current_time;
            const uint64_t ms_delta = NsToMs(delta_time);
            const uint64_t ns_delta = delta_time - MsToNs(ms_delta);
            cond_.TimedWait(self, static_cast<int64_t>(ms_delta), static_cast<int32_t>
                (ns_delta));
        }
    }
    UNREACHABLE();
}
```

整个流程分析下来，抑制 GC 的思路便有了，我们有如下两种做法。

❑ 添加一个自定义 HeapTask 到 tasks 集合中，并且使自定义 HeapTask 休眠，此时便会阻塞 HeapTaskDaemon 线程，达到抑制该线程执行的目的。

❑ 获取系统的 HeapTask，并让这个 HeapTask 休眠，同样能达到抑制 HeapTaskDaemon 线程执行的目的。

对于系统来说，第一种方案非常简单，因为系统能直接拿到 TaskProcessor 对象，在里

面添加自定义 task 任务就行。从 Android 8 开始，系统在程序启动时便采用了这种方案，添加一个 task 将 GC 延后 2s 再执行。但是对于用户程序来说，这种方案比较复杂，因为很难拿到 TaskProcessor 对象并进行操作，所以我们主要介绍第二种方案。

2. HeapTask 分析

为了让方案顺利实施，还需要继续分析 HeapTask 是干什么的，该对象位于 task_processor.h 文件中，源码如下。

```cpp
class HeapTask : public SelfDeletingTask {
    public:
        explicit HeapTask(uint64_t target_run_time) : target_run_time_(target_run_time) {
        }
        uint64_t GetTargetRunTime() const {
            return target_run_time_;
        }

    private:
        void SetTargetRunTime(uint64_t new_target_run_time) { // 延时时间设置接口
            target_run_time_ = new_target_run_time;
        }

        uint64_t target_run_time_;
        friend class TaskProcessor;
};

class SelfDeletingTask : public Task {
    public:
        virtual ~SelfDeletingTask() { }
        virtual void Finalize() {
            delete this;
        }
};

class Task : public Closure {
    public:
        // 定义 Finalize 虚函数
        virtual void Finalize() { }
};

class Closure {
    public:
        virtual ~Closure() { }
        // 定义 Run 虚函数
        virtual void Run(Thread* self) = 0;
};
```

通过源码分析可以发现，HeapTask 实际上依次继承自 SelfDeletingTask、Task 和 Closure 这 3 个类，Task 类定义了 Finalize 虚函数，Closure 类定义了 Run 虚函数。什么是虚函数呢？

我们可以先把它理解成 Java 的抽象函数，virtual 关键字就类似于 Java 的 abstract 关键字，SelfDeletingTask 实现了 Finalize 这个虚函数，用于对象析构。Run 函数的实现，则会交给 HeapTask 的子类来实现。通过全局源码搜索，我们发现 Android 系统中继承自 HeapTask 的子类有下面这些。

- ConcurrentGCTask：Java 内存达到阈值时便会执行这个 Task，用于执行并发 GC。
- CollectorTransitionTask：前后台切换时便会执行这个 Task，用于切换 GC 的类型，比如在后台时，便会切换成复制回收这种 GC 机制。
- HeapTrimTask：GC 完成之后，如果需要将堆中空闲的内存归还给内核，系统则会执行这个 Task 来处理。
- TriggerPostForkCCGcTask：Android 8 开始，系统为了在启动时避免 GC 操作，会执行这个 Task，将 HeapTaskDaemon 线程阻塞 2s。
- ReduceTargetFootprintTask：和 TriggerPostForkCCGcTask 配合使用。
- ClearedReferenceTask：对象回收时会执行该 Task，Task 调用 Java 层的 ReferenceQueue.add 方法，将被回收对象引用添加到 ReferenceQueue 队列中。
- NotifyStartupCompletedTask：启动完成后执行的一个 Task，用于校验。

这些 HeapTask 中，ConcurrentGCTask 是执行最频繁的，也是对性能影响最大的，因此我们主要来分析 ConcurrentGCTask。

3. ConcurrentGCTask 分析

第 1 章讲过，创建对象时虚拟机会调用 AllocObjectWithAllocator 方法为这个对象申请内存空间。既然涉及内存的申请，那自然也有内存的释放，释放流程同样是在该函数中进行的，精简后的源码如下。

```
inline mirror::Object* Heap::AllocObjectWithAllocator(Thread* self,
                                ObjPtr<mirror::Class> klass,
                                size_t byte_count,
                                AllocatorType allocator,
                                const PreFenceVisitor& pre_fence_visitor) {
    ......
    bool need_gc = false;
    uint32_t starting_gc_num;  // o.w. GC number at which we observed need for GC.
    {
        ......
        if (bytes_tl_bulk_allocated > 0) {
            ......
            // 如果是并发 GC，或者堆内存达到了阈值，则 need_gc 为 true
            if (IsGcConcurrent() && UNLIKELY(ShouldConcurrentGCForJava(new_num_
                bytes_allocated))) {
                need_gc = true;
            }
            ......
        }
```

```
    }
    ......
    if (need_gc) {
        // 触发 GC
        RequestConcurrentGCAndSaveObject(self, /*force_full=*/ false, starting_
            gc_num, &obj);
    }
    ......
    return obj.Ptr();
}

inline bool Heap::ShouldConcurrentGCForJava(size_t new_num_bytes_allocated) {
    return new_num_bytes_allocated >= concurrent_start_bytes_;
}
```

通过源码可以看到，如果判断是并发 GC，或者堆内存达到 concurrent_start_bytes_ 阈值时，就会调用 RequestConcurrentGCAndSaveObject 方法，源码如下。

```
void Heap::RequestConcurrentGCAndSaveObject(Thread* self,
                    bool force_full,
                    uint32_t observed_gc_num,
                    ObjPtr<mirror::Object>* obj) {
    RequestConcurrentGC(self, kGcCauseBackground, force_full, observed_gc_num);
}

bool Heap::RequestConcurrentGC(Thread* self,
            GcCause cause,
            bool force_full,
            uint32_t observed_gc_num) {
    uint32_t max_gc_requested = max_gc_requested_.load(std::memory_order_relaxed);
    if (!GCNumberLt(observed_gc_num, max_gc_requested)) {
        if (CanAddHeapTask(self)) {
            if (max_gc_requested_.CompareAndSetStrongRelaxed(max_gc_requested,
                                    observed_gc_num + 1)) {
                // 创建 ConcurrentGCTask，并添加到 task_processor_ 中
                task_processor_->AddTask(self, new ConcurrentGCTask(NanoTime(),
                                            cause,
                                            force_full,
                                            observed_gc_num + 1));
            }
            ......
            return true;
        }
        return false;
    }
    return true;
}

class Heap::ConcurrentGCTask : public HeapTask {
    public:
```

```
        ConcurrentGCTask(uint64_t target_time, GcCause cause, bool force_full,
            uint32_t gc_num)
            : HeapTask(target_time), cause_(cause), force_full_(force_full), my_
                gc_num_(gc_num) {}
        void Run(Thread* self) override { //Run 函数
            Runtime* runtime = Runtime::Current();
            gc::Heap* heap = runtime->GetHeap();
            ......
            // 触发 GC
            heap->ConcurrentGC(self, cause_, force_full_, my_gc_num_);
            ......
        }
    };
```

该方法会创建 ConcurrentGCTask，并调用 task_processor_ 对象的 AddTask 方法将其添加到 tasks 集合里去，紧接着 ConcurrentGCTask 的 Run 函数便会被执行并触发并发 GC，关于 GC 的机制和原理这里就不展开说了。我们接着看 GC 抑制的实现方案。

4.4.2 抑制 GC 执行的方案

想要抑制 GC 的执行，那么就需要拦截 ConcurrentGCTask 的 Run 函数，然后执行我们自定义的休眠逻辑。在第 2 章中我们已经学习了 PLT Hook 这种 Native Hook 技术，但是这种 Hook 技术并不适用于当前这个场景，因为 ConcurrentGCTask 的 Run 函数并不是外部库的函数，而是一个内部函数，因此并没有 .plt 表的跳转逻辑，所以这里介绍另一种 Native Hook 技术——Inline Hook 技术，并通过这种技术实现 so 库内部函数的拦截操作。

1. Inline Hook 技术

Inline Hook 是一种通过在程序运行时动态修改内存中的汇编指令，来改变程序执行流程的拦截方式，基本思路就是在已有的代码段中插入跳转指令，把代码的执行流程转向我们自己的函数中。实现这一方案的主要流程有 3 步。

1）将原函数的头部汇编指令替换成能够跳转到我们自定义函数的跳转指令。

2）自定义函数的逻辑执行完成后，对被跳转指令覆盖后的原函数进行指令还原，确保原函数的完整性。

3）在自定义函数中继续调用原函数。

该流程的步骤如图 4-8 所示，可以看到这一流程的思路并不复杂。

了解了该技术的流程逻辑，就可以来看看如何通过 Inline Hook 来修改 ConcurrentGCTask 对象的 Run 函数了。该函数位于 libart.so 中，Android 10 以下版本的系统中，libart.so 位于 /system/lib 目录中，Android 10 及以上版本的系统中，libart.so 位于 /apex/com.android.art/lib64/ 目录中。笔者的测试机是 Android 10 以上的设备，因此通过如下 adb pull 命令，就能将 libart.so 拉取到本地，便于后面进一步的分析。

```
adb pull /apex/com.android.art/lib64/libart.so libart.so
```

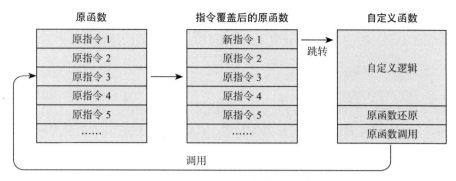

图 4-8 Inline Hook 的流程逻辑

通过前文我们已经知道了 objdump 工具的作用，因此通过 objdump -d libart.so 命令就能查看 libart.so 的汇编指令，其中 ConcurrentGCTask 对象的 Run 函数的部分汇编指令如图 4-9 所示，可以看到 Run 函数的偏移地址为 0x46f518。

```
000000000046f518 _ZN3art2gc4Heap16ConcurrentGCTask3RunEPNS_6ThreadE:
 46f518: ff 43 01 d1    sub    sp, sp, #80
 46f51c: fd 7b 01 a9    stp    x29, x30, [sp, #16]
 46f520: f7 13 00 f9    str    x23, [sp, #32]
 46f524: f6 57 03 a9    stp    x22, x21, [sp, #48]
 46f528: f4 4f 04 a9    stp    x20, x19, [sp, #64]
 46f52c: fd 43 00 91    add    x29, sp, #16
 46f530: 57 d0 3b d5    mrs    x23, TPIDR_EL0
 46f534: 29 3d 00 f0    adrp   x9, #8024064
 46f538: e8 16 40 f9    ldr    x8, [x23, #40]
 46f53c: f5 03 00 aa    mov    x21, x0
 46f540: f3 03 01 aa    mov    x19, x1
 46f544: e8 07 00 f9    str    x8, [sp, #8]
 46f548: 34 59 40 f9    ldr    x20, [x9, #176]
 46f54c: 02 10 40 b9    ldr    w2, [x0, #16]
 46f550: 03 50 40 39    ldrb   w3, [x0, #20]
 46f554: 96 02 41 f9    ldr    x22, [x20, #512]
 46f558: 04 18 40 b9    ldr    w4, [x0, #24]
 46f55c: e0 03 16 aa    mov    x0, x22
 46f560: 30 00 00 94    bl     #192 <_ZN3art2gc4Heap12ConcurrentGCEPNS0_7GcCauseEbj>
 46f564: c8 42 10 91    add    x8, x22, #1040
 46f568: 08 fd df 88    ldar   w8, [x8]
 46f56c: a9 1a 40 b9    ldr    w9, [x21, #24]
 46f570: 28 01 08 6b    subs   w8, w9, w8
 46f574: 09 00 b0 52    mov    w9, #-2147483648
 46f578: 02 11 49 7a    ccmp   w8, w9, #2, ne
 46f57c: a8 00 00 54    b.hi   #20 <_ZN3art2gc4Heap16ConcurrentGCTask3RunEPNS_6ThreadE+0x78>
 46f580: e0 03 14 aa    mov    x0, x20
 46f584: e1 03 13 aa    mov    x1, x19
```

图 4-9 ConcurrentGCTask 的汇编代码

想要将头部的指令替换成跳转到我们自己的函数的指令，就需要先了解 ARM 平台下的跳转指令。

我们可以通过两种方式来进行跳转，一种是相对跳转，也就是在跳转时会基于当前指令的地址加上要跳转的位置，通过 B 指令来实现相对跳转，因为我们的 Hook 函数和要拦截的 Run 函数并不在同一个 so 库，所以相对跳转的方式无法实现。另一种是绝对跳转，就是直接跳转到一个给定的地址中，实现方法是通过 LDR 赋值指令，直接将要跳转的目标地址赋值给 PC 寄存器，我们知道 PC 寄存器的作用是记录下一条要执行的指令的地址，所以将一个地址赋值给 PC 寄存器后，下一条指令就会从这个地址开始执行。因此，我们可以通过绝对跳转的方式，来实现跳转到自定义函数的目的。该方式的指令代码如下。

```
LDR r15, [PC, #-4]
xxx // 地址值
```

上面代码中，第 1 行指令是 "LDR r15, [PC, #-4]"，该指令对应的十六进制机器码为 0xe51ff004。其中 LDR 表示加载数据到寄存器，r15 在 ARM 32 位平台下表示 PC 寄存器，[PC, #-4] 表示要从 PC 寄存器指向的地址减去 4B 的位置，也就是第 2 行指令的位置处加载数据。第 2 行的指令是一个地址值，就是要跳转的函数的地址值。我们接着来看一下方案的代码。

```
int originCode1;
int originCode2;
uintptr_t targetFunc;

void hook(void *target, void *new_func) {
    // 获取 libart.so 在内存中的基地址
    uintptr_t artBaseAddress = findArtBaseAddress();
    //0x46f518 就是 ConcurrentGCTask 对象的 Run 函数的偏移地址
    targetFunc = 0x46f518 + artBaseAddress;
    mprotect(page, PAGE_SIZE, PROT_READ | PROT_WRITE)
    // 将函数的前两个指令保存下来
    originCode1 = ((uint32_t *) targetFunc)[0];
    originCode2 = ((uint32_t *) targetFunc)[1];
    // 修改内存属性为可读可写
    mprotect(targetFunc, 8, PROT_READ | PROT_WRITE | PROT_EXEC);
    // 将函数的第 1 个指令替换成 "LDR r15, [PC, #-4]"
    ((uint32_t *) targetFunc)[0] = 0xe51ff004;
    // 将函数的第 2 个指令替换成要跳转的函数
    ((uint32_t *) targetFunc)[1] = (uint32_t)new_func;
}
```

通过上面的代码，程序就能在执行 ConcurrentGCTask 的 Run 函数时，跳转到自定义函数 new_func 中。此时可以在自定义函数 new_func 中休眠 2s，然后将原函数的指令还原，继续执行原函数的逻辑，由于 ConcurrentGCTask 的 Run 函数的入参中有一个 Thread，因此在执行原函数时，也需要传入 Thread* 参数，代码如下。

```
void new_func(){
    // 休眠 2 秒
    sleep(2000);
    // 指令还原
    unHook();
    // 获取当前线程
    pthread_t pthread = pthread_self();
    // 执行原来的 Run 函数
    ((void (*)(Thread*))targetFunc((Thread*)pthread);
}
```

```
// 恢复原函数的字节
void unHook(void *target) {
    // 修改内存属性为可读可写
    mprotect(targetFunc, 8, PROT_READ | PROT_WRITE | PROT_EXEC);
    // 对原函数的前两个指令进行还原
    ((uint32_t *) targetFunc)[0] = originCode1;
    ((uint32_t *) targetFunc)[1] = originCode2;
}
```

通过上面的流程，我们就完成了通过 Inline Hook 对 ConcurrentGCTask 对象中的 Run 函数的拦截操作，并实现了 GC 抑制。但是流程中还有一个问题是没有解决的，那就是 Run 函数的地址，上面的代码是直接通过 libart.so 库的汇编代码知道了 Run 函数的地址为 0xe51ff004，但是在线上环境中，出于兼容性和稳定性考虑，是需要动态获取该地址的。

2. 获取目标函数地址

前面提到了 ConcurrentGCTask 对象的 Run 函数，全称为 art::gc::Heap::ConcurrentGCTask::Run(art::Thread*)，该方法在汇编代码中的名称是 _ZN3art2gc4Heap16ConcurrentGCTask3RunEPNS_6ThreadE，这个名称就是 Run 函数的符号名称。在前面的章节中，我们已经了解了符号的生成规则，那么此时也就能理解这个符号了，它的生成规则如下。

- _ZN 是一个前缀，表示这是一个 C++ 的函数符号。
- 3art 表示第 1 个名称空间的名字是 art，3 是名字的长度。
- 2gc 表示第 2 个名称空间的名字是 gc，2 是名字的长度。
- 4Heap 表示第 3 个名称空间的名字是 heap，4 是名字的长度。
- 16ConcurrentGCTask 表示类的名字是 ConcurrentGCTask，16 是名字的长度。
- 3Run 表示函数的名字是 Run，3 是名字的长度。
- EPNS_6ThreadE 表示函数的参数是一个指向 art::Thread 类的指针，E 是参数列表的结束标志，P 是指针的标志，NS_6Thread 表示 art::Thread 类的嵌套名字，N 是嵌套名字的开始标志，S_ 表示重复前面出现的名字，6Thread 表示类的名字是 Thread，6 是名字的长度。

根据这个规则，我们就能知道 art::gc::Heap::ConcurrentGCTask::Run(art::Thread*) 函数对应的符号了，但是我们不能确保 libart.so 库中是有保留这个符号的。在 libart.so 库文件中，很多方法都是有符号的，之所以保留这些符号，是因为这些符号可以用于调试或者定位异常，通过这些符号可以找到对应的函数地址。但是也有很多方法是没有符号的，前面提到的为什么不采用往 TaskProcessor 里面添加我们自定义的 task 来抑制 GC 这种方案，主要也是因为 TaskProcessor 对象的 add 方法没有符号，所以我们无法拿到这个函数的地址并执行。

通过 Android NDK 中自带的 readelf 工具，执行 "readelf -s libart.so" 命令来读取 libart 中所有的符号，可以看到该库中的符号非常多，有 2 万多个，通过搜索便能发现 Run 函数对应的符号，它位于符号表的第 16846 行。

```
Symbol table '.symtab' contains 26281 entries:
   Num:    Value  Size Type    Bind   Vis      Ndx Name
     0: 00000000     0 NOTYPE  LOCAL  DEFAULT  UND
     1: 00000000     0 FILE    LOCAL  DEFAULT  ABS crtbegin_so.c
     2: 000acf34     0 NOTYPE  LOCAL  DEFAULT   12 $a
     3: 000acf50     0 NOTYPE  LOCAL  DEFAULT   12 $d
     4: 0045a410     0 NOTYPE  LOCAL  DEFAULT   18 $d
     5: 00462000     0 NOTYPE  LOCAL  DEFAULT   23 $d
     ......
 16846: 001b0ff1    36 FUNC    LOCAL  HIDDEN    12
_ZN3art2gc4Heap16ConcurrentGCTask3RunEPNS_6ThreadE
     ......
```

Linux 系统提供 dlsym 函数，它可以根据函数的符号名称直接获取函数的地址，引入 dlfcn.h 头文件即可，使用方法如下。

```
#include <dlfcn.h>
void* findRunAddressSymbol() {
    // 加载库
    void* libraryHandle = dlopen("libart.so", RTLD_LAZY);
    if (libraryHandle == nullptr) {
        // 加载库失败
        return nullptr;
    }
    // 查找符号
    void* symbolAddress = dlsym(libraryHandle,
            "_ZN3art2gc4Heap16ConcurrentGCTask3RunEPNS_6ThreadE");
    if (symbolAddress == nullptr) {
        // 查找符号失败
        dlclose(libraryHandle);  // 关闭库句柄
        return nullptr;
    }
    // 返回符号地址
    return symbolAddress;
}
```

上述代码中，通过 dlopen 函数拿到 libart.so 的文件句柄，然后调用 dlsym 函数，传入句柄和函数的符号名称，就能直接拿到地址了。代码实现起来比较简单，但是当我们真正去运行的时候会发现，在 Android 7 及以上的版本中 dlopen 函数打开 so 库会失败，这是因为在 Android 7 及以上的版本中，Android 系统出于安全考虑，已经禁止了 C++ 代码直接调用 dlopen 函数打开系统库。

不过我们可以使用一些非常规的技术手段来突破这一限制，由于这些技术比较复杂，笔者在这里介绍一下技术的原理，读者能大致了解流程和原理即可，不要求完全掌握。

dlopen 函数位于 bionic 库（libc.so）的 libdl.cpp 文件中，函数代码如下，其中 __builtin_return_address(0) 方法会返回调用函数的地址，也就是 caller_addr 的地址，并在后续流程中判断 caller_addr 是来自系统库，还是非系统库，如果是非系统库，也就是用户程序的地址，就会抛出异常。

```
void* dlopen(const char* filename, int flag) {
    const void* caller_addr = __builtin_return_address(0);
    return __loader_dlopen(filename, flag, caller_addr);
}
```

__builtin_ereturn_address(0) 函数返回的值实际上就是 LR 寄存器（链接寄存器）的值，LR 寄存器用于存储函数调用时的返回地址，这样函数在执行完成后才能返回到调用点。如果我们能将 LR 寄存器的值修改成系统库的地址，在调用 dlopen 函数时，系统就会以为调用者是系统调用者，这样就能正常使用 dlopen 函数了。

但是通过修改 LR 寄存器的值来突破系统对 dlopen 函数的限制是很复杂的，也很容易因为异常导致系统崩溃，因此我们可以使用线上的开源库来突破限制，笔者这里介绍 ndk_dlopen 这个开源库来实现 dlopen 和 dlsym 的能力，其实现原理和前文所述也是类似的。通过阅读该库的源码，如图 4-10 所示，可以看到，该开源库会用 (*env)->FatalError 来替换 LR 寄存器的地址，以此达到绕过系统检验的目的。

```
void JNIEXPORT ndk_init(JNIEnv *env)
{
    if (SDK_INT <= 0) {
        char sdk[PROP_VALUE_MAX];
        __system_property_get("ro.build.version.sdk", sdk);
        SDK_INT = atoi(sdk);
        LOGI("SDK_INT = %d", SDK_INT);
        if (SDK_INT >= 24) {
            static __attribute__((__aligned__(PAGE_SIZE))) uint8_t __insns[PAGE_SIZE];
            STUBS.generic_stub = __insns;
            mprotect(__insns, sizeof(__insns), PROT_READ | PROT_WRITE | PROT_EXEC);

            // we are currently hijacking "FatalError" as a fake system-call trampoline
            uintptr_t pv = (uintptr_t)(*env)->FatalError;
            uintptr_t pu = (pv | (PAGE_SIZE - 1)) + 1u;
            uintptr_t pd = (pv & ~(PAGE_SIZE - 1));
            mprotect((void *)pd, pv + 8u >= pu ? PAGE_SIZE * 2u : PAGE_SIZE, PROT_READ | PROT_WRITE | PROT_EXEC);
            quick_on_stack_back = (void *)pv;
```

图 4-10　ndk_dlopen 开源库部分代码

ndk_dlopen 开源工具的使用也很简单，使用代码如下。

```
// 初始化 ndk_dlopen
ndk_init(env);

// 以 RTLD_NOW 模式打开动态库 libart.so，拿到句柄，RTLD_NOW 模式会立即解析所有符号
void *handle = ndk_dlopen("libart.so", RTLD_NOW);

// 通过符号拿到地址
void *runAddress = ndk_dlsym(handle, "_ZN3art2gc4Heap16ConcurrentGCTask3RunEPNS_6ThreadE");
```

通过简单的 3 行代码，我们就成功拿到了 ConcurrentGCTask 的 Run 函数的地址，这个时候只需要插入我们自己的代码，修改这个函数让它休眠就能成功阻塞 HeapTaskDaemon 线程了。

到这里，我们就成功抑制 HeapTaskDaemon 线程执行 GC 的逻辑了。但可能有读者会担心，抑制了 GC 会不会导致 OOM 率提升等异常呢？实际上是不会的，我们不需要长时间地抑制 GC，只需要在启动的时候、List 组件滑动的时候、页面打开的时候，抑制数秒时长即可。并且从 Android 8 开始，系统在应用启动时也加入了抑制 GC 2s 的逻辑。

除了这里介绍的方案，抑制 GC 的方案还有很多，比如通过虚函数的特性来完成对 Run 函数的拦截；也可以一个个去分析 HeapTask 中 Run 函数所执行的逻辑，寻找这些逻辑中是否有回调方法，如果有就能在回调方法中直接进行休眠操作。以前面提到的 ClearedReferenceTask 为例，它会在 Run 函数中执行 ReferenceQueue.add 这个 Java 层方法，所以我们就可以在这个 add 方法中执行休眠操作来抑制 GC。感兴趣的读者也可以自己去探索更多的可行方案。

3. 使用开源框架

上面是以 ARM 32 平台为例来讲解 Inline Hook 实现的，在实际线上使用中，我们需要兼容 ARM 32、ARM 64、X64、X32 等多个平台，并且还要做好异常的兼容和兜底处理，这些事情的工作量也都很大。因此笔者建议在实际环境中使用时，尽量选择稳定的开源库。Inline Hook 的开源框架很多，笔者最常用的主要是 ShadowHook，它是字节跳动开源的一款 Inline Hook 框架，经过了大量项目的线上考验，所以是比较稳定的。

详细使用方式这里就不介绍了，该项目的文档已经讲得很详细了，读者可以自己去查阅，在项目中引入 ShadowHook 的库后，仅需要通过一个 shadowhook_hook_sym_name 方法就能完成对 ConcurrentGCTask::Run 函数的 Hook 操作，代码如下。

```
shadowhook_hook_sym_name("libart.so",
            "_ZN3art2gc4Heap16ConcurrentGCTask3RunEPNS_6ThreadE",
            (void *)newFunc,
            nullptr);
```

当我们在自定义的 Hook 函数中完成休眠后，再通过执行 ShadowHook 提供的 SHADOWHOOK_CALL_PREV 方法，就能完成对原函数的调用，代码如下。

```
void newFunc(Thread* self){
    SHADOWHOOK_STACK_SCOPE();
    // 休眠 2 秒
    sleep(2000);
    // 执行原来的 Run 方法
    SHADOWHOOK_CALL_PREV(self);
}
```

4.5 缓存策略优化

缓存对提升速度来说至关重要，但缓存的容量是有限的，所以在利用缓存提升性能时，始终要思考如何在有限的容量下尽可能地提升缓存的命中率。想要提升缓存的命中率，就需要根据业务场景来设计更合适的缓存淘汰策略。

这里笔者以曾经开发的一款即时通信应用中出现的问题为例，来讲解缓存淘汰策略的选择。通信类应用一般都有会话页，会话页也能打开公众号等页面，不管是会话页中的图片还是公众号中的图片，往往都会放入缓存中以提升下一次图片的加载速度，如果这个场景运行在一款内存较小的低端设备上，由于设备的内存较小，能缓存的图片容量有限。为了能让读者更清晰地了解缓存淘汰策略，这里假设只能缓存5张图片，当我们打开了一个会话页，并缓存了会话页中的图片，如果此时继续打开会话页中一篇图片很多的公众号文章，很快就会达到图片缓存容器的容量上限，这时我们便会面临选择什么样的策略来淘汰缓存中的图片的问题。

4.5.1　常用的淘汰策略

在选择最优的淘汰策略之前，这里先介绍一些常用的缓存策略。

1）LRU：最近最少使用淘汰策略，当缓存空间不足时，优先淘汰那些最长时间没有被访问的数据。如图4-11所示，此时会优先淘汰队尾会话页中的图片，并把公众号页面的图片放到队列头部。

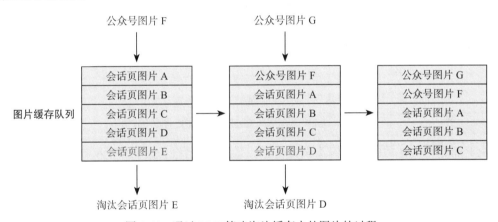

图4-11　通过LRU策略淘汰缓存中的图片的过程

2）LFU：最不经常使用淘汰策略，根据数据被访问的频率，淘汰访问次数最少的数据。如图4-12所示，此时由于会话页中的图片使用频率较高，所以并不会被优先淘汰，而是优先淘汰使用频率低的公众号页面的图片。

3）FIFO：先进先出淘汰策略，根据数据进入缓存的时间先后，淘汰最早进入缓存的数据。如图4-13所示，此时会淘汰最近放入缓存中的图片。

4）Random：随机替换淘汰策略，随机选择一个数据进行淘汰，但需要保证所有数据被替换的概率相等。该淘汰策略的性能开销最小，但是命中率不高，主要用于系统资源有限且对性能开销有严格要求，并且对缓存命中率要求不高或访问模式难以预测的场景。

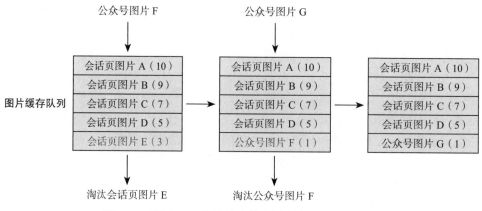

图 4-12 通过 LFU 淘汰策略淘汰缓存中的图片的过程

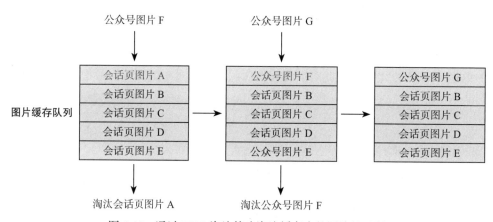

图 4-13 通过 FIFO 淘汰策略淘汰缓存中的图片的过程

由上面介绍的常用的缓存淘汰策略来看，如果此时我们选择使用 Android 默认提供的 LruCache，也就是最近最少使用淘汰策略，那么缓存中会话页的图片很容易就被公众号页面中的图片替代，这样就导致使用频率较高的会话页在页面展示速度上慢了很多，而公众号页面实际上看过一遍后就很少会再打开了，即使缓存了图片也并没有太大的价值，因此该策略显然不太适合当前这个场景。而 LFU（最不经常使用淘汰策略）显然是最适合当前这个场景的，这种策略可以保留热点数据，会话页中的图片就是热点数据，而公众号中的图片则是非热点数据，会被优先淘汰。

4.5.2 LFUCache

根据场景特性确定了最优的缓存淘汰策略后，实现就比较简单了。LFUCache 的缓存设计步骤如下。

1）确定该缓存容器需要维护的数据结构，对于 LFUCache 来说，主要有 3 张映射表。

❑ 用来存储 key 到 value（值）的映射哈希表，方便快速获取数据。

- 用来存储 key 到 freq（频次）的映射哈希表，方便快速更新数据的使用频次。
- 用来存储 freq（频次）到 key 列表的映射哈希表，它将频次映射到具有该频次的所有 key 的集合中。这个集合通常是按插入顺序排序的，以便快速找到最早插入的键。当需要移除一个键时，这张表可以用来快速找到频次最低且插入最早的键。

除了这 3 张映射表，我们还需要一个字段记录缓存的容量，另一个字段记录最小的频率，用于快速定位和淘汰数据，结构代码如下。

```java
class LFUCache {
    // key 到 val 的映射表
    HashMap<Integer, Integer> keyToVal;
    // key 到 freq 的映射表
    HashMap<Integer, Integer> keyToFreq;
    // freq 到 key 列表的映射表
    HashMap<Integer, LinkedHashSet<Integer>> freqToKeys;
    // 记录最小的频次
    int minFreq;
    // 记录 LFU 缓存的最大容量
    int cap;

    public LFUCache(int capacity) {
        keyToVal = new HashMap<>();
        keyToFreq = new HashMap<>();
        freqToKeys = new HashMap<>();
        this.cap = capacity;
        this.minFreq = 0;
    }

    public int get(int key) {}

    public void put(int key, int val) {}

}
```

2）设计缓存中的 get 和 put 方法。对于 get 方法，需要先根据 key 到 value 的映射哈希表查找数据，如果不存在，则返回空；如果存在，则返回 value，并且调用 increaseFreq 方法来更新该数据的使用频率并根据频率排序。

```java
public int get(int key) {
    if (!keyToVal.containsKey(key)) {
        return -1;
    }
    // 增加 key 对应的 freq
    increaseFreq(key);
    return keyToVal.get(key);
}

private void increaseFreq(int key) {
    int freq = keyToFreq.get(key);
```

```java
        // 更新 KF 表
        keyToFreq.put(key, freq + 1);
        // 将 key 从 freq 对应的列表中删除
        freqToKeys.get(freq).remove(key);
        // 将 key 加入 freq + 1 对应的列表中
        freqToKeys.putIfAbsent(freq + 1, new LinkedHashSet<>());
        freqToKeys.get(freq + 1).add(key);
        // 如果 freq 对应的列表空了, 移除这个 freq
        if (freqToKeys.get(freq).isEmpty()) {
            freqToKeys.remove(freq);
            // 如果这个 freq 恰好是 minFreq, 更新 minFreq
            if (freq == this.minFreq) {
                this.minFreq++;
            }
        }
    }
```

对于 put 方法，需要先根据 key 到 value 的映射哈希表查找数据，如果数据不存在，则创建一个新的数据节点，加入 key 到 value 和 key 到 freq 的映射哈希表中，并将其使用频率设为 1，如果此时缓存已满，那么删除最小频率对应的数据；如果数据存在，则调用 increaseFreq 方法将该数据对应的频率加 1 并按照频率重排序。

```java
    public void put(int key, int val) {
        if (this.cap <= 0) return;

        // 若 key 已存在, 修改对应的 val 即可
        if (keyToVal.containsKey(key)) {
            keyToVal.put(key, val);
            // key 对应的 freq +1
            increaseFreq(key);
            return;
        }

        // key 不存在, 需要插入, 容量已满的话需要淘汰一个 freq 最小的 key
        if (this.cap <= keyToVal.size()) {
            removeMinFreqKey();
        }

        // 插入 key 和 val, 对应的 freq 为 1
        keyToVal.put(key, val);
        // 插入 KF 表
        keyToFreq.put(key, 1);
        // 插入 FK 表
        freqToKeys.putIfAbsent(1, new LinkedHashSet<>());
        freqToKeys.get(1).add(key);
        // 插入新 key 后最小的 freq 肯定是 1
        this.minFreq = 1;
    }

    private void removeMinFreqKey() {
```

```
// freq 最小的 key 列表
LinkedHashSet<Integer> keyList = freqToKeys.get(this.minFreq);
// 其中最先被插入的那个 key 就是该被淘汰的 key
int deletedKey = keyList.iterator().next();
// 更新 FK 表
keyList.remove(deletedKey);
if (keyList.isEmpty()) {
    freqToKeys.remove(this.minFreq);
}
// 更新 KV 表
keyToVal.remove(deletedKey);
// 更新 KF 表
keyToFreq.remove(deletedKey);
}
```

到这里，一个简单的 LFU 缓存容器就设计好了。细心的读者可能会从上面的代码中发现 LFUCache 的一个缺点，也就是在缓存中存在时间越久的数据，使用的频率会越高，到最后可能永远也淘汰不掉，所以我们还需要增加一些辅助的淘汰策略，比如配合在内存优化中所讲到的机制，即内存到达阈值后，淘汰所有的缓存。面对不同的业务场景时，我们需要充分评估后再选择合适的缓存策略，在一些复杂场景下，还可以将多个缓存策略组合起来，设计多级多策略的缓存容器。

4.6　Dex 类文件重排序

高速缓存的读写速度远高于内存，如果能充分提升高速缓存的利用率，便能极大地提升程序的性能，因此这里针对提升高速缓存的效率，介绍一个很经典的优化方案——Dex 类文件重排序。

4.6.1　局部性原理

高速缓存读取数据时，会一次读满缓存行大小的数据，如果缓存行的大小为 64B，那么即使 CPU 需要的数据可能只是 1B，高速缓存也会读满 64B 的数据。计算机为了确保这些多读的数据在接下来大概率能被 CPU 用到，使用了空间局部性的原理。在这个原理下，程序在启动过程中，当第一次用到某个对象数据时，由于高速缓存中没有该数据，所以需要向主内存读取这个对象数据，并且同时读取这个对象后面紧挨着的一些对象数据，直到读取的数据量达到 64B。如果这个对象在内存上紧挨着的对象是接下来马上被用到的，高速缓存就不需要多次读取数据了，CPU 也减少了等待数据读取的时间，能更快地执行程序，程序也能运行得更快了。

当我们的项目被编译成 APK 包时，所有的 class 文件会被整合，并放在一个 dex 文件中。这个时候 dex 文件中 class 文件的顺序并不是按照程序的执行顺序存放的，因为编译的时候无法得知 class 文件的执行顺序。如果我们能提前将程序运行一遍，把其中 class 对象的使用顺序收集下来，再按照这个顺序重新调整 dex 文件中 class 文件的顺序，就能充分发挥局部性原理的特性，加速程序运行。我们通常会使用该优化来提升启动的速度，因为启动阶段 class 文件的执行顺序往往都是固定的，因此会有更佳的优化效果。

想要实现这一优化，需要对每个对象插桩后，将程序运行一次，以此来收集对象的执行顺序，接着按照对象的执行顺序，并根据 dex 文件的数据结构，对里面的 class 文件进行重新排序。这一套流程实现起来比较复杂而且烦琐，在实际开发中，我们也几乎不会自己去实现该方案，而是会使用 Facebook 的开源方案——Redex 去实现该优化，因此笔者这里主要介绍一下 Redex 的用法。

4.6.2　Redex 使用流程

首先下载 Redex 项目源码及相关环境，指令如下。

```
// clone redex 的项目
git clone https://github.com/facebook/redex.git
// 下载相关环境
xcode-select --install
brew install autoconf automake libtool python3
brew install boost jsoncpp
```

然后打开 Redex 的 config 目录下的 config 配置文件，在配置文件中添加 InterDexPass 字段开启 dex 类文件重排优化，并新增 coldstart_classes 字段，指定 class 文件调用顺序的目录。

```
// 打开 redex 的配置文件
cd redex/config/
vim default.config

// 在配置文件中添加 InterDexPass，以及新增 coldstart_classes，指定 class 文件调用顺序的目录
{
    "redex" : {
        "passes" : [
            "ReBindRefsPass",
            "BridgePass",
            "SynthPass",
            "FinalInlinePass",
            "DelSuperPass",
            "SingleImplPass",
            "SimpleInlinePass",
            "StaticReloPass",
            "RemoveEmptyClassesPass",
            "ShortenSrcStringsPass",
            "InterDexPass"
        ],
    "coldstart_classes":"app_list_of_classes.txt" //class 调用顺序列表
    }
}
```

接着通过"./configure && make"命令来启用配置并进行编译。

```
// 进行编译
cd redex
autoreconf -ivf && ./configure && make
sudo make install
```

接下来就需要将启动过程中使用到的 class 文件及其顺序输出到"app_list_of_classes.txt"文件中。我们可以按照如下步骤来获得应用启动时 class 文件的加载顺序列表。

1）启动应用，并通过 ps 命令获取应用的 pid。

```
//1. 获取应用的 pid
adb shell ps | grep 应用包名
```

2）抓取应用的内存快照。

```
// 收集堆内存
adb shell am dumpheap pid /data/local/tmp/SOMEDUMP.hprof
```

3）用 Redex 的脚本分析抓取出来的内存快照，并输出到 coldstart_classes 指定的"app_list_of_classes.txt"文件中。

```
// 把内存快照文件拉取到本地
adb pull /data/local/tmp/SOMEDUMP.hprof 本地路径

// 通过 redex 提供的 python 脚本解析堆内存，生成类加载顺序列表
python redex/tools/hprof/dump_classes_from_hprof.py --hprof SOMEDUMP.hprof >
    app_list_of_classes.txt
```

4）通过 Redex 提供的工具生成新的 APK 包，最后对新包重新进行签名即可。

```
// 执行 redex 逻辑，生成新的 apk 包
redex input.apk -o output.apk
```

Redex 的优化项比较多，dex 类文件重排只是其中一个，使用起来也比较简单，是一项很容易落地的优化。根据统计的实验数据，dex 类文件重排后，程序冷启动的速度能提升 10% 左右。

4.7 提升核心线程优先级

想要提升线程的优先级，需要先了解线程优先级的规则。Linux 系统中的进程分为实时进程和普通进程两类。实时进程一般通过 RTPRI（Real Time Rriority）值来描述优先级，取值范围是 0～99。普通进程一般使用 Nice 值来描述进程的优先级，取值范围是 −20～19。由于线程的本质就是进程，因此优先级规则也适用于线程。我们可以进入手机的 shell 界面，执行 ps -A -l 命令查看所有进程的 Nice 值和 Prio 值。部分数据如图 4-14 所示，可以看到示例程序的主线程 Nice 值默认为 0，渲染线程的 Nice 值默认值为 −4。

```
ps -A -l
USER    PID    PPID   VSIZE    RSS    PRIO  NICE  RTPRI  SCHED  WCHAN     PC
root    393    1      1554500  5256   20    0     0      0      ffffffff  000       S  zygote
system  762    328    338336   9844   12    -8    0      0      ffffffff  00000000  S  surfaceflinger
//测试程序的主线程和渲染线程
u0_a45  16632  393    2401604  60140  20    0     0      0      ffffffff  00000000  S  com.example.android_performance
u0_a45  16725  16632  2401604  60140  16    -4    0      0      ffffffff  00000000  S  RenderThread
```

图 4-14 通过 ps 命令查看线程的优先级

在 Android 系统中只有部分底层核心进程才是实时进程，如音视频服务等，大部分进程都是普通进程。我们无法将普通进程调整成实时进程，也无法将实时进程调整成普通进程，只有操作系统有这个权限。但有一个例外，即在 Root 手机中，将 /system 目录下的 build.prop 文件中的 sys.use_fifo_ui 字段修改为 1，就能将应用的主线程和渲染线程调整成实时进程，不过这需要 Root 设备才能操作，正常设备中这个值都是 0，所以该方式也不具备通用性。

4.7.1 调整线程优先级的方式

应用中的所有线程都属于普通进程的级别，所以针对线程优先级这一点，唯一能操作的就是修改线程的 Nice 值了，通常有两种方式来调整线程的 Nice 值，分别如下。

- 通过 Process.setThreadPriority 函数来改变线程的优先级。
- 通过 Thread.setPriority 函数来改变线程的优先级。

我们分别来看一下这两种方式的区别。

1. Process.setThreadPriority 函数

第一种方式是通过 Android 系统中提供的如下接口。

```
public static native void setThreadPriority(int tid, int priority);
```

其中入参 tid 就是线程 id，可以不传，系统会默认为当前线程。入参 priority 为 Nice 值大小，可以传 -20 ~ 19 之间的任何一个值，但建议直接使用 Android 系统提供的优先级定义常量，见表 4-4，这样的代码具有更高的可读性，如果直接传数值进去，不利于代码的理解。

表 4-4 Android 系统提供的线程优先级定义

优先级定义	对应的 Nice 值	使用场景
Process.THREAD_PRIORITY_DEFAULT	0	默认优先级
Process.THREAD_PRIORITY_LOWEST	19	最低优先级
Process.THREAD_PRIORITY_BACKGROUND	10	后台线程建议优先级
Process.THREAD_PRIORITY_LESS_FAVORABLE	1	比默认略低
Process.THREAD_PRIORITY_MORE_FAVORABLE	−1	比默认略高
Process.THREAD_PRIORITY_FOREGROUND	−2	前台线程优先级
Process.THREAD_PRIORITY_DISPLAY	−4	显示线程建议优先级
Process.THREAD_PRIORITY_URGENT_DISPLAY	−8	显示线程的最高优先级

(续)

优先级定义	对应的 Nice 值	使用场景
Process.THREAD_PRIORITY_AUDIO	−16	音频线程建议优先级
Process.THREAD_PRIORITY_URGENT_AUDIO	−19	音频线程最高优先级

在不进行调整前，主线程的 Nice 值默认为 0，渲染线程的 Nice 值默认为 −4。因此，我们可以将主线程和渲染线程的优先级进一步提高，加快这两个线程的响应速度。

2. Thread.setPriority 函数

第二种方式是通过 Java 提供的如下接口。

```
public final void setPriority(int priority)
```

上面接口的入参 priority 并不是 Nice 值，而是 Java 自己提供的线程优先级的定义和规则，但是最终都会将这些规则转换成对应的 Nice 值，Java 提供的线程优先级以及对应的 Nice 值的规则见表 4-5。这种方式能设置的优先级较少，不太灵活，也不利于代码理解，并且因为系统的时序问题，在设置子线程的优先级时，可能因为子线程未创建成功而设置成了主线程的，从而导致主线程优先级异常，所以笔者这里建议使用第一种方式来设置线程的优先级，避免使用第二种方式。

表 4-5　Java 提供的线程优先级定义

优先级定义	对应的 Nice 值
Thread.MAX_PRIORITY（10）	−8
Thread.MIN_PRIORITY（0）	19
Thread.NORM_PRIORITY（5）	0

4.7.2　需要调整优先级的线程

了解了调整线程优先级的方式，我们再看看哪些线程需要调整，通常情况下需要提高优先级的主要有两个线程：主线程和渲染线程（RenderThread）。

为什么要调整这两个线程呢？因为这两个线程对任何应用来说都非常重要。从 Android 5 开始，主线程只负责布局文件的测量（Measure）和布局（Layout）工作，渲染的工作放到了渲染线程，这两个线程配合工作，才能让应用的界面正常显示出来。所以提升这两个线程的优先级，便能让这两个线程获得更多的 CPU 时间，页面显示的速度自然也就更快了。

主线程的优先级调整比较简单，直接在 Application 的 attach 生命周期中，调用 Process.setThreadPriority(−19)，并不需要传入主线程的 id，便会默认将主线程设置为最高级别的优先级。但是想要调整渲染线程的优先级，就首先需要知道渲染线程的线程 id，下面就看一下如何找到渲染线程的线程 id。

应用中线程的信息都记录在"/proc/pid/task"的文件中，以 11548 这个进程的数据为例，如下所示，可以看到 task 文件中记录了当前进程中的所有线程。

```
/proc/11548/task $ ls
11548   11554   11556   11558   11560   11564   11566   12879   12883   12890   12917
14501   14617   15596   15598   15600   15602   15614
11553   11555   11557   11559   11562   11565   12878   12881   12884   12894   12920
14555   15585   15597   15599   15601   15613   15617
```

我们接着查看该目录中线程的 stat 节点，就能看到线程的详细信息，如 Name、pid 等。11548 进程的主线程 id 就是 11548，它的 stat 数据如下。

```
blueline:/proc/11548/task $ cat 11548/stat
11548 (example.android_performance) S 1271 1271 0 0 -1 1077952832 12835 0 1617 0
    52 19 0 0 10 -10 36 0 59569858 15359959040 23690 18446744073709551615 1 1 0
    0 0 0 4612 1 1073775864 0 0 0 17 4 0 0 0 0 0 0 0 0 0 0 0 0 0
```

4.1 节已经详细介绍了 stat 数据中每个参数的含义，其中第一个参数表示线程 id，第二个参数表示线程名称。所以我们只需要遍历这个文件，查找名称为"render"的线程，就能找到渲染线程的 id 了。下面是具体的代码。

```java
public static int getRenderThreadTid() {
    File taskParent = new File("/proc/" + Process.myPid() + "/task/");
    if (taskParent.isDirectory()) {
        File[] taskFiles = taskParent.listFiles();
        if (taskFiles != null) {
            for (File taskFile : taskFiles) {
                BufferedReader br = null;
                String line= "";
                try {
                    br = new BufferedReader(
                            new FileReader(taskFile.getPath() + "/stat"), 100);
                    // 按行读取数据
                    line = br.readLine();
                    if (!line.isEmpty()) {
                        String param[] = line.split(" ");
                        if (param.length < 2) {
                            continue;
                        }
                        // 读线程名
                        String threadName = param[1];
                        // 找到 Name 为 RenderThread 的线程，则返回的第 0 个数据就是 tid
                        if (threadName.equals("(RenderThread)")) {
                            return Integer.parseInt(param[0]);
                        }
                    }
                } catch (Throwable throwable) {

                } finally {
                    if (br != null) {
                        br.close();
                    }
                }
            }
```

```
            }
        }
    }
    return -1;
}
```

当我们拿到渲染线程的 id 后，调用 Process.setThreadPriority(pid，-19) 将渲染线程设置成最高优先级即可。

当然，要提高优先级的线程并非只有这两个，我们可以根据业务需要，提高核心线程的优先级，同时降低其他非核心线程的优先级，该操作可以在线程池中通过线程工厂来统一调整。提高核心线程的优先级，降低非核心线程的优先级，两者配合使用，才能充分提升调整线程优先级这一优化的效果，从而有效提升应用的运行速度。

4.8 线程池优化

线程是执行任务的基本单元，它的重要性不言而喻，通过合理地使用线程，可以更充分地发挥 CPU 的性能，极大地提升程序的体验。如何才能更合理地使用线程呢？这需要我们做很多事情。

比如需要将程序中线程的数量控制在合适的范围，既不能太多也不能太少，线程太多会浪费过多的 CPU 资源在线程调度上，并且会导致程序的主线程因无法获得足够多的 CPU 资源而发生卡顿等性能问题。而线程太少又无法充分发挥 CPU 的性能，同样会导致程序的性能体验不佳。我们需要尽量减少线程自身导致的性能损耗，频繁地创建销毁线程、频繁地发生状态切换等，都会导致过多的 CPU 资源损耗。

想要合理地使用线程并不是一件容易的事，但是我们可以通过线程池来做到更合理的线程使用，因此线程池的重要性也是不可忽视的，它是每一位开发者都需要掌握的。下面我们就一起来看看如何正确地使用和优化线程池，以此来充分提升线程池的调度效率，让程序有更好的速度与流畅性。

4.8.1 默认的线程池创建方式

我们先来看看如何创建线程池。线程池作为一项最基本的能力，Java 库提供了默认的 Executors 工具类来创建线程池，这个工具类里面提供了十几种"newThreadPool"的静态方法用来创建线程池，如图 4-15 所示，如果是对线程池的知识了解得并不太多的开发新人，肯定会因为要选择哪一种创建方法而困扰。所以我们看一看 Java 库的 Executors 对象中提供的这些方法都是如何创建线程池的。

这些线程池创建方法可以分为 3 类，第一类是 newSingleThreadExecutor、newFixedThreadPool、newCacheThreadPool 方法，代码如下。可以看到这些方法实际上都是创建了不同入参的 ThreadPoolExecutor 对象。

```java
public static ExecutorService newSingleThreadExecutor() {
    return new FinalizableDelegatedExecutorService
        (new ThreadPoolExecutor(1, 1,
                0L, TimeUnit.MILLISECONDS,
                new LinkedBlockingQueue<Runnable>()));
}

public static ExecutorService newCachedThreadPool() {
    return new ThreadPoolExecutor(0, Integer.MAX_VALUE,
                60L, TimeUnit.SECONDS,
                new SynchronousQueue<Runnable>());
}

public static ExecutorService newFixedThreadPool(int nThreads) {
    return new ThreadPoolExecutor(nThreads, nThreads,
                0L, TimeUnit.MILLISECONDS,
                new LinkedBlockingQueue<Runnable>());
}
```

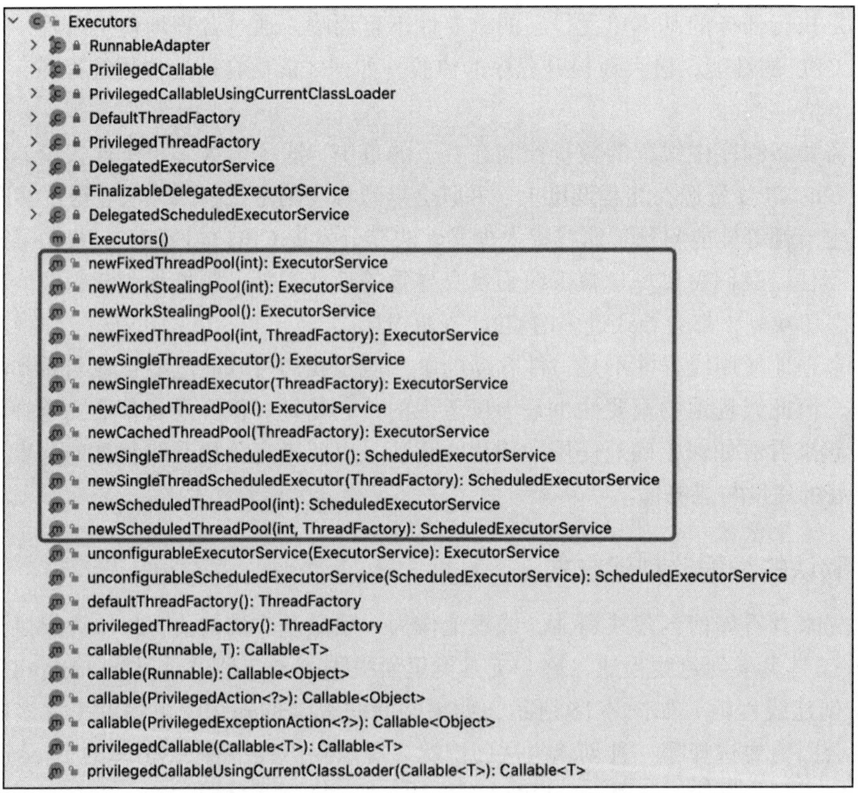

图 4-15　Executors 提供的线程池创建方法

第二类是 newSingleThreadScheduledExecutor、ScheduledThreadPoolExecutor 这两种方法，它们是用来创建调度线程池的，可以执行延时任务或者周期性任务，通过源码可以看到，它们都是创建的 ScheduledThreadPoolExecutor 对象。而 ScheduledThreadPoolExecutor 实际上也是继承自 ThreadPoolExecutor 对象。

```
public static ScheduledExecutorService newSingleThreadScheduledExecutor() {
    return new DelegatedScheduledExecutorService
        (new ScheduledThreadPoolExecutor(1));
}

public static ScheduledExecutorService newScheduledThreadPool(int corePoolSize) {
    return new ScheduledThreadPoolExecutor(corePoolSize);
}
```

剩下的 newWorkStealingPool 等方法则用到了 ForkJoinPool 这个线程池，代码如下。它其实是在 Java 8 才出现的一种线程池，专门用来处理并发类算法，由于使用场景较少，所以很少用到。

```
public static ExecutorService newWorkStealingPool(int parallelism) {
    return new ForkJoinPool
        (parallelism,
            ForkJoinPool.defaultForkJoinWorkerThreadFactory,
            null, true);
}
```

4.8.2 线程池配置解析

通过分析 Executors 对象创建线程池的方法，可以发现这些线程池都是 ThreadPoolExecutor 不同入参的实现类。如果我们能将 ThreadPoolExecutor 构造函数中的入参全部熟悉了，那么也就掌握了线程池的用法，所以我们看一下该对象的构造函数中的入参有哪些。ThreadPoolExecutor 对象的构造函数如下。

```
public ThreadPoolExecutor(int corePoolSize,
            int maximumPoolSize,
            long keepAliveTime,
            TimeUnit unit,
            BlockingQueue<Runnable> workQueue,
            ThreadFactory threadFactory,
            RejectedExecutionHandler rejectedExecutionHandler)
```

该构造函数中每个入参的详细解释见表 4-6。

表 4-6　线程池构造函数入参详细解释

入参	解释
corePoolSize（核心线程数量）	在线程池被创建时，会预先创建一定数量的核心线程，并让它们保持活动状态，以便能够立即执行任务。除非手动调用了 allowCoreThreadTimeOut 方法用来申明核心线程需要退出，否则核心线程启动后便一直是存活不退出的状态，即使当前没有任务可执行，也不会被销毁。通过设置适当的核心线程数，可以平衡线程池的性能和资源消耗。如果核心线程数设置得太小，可能无法及时处理到达的任务，导致性能下降；而设置得太大则可能会浪费系统资源

(续)

入参	解释
maximumPoolSize（最大线程数量）	当有新任务到来，而核心线程又全在执行任务无法响应这些新的任务时，这些新任务会放在缓存队列中，如果缓存队列也满了，线程池就会启动新的线程来执行这些任务，这些线程被称为非核心线程，非核心线程的数量加上核心线程的数量就是线程池的最大线程数量
keepAliveTime（非核心线程的空闲时间）	keepAliveTime 定义了非核心线程在空闲状态下的存活时间。如果一个非核心线程的空闲时间达到了 keepAliveTime 所设定的值，那么它就会被线程池回收销毁以减少资源消耗
unit（时间单位）	keepAliveTime 的时间单位，如秒、分等
workQueue（任务队列）	线程池中用于存储待执行任务的缓存队列，常见的缓存队列有 LinkedBlockingDeque 和 SynchronousQueue 这两种：LinkedBlockingDeque 是一个双向的并发队列，主要用于 CPU 线程池；SynchronousQueue 虽然也是一个队列，但它并不能存储任务，所以该队列会将添加进来的任务直接交给新的线程去处理，而不会存储这些任务，主要用于 I/O 线程池。任务队列在线程池中起到重要的作用，它可以帮助控制并发任务的数量，平衡任务的生产和消费速度，以及提供任务的排队机制
threadFactory（线程工厂）	创建线程的工厂对象，可用于自定义线程的创建方式和属性，包括线程的名称、优先级、线程组等。在虚拟内存优化部分也提到过，可以使用自定义的线程工厂，来创建栈空间只有 512 KB 的线程
rejectedExecutionHandler（拒绝策略）	当线程池已经饱和，无法再接受新的任务时，拒绝策略定义了对这些新任务的处理方式。默认的策略会抛出 RejectedExecutionException 异常，并阻止任务的提交

这里需要特别注意的是，只有当 workQueue 缓存队列容量满了，才会开始创建非核心线程用于新任务的执行，我们可以通过 ThreadPoolExecutor 的 execute 方法证实这一点，实现代码如下。

```
public void execute(Runnable command) {
    if (command == null)
        throw new NullPointerException();

    int c = ctl.get();
    // 如果线程数小于核心线程，则直接创建线程执行任务
    if (workerCountOf(c) < corePoolSize) {
        if (addWorker(command, true))
            return;
        c = ctl.get();
    }
    // 如果核心线程已满并且都在运行状态，则将 task 添加到 workQueue 缓存队列中
    if (isRunning(c) && workQueue.offer(command)) {
        int recheck = ctl.get();
        if (! isRunning(recheck) && remove(command))
            reject(command);
        else if (workerCountOf(recheck) == 0)
            // 如果线程数为 0，则调用 addWorker 创建线程
            addWorker(null, false);
    }
    // 当 task 往队列中添加失败时，才会调用 addWorker 启动新的线程
    else if (!addWorker(command, false))
```

```
        reject(command);
    }
```

通过对线程池入参的了解，我们知道了一个线程池的配置项是多样的，需要结合设备的性能和业务的特性去合理地配置，以此来提升线程池的调度效率，但是使用 Executors 对象提供的线程池创建方法无法灵活配置这些参数，导致通过默认方式创建的线程池无法充分提升调度效率。因此我们接着来看如何自定义创建线程池。

4.8.3 线程池类型及创建

想要创建更合理的线程池，还需要进一步了解线程池的类型有哪些，它们又各有什么特性，这样才能针对业务的场景自定义更合适的线程池。在业务中使用最频繁的主要有调度线程池、CPU 线程池、I/O 线程池这 3 类线程池。不同类型的线程池有不同的职责，专门用来处理对应类型的任务：调度线程池用来处理周期或延时任务，如性能指标的采集等；CPU 线程池用来处理 CPU 类型的任务，如计算、逻辑操作、UI 渲染等；I/O 线程池用来处理 I/O 类型的任务，如拉取网络数据、往磁盘中读写数据等。

我们先看看调度线程池，它继承自 ThreadPoolExecutor，是对 ThreadPoolExecutor 的封装和扩展，调度线程池的构造函数如下所示。

```
public ScheduledThreadPoolExecutor(int corePoolSize,
                  ThreadFactory threadFactory,
                  RejectedExecutionHandler handler) {
    super(corePoolSize, Integer.MAX_VALUE,
        DEFAULT_KEEPALIVE_MILLIS, MILLISECONDS,
        new DelayedWorkQueue(), threadFactory, handler);
}
```

可以看到构造函数已经定义好了大部分的入参，我们能够设置的入参只有核心线程数量、线程工厂和拒绝策略，因此对于调度线程池来说，并不需要考虑如何定义入参，用默认提供的方法创建即可。所以我们需要重点掌握的是 CPU 线程池和 I/O 线程池，下面就详细看看这两类线程池。

1. CPU 线程池

CPU 线程池的主要作用是有效地管理和执行 CPU 密集型任务，以达到充分利用 CPU 资源、提升应用性能的目的。带着这个目的，我们看一下 CPU 线程池的入参要如何设置。

（1）corePoolSize 核心线程数

首先是 corePoolSize 核心线程数。CPU 线程池是用来执行 CPU 类型的任务的，所以它的核心线程数量一般为 CPU 的核数，理想情况是每一个 CPU 核心运行一个线程，这种情况下既能充分发挥 CPU 的性能，还减少了频繁调度导致的 CPU 资源损耗。虽然程序在实际运行过程中无法达到理想情况，但是将核心线程数设置为 CPU 的核数依然是最稳妥的配置。

(2) maximumPoolSize 最大线程数

对于 CPU 线程池来说，每个 CPU 核心对应一个线程，就能将 CPU 的性能充分发挥出来，如果线程数量超过了 CPU 的核数，只会带来不必要的 CPU 切换和调度导致的性能损耗。因此，CPU 线程池的最大线程数就是核心线程数，当 CPU 线程池中的线程已处于忙碌状态而无法处理新任务时，新来的任务将被放入任务缓存容器中。

(3) keepAliveTime 线程存活时间

因为 CPU 线程池中没有非核心线程，所以 keepAliveTime 这个表示非核心线程数的存活时间的值设置为 0 即可。

(4) workQueue 任务缓存队列

CPU 线程池中一般使用 LinkedBlockingDeque，这是一个可以设置容量并支持并发的队列。由于 CPU 线程池的线程数量较少，如果较多任务到达且没有空闲的核心线程可以执行任务时，这些任务就需要放在缓存队列中。缓存队列的容量默认情况下是无限大的，但是这样的容量设置并不是一个好的选择。如果程序中出现异常的死循环逻辑不断地往队列中添加任务，而这个队列却能一直缓存任务，那么就很难发现异常。但是如果我们将这个队列设置成有限的，比如最多 512 个任务，那么异常的死循环就会将队列打满，接下来的任务将进入拒绝策略的逻辑中，这样就可以在拒绝策略中添加监控，从而及时发现这个异常了。

(5) 拒绝策略

如果缓存队列中存储的任务达到上限，并且也没有可用的非核心线程来处理这些无法放在缓存队列中的任务，那么这些任务就会进入一个异常的兜底函数 rejectedExecution 中，Executors 对象创建的线程池使用的是默认的兜底策略，其代码如下，可以看到此时会直接抛出异常。

```java
public static class AbortPolicy implements RejectedExecutionHandler {

    public AbortPolicy() { }

    public void rejectedExecution(Runnable r, ThreadPoolExecutor e) {
        throw new RejectedExecutionException("Task " + r.toString() +
                                             " rejected from " +
                                             e.toString());
    }
}
```

但是直接抛出异常会导致程序崩溃，影响用户体验。为了更好的用户体验，我们需要自定义拒绝策略，对异常的任务和线程池进行上报，以便后续用于问题的排查和修复，同时还可以将这些任务添加到一个可以执行并发任务的 Handler 中，让 Handler 来兜底执行这些任务，从而将程序的影响降到最低，代码如下。

```java
class CoreRejectedExecutionHandler implements RejectedExecutionHandler {

    @Override
```

```
        public void rejectedExecution(Runnable r, ThreadPoolExecutor executor) {
            String taskName = r.getClass()
            // 异常上报
            report(taskName, executor);
            if (rejectHandlerThread == null) {
                HandlerThread rejectHandlerThread = new HandlerThread("core-reject");
                rejectHandlerThread.start();
                sRejectThreadHandler = new LarkHandler(rejectHandlerThread.getLooper());
            }
            // 通过 handler 兜底执行任务
            sRejectThreadHandler.post(task);
        }
    }
```

(6) ThreadFactory 线程工厂

线程工厂可以用来设置线程的属性，因此我们可以通过线程工厂对线程进行统一的命名，统一命名后的线程在分析和排查异常或性能问题时会有很大的帮助，我们还可以统一提升 CPU 线程池中线程的优先级，以此来提升 CPU 线程池执行任务的效率，自定义线程工厂的实现代码如下，首先通过构造函数传入线程的前缀名以及线程的优先级，为了保障线程优先级设置的成功率，再将 Runnable 包装；然后在线程真正运行的时候，也就是在 Runnable 的 run 方法中，通过 Process.setThreadPriority 方法进行优先级的设置。

```
public class CoreThreadFactory implements ThreadFactory {
    private static final String TAG = "CoreThreadFactory";

    private final AtomicInteger mThreadNum = new AtomicInteger(1);
    private final String mPrefix;
    private final int priority;

    public CoreThreadFactory(String prefix, int priority) {
        this.mPrefix = prefix;
        this.priority = priority;
    }

    @Override
    public Thread newThread(Runnable runnable) {
        String name = mPrefix + "-" + mThreadNum.getAndIncrement();
        Thread ret = new Thread(new AdjustThreadPriority(priority, runnable), name);
        return ret;
    }

    public static class AdjustThreadPriority implements Runnable {
        private final int priority;
        private final Runnable task;

        public AdjustThreadPriority(int priority, Runnable runnable) {
            this.priority = priority;
            task = runnable;
```

```
        }
        @Override
        public void run() {
            try {
                // 在线程真正运行时再设置优先级
                Process.setThreadPriority(priority);
            } catch (Exception e) {
                Log.e(TAG, "AdjustThreadPriority run: ", e);
            }
            task.run();
        }
    }
}
```

了解了这些参数该如何配置后，我们就来看一下要如何创建一个好用的 CPU 线程池。基于架构的扩展性考虑，我们可以创建一个 CoreThreadPoolExecutor 类来继承 ThreadPoolExecutor，之后的 CPU 线程池和 I/O 线程池都可以继承该 CoreThreadPoolExecutor 对象，而不是直接继承 ThreadPoolExecutor。线程池架构的 UML 图如图 4-16 所示。

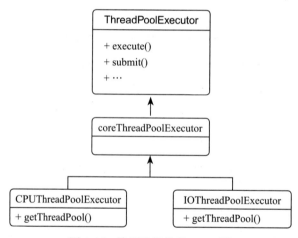

图 4-16　线程池架构的 UML 图

接着在该 CoreThreadPoolExecutor 对象中完成一些基础的配置，如拒绝策略等，方案实现代码如下。

```
public class CoreThreadPoolExecutor extends ThreadPoolExecutor {
    public CoreThreadPoolExecutor(int corePoolSize,
                int maximumPoolSize,
                long keepAliveTime,
                BlockingQueue<Runnable> queue,
                CoreThreadFactory threadFactory) {
        super(corePoolSize, maximumPoolSize, keepAliveTime, TimeUnit.SECONDS,
            queue, threadFactory);
        setRejectedExecutionHandler(sRejectedExecutionHandler);
```

```
    }

    public void execute(Runnable command) {
        super.execute(command);
    }

    public Future<?> submit(@NotNull Runnable task) {
        super.submit(task);
    }

    ......
}
```

我们接着来实现 CPU 线程池。CPU 线程池可以命名为 CpuThreadPoolExecutor，也可以命名为 FixedThreadPoolExecutor，这两个类名都能反映出其线程池的特性，笔者这里使用 CpuThreadPoolExecutor 作为名称，该对象需要提供静态方法 getThreadPool 用于创建或获取 CPU 线程池。对于 CPU 线程池，我们可以将优先级设置得高一些，比如设置为 Process.THREAD_PRIORITY_DISPLAY 级别，方案的实现代码如下。

```
class CPUThreadPoolExecutor extends CoreThreadPoolExecutor {
    private static final int CPU_COUNT = Runtime.getRuntime().availableProcessors();
    protected static final int CORE_POOL_SIZE = CPU_COUNT;
    protected static final int MAX_POOL_SIZE = CPU_COUNT;
    private static final int BLOCK_QUEUE_CAPACITY = 512;
    private static ThreadPoolExecutor coreCPUThreadPoolExecutor;

    private CoreCPUThreadPoolExecutor(BlockingQueue<Runnable> blockingQueue,
                    CoreThreadFactory threadFactory) {
        super(CORE_POOL_SIZE,
            MAX_POOL_SIZE,
            0,
            blockingQueue,
            threadFactory);
    }

    public static ThreadPoolExecutor getThreadPool() {
        if(coreCPUThreadPoolExecutor == null){
            synchronized (CPUThreadPoolExecutor.class) {
                if (coreCPUThreadPoolExecutor == null) {
                    coreCPUThreadPoolExecutor = new CPUThreadPoolExecutor(
                            new LinkedBlockingDeque<Runnable>(BLOCK_QUEUE_CAPACITY),
                            new CoreThreadFactory("CPU",
                                Process.THREAD_PRIORITY_DISPLAY));
                }
            }
        }
        return coreCPUThreadPoolExecutor;
    }
}
```

2. I/O 线程池

当系统进行 I/O 操作时，会将其交给 DMA（Direct Memory Access，直接存储器访问）硬件来处理，因此不需要通过 CPU 便能进行数据传输，所以 I/O 任务对 CPU 资源的消耗是很少的。对于 I/O 线程池来说，由于 I/O 任务对 CPU 资源的消耗不高，所以每来一个 I/O 任务便可以直接交给一个独立的线程去执行，并不需要放入缓存队列中，这样可以保证每个 I/O 任务都能及时响应。如果多个 I/O 任务复用同一个线程，那么当某个 I/O 任务阻塞线程时，其他的 I/O 任务也会无法执行。了解了这一特性，我们来看看 I/O 线程池的入参如何设置。

- **corePoolSize 核心线程数**：I/O 线程池的 corePoolSize 核心线程数没有硬性规定，它和我们应用程序的业务场景有关。如果 I/O 任务比较多，就得设置得多一些，因为太少了就会因为 I/O 线程频繁创建和销毁而产生性能损耗。如果业务场景中的 I/O 任务不多，直接设置为 0 个也没问题，通过 Exectors 对象创建出来的 I/O 线程池的核心线程数量就是 0 个。
- **maximumPoolSize 最大线程数**：I/O 任务实际上消耗的 CPU 资源是非常少的，当需要读写数据的时候，系统会交给 DMA 芯片去处理，此时调度器就会让当前线程进行休眠，并且把 CPU 资源切换给其他线程使用。所以对于 I/O 线程池，maximumPoolSize 最大线程数可以多设置一些，确保每个 I/O 任务都能有一个对应的线程来执行，这样可以保障 I/O 任务能尽快得到执行。一般来说，中小型应用设置几十个线程数就足够了，即使是大型应用，也不建议将数量设置得特别大，比如通过 Exectors 对象创建出来的 I/O 线程池的最大线程数就是无限大的，这样会导致当程序出现死循环等异常时，I/O 线程池中的任务无法进入拒绝策略。
- **缓存队列**：I/O 线程池是不需要缓存任务的，因为每来一个任务，线程池都会启用一个独立的线程去执行这个任务，所以对于 I/O 线程池来说，我们一般都是传入 SynchronousQueue 这个容量为 0 的队列。
- **keepAliveTime 线程存活时间**：非核心线程的存活时间也需要根据业务场景来决定，如果业务中很频繁地出现大量 I/O 场景，就可以将存活时间设置得长一些，如果是低频的大量 I/O 场景，就可以将存活时间设置得短一些，这样可以减少无用线程对内存资源的消耗。
- **异常兜底策略**：I/O 线程池的异常兜底策略可以和 CPU 线程池一样，也就是先将异常上报，然后将进入兜底机制的任务用一个兜底的线程去执行即可。

根据上面的入参配置，I/O 线程池的创建代码如下，I/O 线程的优先级会比 CPU 线程低一些，所以可以设置成 THREAD_PRIORITY_DISPLAY 级别。

```
class IOThreadPoolExecutor extends CoreThreadPoolExecutor {
    private static final int CPU_COUNT = Runtime.getRuntime().availableProcessors();
    private static final int CORE_POOL_SIZE = 1;
    private static final int MAX_POOL_SIZE = 64;
```

```java
    private static final int KEEP_ALIVE_TIME = 30;
    private static ThreadPoolExecutor coreIOThreadPoolExecutor;


    private IOThreadPoolExecutor(BlockingQueue<Runnable> blockingQueue,
                      CoreThreadFactory threadFactory) {
        super(CORE_POOL_SIZE,
            MAX_POOL_SIZE,
            KEEP_ALIVE_TIME,
            blockingQueue,
            threadFactory);
    }

    public static CoreThreadPoolExecutor getThreadPool() {
        if(coreIOThreadPoolExecutor == null){
            synchronized (IOThreadPoolExecutor.class) {
                if (coreIOThreadPoolExecutor == null) {
                    coreIOThreadPoolExecutor = new CoreIOThreadPoolExecutor(
                        new SynchronousQueue<Runnable>(),
                        new CoreThreadFactory("IO",
                            Process.THREAD_PRIORITY_LESS_FAVORABLE));
                }
            }
        }
        return coreIOThreadPoolExecutor;
    }
}
```

4.8.4　线程池监控

当我们创建完合适的线程池后，还能进一步完善线程池的功能，比如监控运行在线程池中的任务的耗时。如果任务耗时超过设置的阈值，则可以通过日志输出或者当作异常上报，这样的能力对于合理地使用线程池有很大的帮助。

1. 任务耗时监控

要监控任务的耗时，只需要对 Runnable 进行封装即可，通过前面我们定义的 CoreThreadPoolExecutor 的公共基类，就可以对 execute、submit 等方法中的 Runnable 进行封装，代码如下所示。

```java
public class CoreThreadPoolExecutor extends ThreadPoolExecutor{
    ……

    public void execute(Runnable command) {
        Runnable newTask = new CoreTask(command, this);
        super.execute(newTask);
    }
}
```

在封装对象 CoreTask 中，我们可以进一步根据线程池的类型设置耗时阈值，对超过耗时阈值的任务进程进行日志打印和上报，方案的代码如下所示。在展示的代码中，笔者将 CPU 线程池的超时阈值设置为 1s，I/O 线程池的超时阈值设置为 8s，在实际开发中，我们需要根据业务场景的特性去设置线程池任务的超时阈值。

```java
public class CoreTask implements Runnable{
    private final CoreThreadPoolExecutor mExecutor;
    protected final Runnable mCommand;
    public CoreTask(@NonNull Runnable r, @Nullable ICoreThreadPool executor) {
        mExecutor = executor;
        mCommand = r;
    }

    @Override
    public void run() {
        long mTaskBeginExecTime = SystemClock.uptimeMillis();
        try {
            mCommand.run();
        } finally {
            runTime = SystemClock.uptimeMillis() - mTaskBeginExecTime;
            boolean bTaskOverLimit = false;
            if (mExecutor != null) {
                // 根据不同的线程池类型，设置超时阈值
                if (mExecutor instanceof CPUThreadPoolExecutor) {
                    if (1000 < runtime) {
                        bTaskOverLimit = true;
                    }
                } else if (mExecutor instanceof IOThreadPoolExecutor) {
                    if (8000 < runtime) {
                        bTaskOverLimit = true;
                    }
                }
            }

            if (bTaskOverLimit) {
                Log.w(TAG, poolName + ", taskname: " + orgTaskName +
                    ", dispatchtime & runtime is(ms) " +
                    dispatchTime + ", " + runtime +
                    "maxQueueWaitTime & MaxRunTime is " +
                    maxQueueWaitTimeMS + ", " + maxRunTimeMS);
                // 根据采样率判断是否需要上报
                ifNeedReport(......)
            }
        }
    }
}
```

2. 任务死锁监控

我们已经监控了线程池中的高耗时任务，除了高耗时任务外，死锁任务也是对线程池

性能影响很大的一个因素。当发生死锁时,任务会长时间无法退出,此时会导致该线程不可用,而且死锁发生时,往往不仅是一个线程在获取锁,而是会有多个线程因为无法获取锁而处于不可用状态。对于线程数量有限的线程池来说,特别是只有数个线程的 CPU 线程池,没有足够的线程来执行任务必然会对性能产生较大的影响。

任务发生死锁时,这个任务并不会退出,所以无法通过这个任务的耗时来判断该任务是否发生死锁,此时可以换个思路来进行死锁的判断。我们可以在任务开始前将任务名放入一个容器中,然后在任务结束时从容器中移除该任务,对于容器中长时间没有被移除的任务名,此时便可以判断该任务发生了死锁。基于这个思路,下面详细介绍一下方案。

1)死锁监控的关键步骤是在任务开始执行前,把任务名放入容器中,这里可以以 Map 为容器,以键为任务名,以值为时间戳。基于设计规范考虑,该 Map 容器可以放入线程池的 CoreThreadPoolExecutor 基类中,并且 CoreThreadPoolExecutor 继承定义有 addTaskRecord 和 removeTaskRecord 方法的抽象接口。在这两个接口中,我们对任务名和时间戳进行放入和移除操作,代码如下。

```java
public interface ICoreThreadPool {
    String getThreadPoolName();

    void addTaskRecord(String taskName,int taskHash);

    void removeTaskRecord(String taskName,int taskHash);

    HashMap<String, Long> getRunningTaskMap();

}

public class CoreThreadPoolExecutor extends ThreadPoolExecutor
        implements ICoreThreadPool {
    ......
    private HashMap<String, Long> mTaskMap = new HashMap<>();

    @Override
    public void addTaskRecord(String taskName, int taskHash) {
        if (CoreThreadPool.getCoreThreadPoolServiceSwitch()) {
            synchronized (mTaskMap) {
                mTaskMap.put(taskName + "#" + taskHash, System.currentTimeMillis());
            }
        }
    }

    @Override
    public void removeTaskRecord(String taskName, int taskHash) {
        long taskBeginTime = 0;
        synchronized (mTaskMap) {
            if(mTaskMap.get(taskName + "#" + taskHash) == null){
                return;
```

```
            }
            taskBeginTime = mTaskMap.remove(taskName + "#" + taskHash);
        }
    }

    @Override
    HashMap<String, Long> getRunningTaskMap(){
        return mTaskMap;
    }
}
```

2）我们已经将线程池对象传入自定义的 CoreTask 中，由于线程池实现了 ICoreThreadPool 接口，因此可以在任务执行前后直接使用 addTaskRecord 和 removeTaskRecord 用于任务名的记录和移除操作，代码如下。

```
public class CoreTask implements Runnable{
    private final CoreThreadPoolExecutor mExecutor;
    protected final Runnable mCommand;
    public CoreTask(@NonNull Runnable r, @Nullable ICoreThreadPool executor) {
        mExecutor = executor;
        mCommand = r;
    }

    @Override
    public void run() {
        long mTaskBeginExecTime = SystemClock.uptimeMillis();
        try {
            ……
            // 将任务添加到集合中
            mExecutor.addTaskRecord(mCommand.getClass().toString(), hashCode());
            // 执行真正的 Task
            mCommand.run();
        } finally {
            ……
            // 将任务从集合中移除
            mExecutor.removeTaskRecord(mCommand.getClass().toString(), hashCode());
        }
    }
}
```

3）我们还需要一个线程专门去监控 Map 容器中是否存在长时间没有被移除的任务，此外可以通过周期任务线程池来进行监控，频率可以根据业务来调整，这里设置的是 10s/ 次。在检测容器中的任务时，如果发现有超过 30s 未执行完的任务，我们便认为该任务发生了死锁，此时可以进行日志打印和数据上报，代码如下。

```
// 启动周期性任务
Executors.newSingleThreadScheduledExecutor()
        .scheduleWithFixedDelay.
        scheduleWithFixedDelay(new TestTask(), 10, 10, TimeUnit.SECONDS);
```

```java
public static class CheckLockedTask implements Runnable {
    @Override
    public void run() {
        ICoreThreadPool cpuThreadPool = CoreCPUThreadPoolExecutor.getThreadPool();
        // 检测 CPU 线程池是否有任务死锁
        synchronized (cpuThreadPool.getRunningTaskMap()) {
            checkLongRunTask(cpuThreadPool.getRunningTaskMap(),
                    cpuThreadPool.getThreadPoolName(), 30*1000);
        }
        // 检测 I/O 线程池是否有任务死锁
        ICoreThreadPool ioThreadPool = CoreIOThreadPoolExecutor.getThreadPool()
        synchronized (ioThreadPool.getRunningTaskMap()) {
            checkLongRunTask(ioThreadPool.getRunningTaskMap(),
                ioThreadPool.getThreadPoolName(), 30*1000);
        }
    }
}

private static void checkLongRunTask(HashMap<String, Long> taskMap,
        String threadPoolName, int maxTime) {
    for (Map.Entry<String, Long> entry : taskMap.entrySet()) {
        // 判断任务耗时是否超过阈值
        if (System.currentTimeMillis() - entry.getValue() >= maxTime) {
            //key 由 taskname#hashcode 拼接
            String taskName = entry.getKey().split("#")[0];
            long runningTime = System.currentTimeMillis() - entry.getValue();
            // 打印异常日志或进行数据上报
            Log.w(TAG, threadPoolName + ", taskname: " +
                    taskName + "run time over " + runningTime);

        }
    }
}
```

第 5 章

稳定性优化原理

本章出现的源码：

1）EventHub.cpp，访问链接为 https://cs.android.com/android/platform/superproject/+/android14-release:frameworks/native/services/inputflinger/reader/EventHub.cpp。

2）InputDispatcher.cpp，访问链接为 https://cs.android.com/android/platform/superproject/+/android14-release:frameworks/native/services/inputflinger/dispatcher/InputDispatcher.cpp。

3）ActivityManagerService，访问链接为 https://cs.android.com/android/platform/superproject/+/android14-release:frameworks/base/services/core/java/com/android/server/am/ActivityManagerService.java。

4）BroadcastQueueImpl，访问链接为 https://cs.android.com/android/platform/superproject/+/android14-release:frameworks/base/services/core/java/com/android/server/am/BroadcastQueueImpl.java。

5）ActiveServices，访问链接为 https://cs.android.com/android/platform/superproject/+/android14-release:frameworks/base/services/core/java/com/android/server/am/ActiveServices.java。

在性能优化的所有方向中，稳定性优化是最重要的一项，可以说稳定性是一款程序的基石。因为即使程序在其他方向上的优化做得再好，但在使用过程中经常出现无响应或者崩溃，那么用户也是不能忍受的，很大概率会卸载程序或者减少使用时长。

想要做好稳定性优化，就需要先掌握稳定性相关的底层知识和原理，常见的稳定性问题主要包括 ANR、Crash 这两类，本章会详细介绍这两类问题。

5.1 ANR

ANR（Application Not Responding）指的是应用长时间无法响应用户操作的情况。这种情况发生时，系统会出现弹窗，让我们选择是否强行关闭程序。图 5-1 所示是一个常见的 ANR 弹窗。

5.1.1 ANR 的类型

Android 系统中定义的 ANR 有下面 4 类。
- InputDispatching TimedOut（输入事件分发超时）：应用在 5s 内无法处理触摸、按键等输入事件时触发。
- BroadcastReceiver Timeout（广播接收超时）：前台广播在 10s 内、后台广播在 60s 内未执行完成 onReceiver 方法时触发。
- Service Timeout（服务启动超时）：前台服务在 20s 内、后台服务在 200s 内未启动完成时触发。
- ContentProvider Timeout（内容提供者发布超时）：10s 内没有完成发布流程时触发。

图 5-1　ANR 弹窗

仅简单了解上述 ANR 的类型定义对 ANR 优化来说是远远不够的，我们还需要深入 Android 源码来了解 ANR 产生的机制和原理。网上有很多介绍上述 ANR 机制和原理的文章，但大都冗余且复杂，很容易让人迷失在代码的海洋中，所以这里采用精简且聚焦的方式讲解上述 ANR 产生的机制和原理。

1. 输入事件分发超时

在了解输入事件分发超时之前，我们需要先了解什么是输入事件分发。输入事件分发是指 Android 系统将触摸、按键等操作事件传递给对应程序的 Activity、Fragment 等组件的过程，这个过程主要在 InputFlinger 进程中进行，涉及事件的捕获、传递、处理和响应等多个环节。该过程中的主要成员对象有 EventHub、InputReader、InputDispatcher，这几个对象的详细作用如下。
- EventHub：负责从底层的输入设备驱动程序接收原始的输入事件数据，并将原始的输入事件数据转换为触摸（MotionEvent）、按键（KeyEvent）等输入事件对象，并传递给 InputReader 线程。
- InputReader：InputReader 是一个线程，它会不断读取 EventHub 中的输入事件，并根据设备类型和输入源，对输入事件做进一步的转换、加工和分类，比如将多点触控事件转换为手势事件、将按键事件转换为字符事件等。
- InputDispatcher：InputDispatcher 也是一个线程，根据该对象的名称也能明白它的作用主要是进行事件分发。它从 InputReader 那里接收加工后的输入事件，再根据分发策略将输入事件分发给合适的窗口或程序。在分发事件时，它会根据输入事件的类型设定一个超时时间，如果在超时时间内没有收到对应的窗口或程序的消费结果，InputDispatcher 便会认为窗口或应用无响应，从而触发"InputDispatching TimedOut"错误。

这 3 个对象处理事件分发的简化流程如图 5-2 所示。

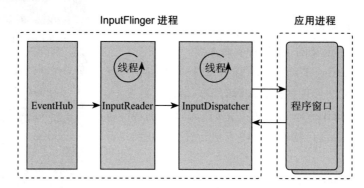

图 5-2　EventHub、InputReader、InputDispatcher 对象处理事件分发的流程

事件分发的流程非常长，我们主要聚焦在 ANR 的触发逻辑上。在分发的过程中会有多个原因触发"InputDispatching TimedOut"这个 ANR，这些原因都可以归于窗口未就绪和窗口处理超时这两类。

- 窗口未就绪：InputDispatcher 要分发的窗口没有准备好接收新的输入事件，例如出现窗口已暂停、窗口连接已死亡、窗口连接已满等情况，InputDispatcher 会等待窗口就绪，但如果等待时间超过 5s，就会触发 ANR。
- 窗口处理超时：InputDispatcher 将输入事件分发给窗口后，如果窗口在 5s 内没有给 InputDispatcher 返回事件处理结果，InputDispatcher 则会认为窗口处理超时，并触发 ANR。

在实际场景中，大部分输入事件分发超时都是因为窗口处理超时导致的，而窗口处理超时中最常见的是主线程处理任务超时。下面介绍窗口处理超时导致 ANR 的具体流程。

1）对 InputDispatcher 来说，每一个窗口都以一个 Connection 对象来维护。在事件分发时，InputDispatcher 会首先寻找到正确的 Connection 对象。

2）当 InputDispatcher 找到对应的 Connection 对象后，就会通过 Socket 通信将事件分发给程序窗口，程序窗口会通过 InputChannel 对象来接收事件，InputDispatcher 分发完该事件后，会接着将事件放入 waitQueue 队列中。

3）如果程序窗口的主线程消费了这个事件，InputChannel 会通过 Socket 通信来通知 InputDispatcher 从 waitQueue 队列中移除这个事件。

4）InputDispatcher 在进行下一次事件分发时，会判断 waitQueue 队列中是否有事件在

5s 内未被移除，如果有就认为发生了 ANR。

上述流程示意如图 5-3 所示。

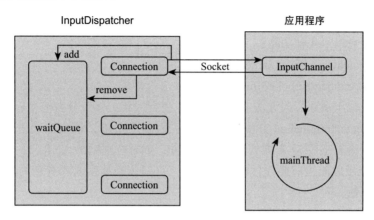

图 5-3　InputDispatcher 事件分发流程

我们接着通过源码来更深入地了解 InputDispatcher 分发事件、waitqueue 队列添加和移除事件，以及 InputDispatcher 通过 waitqueue 队列中的事件判断 ANR 是否发生这 3 个关键步骤的实现。

（1）InputDispatcher **分发事件**

InputDispatcher 是一个不断运行的线程，该线程会循环执行 dispatchOnce 方法来进行事件的分发。该方法的代码如下。

```
void InputDispatcher::dispatchOnce() {
    nsecs_t nextWakeupTime = LONG_LONG_MAX;
    {
        std::scoped_lock _l(mLock);
        mDispatcherIsAlive.notify_all();
        // 1. 分发输入事件
        if (!haveCommandsLocked()) {
            dispatchOnceInnerLocked(&nextWakeupTime);
        }
        // 2. 处理输入命令
        if (runCommandsLockedInterruptable()) {
            nextWakeupTime = LLONG_MIN;
        }
        // 3. 处理 ANR，并返回下一次线程唤醒的时间
        const nsecs_t nextAnrCheck = processAnrsLocked();
        nextWakeupTime = std::min(nextWakeupTime, nextAnrCheck);

        if (nextWakeupTime == LONG_LONG_MAX) {
            mDispatcherEnteredIdle.notify_all();
        }
    }
    nsecs_t currentTime = now();
```

```
        int timeoutMillis = toMillisecondTimeoutDelay(currentTime, nextWakeupTime);
        // 4. 线程休眠 timeoutMillis 毫秒
        mLooper->pollOnce(timeoutMillis);
}
```

该方法主要有以下 4 种功能：
- 调用 dispatchOnceInnerLocked 方法分发事件。
- 调用 runCommandsLockedInterruptable 方法处理输入命令，横竖屏切换、音量的调节等都是输入命令。该方法会对输入命令进行封装，然后分发给目标对象处理。
- 调用 processAnrsLocked 方法来判断是否发生了 ANR，该方法会去 waitQueue 队列中寻找是否有超过 5s 未被处理的输入事件，如果有则抛出 ANR。
- 基于性能考虑使当前线程休眠一定时间，直到休眠结束或者有新的输入事件要分发时再被唤醒。

dispatchOnceInnerLocked 即为事件分发的方法，但由于这个方法的内部逻辑和路径非常多，因此我们在这里先通过时序图来了解该方法的主路径，如图 5-4 所示。

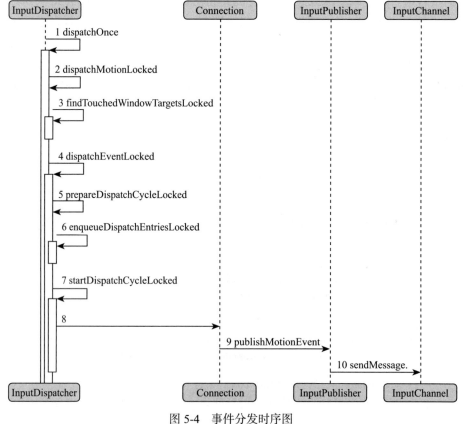

图 5-4 事件分发时序图

在时序图中，序列 3 中的 findTouchedWindowTargetsLocked 方法会根据焦点寻找目标窗口，序列 7 中的 startDispatchCycleLocked 便会通过对应的 Connection 将事件分发给程序中的 InputChannel，我们主要看看这个方法的实现过程。该方法的简化代码如下所示。

```
void InputDispatcher::startDispatchCycleLocked(nsecs_t currentTime, const sp<Connection>&
    connection) {
    // 遍历 Connection 的 outboundQueue 队列，直到队列为空或者 Connection 状态异常
    while (connection->status == Connection::STATUS_NORMAL &&
           !connection->outboundQueue.isEmpty()) {
        // 取出队列头部的 DispatchEntry 对象
        DispatchEntry* dispatchEntry = connection->outboundQueue.head;
        // 设置分发时间为当前时间
        dispatchEntry->deliveryTime = currentTime;
        status_t status;
        // 获取对应的 EventEntry 对象
        EventEntry* eventEntry = dispatchEntry->eventEntry;
        // 1. 根据事件类型，调用不同的 publish 函数，将输入事件发送给目标窗口或应用
        switch (eventEntry->type) {
            case EventEntry::TYPE_KEY: {
                status = connection->inputPublisher.publishKeyEvent(……);
                break;
            }
            case EventEntry::TYPE_MOTION: {
                status = connection->inputPublisher.publishMotionEvent(……);
                break;
            }
            default:
                return;
        }
        // 2. 判断发送状态是否正常
        if (status) {
            if (status == WOULD_BLOCK) {
                /* 如果发送状态为 WOULD_BLOCK，
                   表示目标窗口或应用的 InputChannel 缓存区已满，无法接收新的输入事件，
                   此时会直接中断分发循环，并触发 ANR*/
                ……
            } else {
                /* 如果发送状态为其他错误，表示发送过程出现了异常，
                   也直接中断分发循环，并触发 ANR*/
                abortBrokenDispatchCycleLocked(currentTime, connection, true);
            }
            return;
        }
        // 3. 如果发送状态正常，就将 DispatchEntry 对象从 outboundQueue 队列中移除
        connection->outboundQueue.dequeue(dispatchEntry);
        // 将 DispatchEntry 对象添加到 waitQueue 队列的尾部，等待目标窗口或应用的反馈
        connection->waitQueue.enqueueAtTail(dispatchEntry);
        // 将 DispatchEntry 对象添加到 mAnrTracker 中，用于追踪输入事件的超时情况
        mAnrTracker.insert(dispatchEntry);
    }
}
```

该方法主要有 3 个流程，分别如下。

1）根据输入事件的类型（eventEntry->type）选择目标窗口（connection）对应的事件分发函数（publishMotionEvent 或 publishKeyEvent）来进行事件分发。

2）如果事件分发失败，则中断分发并触发 ANR，此时的 ANR 属于窗口未就绪导致的 ANR。

3）将该输入事件放到 waitQueue 队列中，用于后续进行 ANR 超时判断。

到这里我们就了解了 InputDispatcher 是如何进行事件分发的，在最后一步中，InputDispatcher 将事件放入 waitQueue 队列中，如果该队列中的事件超过 5s 没被移除就会触发 ANR，所以我们接着看一下 waitQueue 队列中的事件是如何被移除的。

（2）InputDispatcher 移除 waitQueue 队列事件

当目标窗口的主线程处理完输入事件后，便会通过 Socket 来通知 InputDispatcher 事件已经消费，InputDispatcher 会在 handleReceiveCallback 方法中处理这一流程，该方法的简化代码如下所示。

```
int InputDispatcher::handleReceiveCallback(int events, sp<IBinder> connectionToken) {
    std::scoped_lock _l(mLock);
    std::shared_ptr<Connection> connection = getConnectionLocked(connectionToken);
    ……
    if (!(events & (ALOOPER_EVENT_ERROR | ALOOPER_EVENT_HANGUP))) {
        ……
        for (;;) {
            //1.接收窗口返回的事件消费反馈
            Result<InputPublisher::ConsumerResponse> result =
                    connection->inputPublisher.receiveConsumerResponse();
            if (!result.ok()) {
                status = result.error().code();
                break;
            }

            if (std::holds_alternative<InputPublisher::Finished>(*result)) {
                const InputPublisher::Finished& finish =
                        std::get<InputPublisher::Finished>(*result);
                //2.处理窗口返回的事件消费反馈
                finishDispatchCycleLocked(currentTime, connection, finish.seq,
                        finish.handled,
                        finish.consumeTime);
            } else if (std::holds_alternative<InputPublisher::Timeline>(*result)) {
                ……
            }
            gotOne = true;
        }
        if (gotOne) {
            //3.执行 command 命令
            runCommandsLockedInterruptable();
            if (status == WOULD_BLOCK) {
```

```
                return 1;
            }
        }
    } else {
        ……
    }

    removeInputChannelLocked(connection->inputChannel->getConnectionToken(), notify);
    return 0;
}
```

该方法的主要流程如下。

1）通过 receiveConsumerResponse 方法来接收窗口返回的事件消费通知。

2）在 finishDispatchCycleLocked 方法中将处理接收的事件的任务封装成 Command 命令。

3）调用 runCommandsLockedInterruptable 方法执行上面封装的 Command 命令。

下面主要来看一下 finishDispatchCycleLocked 方法做的事情，该方法的代码如下。

```
void InputDispatcher::finishDispatchCycleLocked(nsecs_t currentTime,
        const std::shared_ptr<Connection>& connection,
        uint32_t seq, bool handled, nsecs_t consumeTime) {

    if (connection->status == Connection::Status::BROKEN ||
        connection->status == Connection::Status::ZOMBIE) {
        return;
    }

    // 将对窗口的回调处理任务封装成 Command
    auto command = [this, currentTime, connection, seq, handled, consumeTime]()
            REQUIRES(mLock) {
        doDispatchCycleFinishedCommand(currentTime, connection, seq, handled,
            consumeTime);
    };
    // 将 Command 添加到队列中
    postCommandLocked(std::move(command));
}

// 输入事件移除逻辑
void InputDispatcher::doDispatchCycleFinishedCommand(nsecs_t finishTime,
        const std::shared_ptr<Connection>& connection,
        uint32_t seq, bool handled,
        nsecs_t consumeTime) {
    ……

    // 循环遍历 waitQueue 队列
    dispatchEntryIt = connection->findWaitQueueEntry(seq);
    if (dispatchEntryIt != connection->waitQueue.end()) {
        dispatchEntry = *dispatchEntryIt;
        // 移除输入事件
```

```
            connection->waitQueue.erase(dispatchEntryIt);
            const sp<IBinder>& connectionToken = connection->inputChannel->getConnection-
                Token();
            mAnrTracker.erase(dispatchEntry->timeoutTime, connectionToken);
            ……
        }
        startDispatchCycleLocked(now(), connection);
    }
```

可以看到,真正的事件处理函数是 doDispatchCycleFinishedCommand,该函数会遍历 waitQueue 队列寻找对应的事件,找到后会将该事件从 waitQueue 队列中移除,该处理函数被添加到 Command 队列中,直到 runCommandsLockedInterruptable 方法调用时才会从 Command 队列中取出该命令并执行。

(3) InputDispatcher 对 ANR 的判定

我们接着看 dispatchOnce 这个循环执行的方法中的最后一个步骤,即调用 processAnrsLocked 函数来判断 ANR,该函数的代码如下。

```
void InputDispatcher::processAnrsLocked(nsecs_t currentTime) {
    // 遍历所有的 Connection 对象
    for (size_t i = 0; i < mConnectionsByFd.size(); i++) {
        const sp<Connection>& connection = mConnectionsByFd.valueAt(i);
        // 获取 waitQueue 队列
        Queue<DispatchEntry>* waitQueue = &connection->waitQueue;
        if (waitQueue->isEmpty()) {
            continue;
        }
        // 获取目标应用和窗口对象
        sp<InputApplicationHandle> applicationHandle = connection->inputApplicationHandle;
        sp<InputWindowHandle> windowHandle = connection->inputWindowHandle;
        // 遍历 waitQueue 队列中的 DispatchEntry 对象
        for (DispatchEntry* dispatchEntry = waitQueue->head; dispatchEntry; dispatchEntry =
                dispatchEntry->next) {
            // 获取 EventEntry 对象
            EventEntry* eventEntry = dispatchEntry->eventEntry;
            // 获取超时时间
            nsecs_t timeout = getDispatchingTimeoutLocked(applicationHandle, windowHandle);
            nsecs_t startTime = dispatchEntry->deliveryTime;
            nsecs_t waitTime = currentTime - startTime;
            // 判断是否超时
            if (waitTime >= timeout) {
                // 调用 onANRLocked 函数,触发 ANR
                onANRLocked(currentTime, applicationHandle, windowHandle, eventEntry->
                    eventTime, startTime, "input dispatching timed out");
                // 跳出循环,继续处理下一个 Connection 对象
                break;
            }
        }
    }
}
```

从源码中可以看到，processAnrsLocked 函数会遍历所有 Connection 对象的 waitQueue 队列，比较输入事件的超时时间和当前时间，如果当前时间超过了超时时间，就调用 onANRLocked 函数来触发 ANR。onANRLocked 函数的代码如下。

```
void InputDispatcher::onAnrLocked(const std::shared_ptr<Connection>& connection) {
    if (connection == nullptr) {
        LOG_ALWAYS_FATAL("Caller must check for nullness");
    }
    if (connection->waitQueue.empty()) {
        ALOGI("Not raising ANR because the connection %s has recovered",
            connection->inputChannel->getName().c_str());
        return;
    }

    DispatchEntry* oldestEntry = *connection->waitQueue.begin();
    const nsecs_t currentWait = now() - oldestEntry->deliveryTime;
    // 打印 ANR 信息
    std::string reason =
            android::base::StringPrintf("%s is not responding. Waited %" PRId64 "ms "
                for %s",
                connection->inputChannel->getName().c_str(),
                ns2ms(currentWait),
                oldestEntry->eventEntry->getDescription().c_str());
    sp<IBinder> connectionToken = connection->inputChannel->getConnectionToken();
    // 将 ANR 信息发送给窗口
    updateLastAnrStateLocked(getWindowHandleLocked(connectionToken), reason);
    // 发送给 WindowManagerService 处理
    processConnectionUnresponsiveLocked(*connection, std::move(reason));

    cancelEventsForAnrLocked(connection);
}
```

onANRLocked 函数会将 ANR 的超时信息打印出来，通过 Binder 将 ANR 信息发送给目标窗口，并通过 processConnectionUnresponsiveLocked 方法将 ANR 信息发送给 WindowManagerService 做进一步处理。

2. 广播接收超时

广播作为 Android 的 4 大组件之一，在实际场景中的使用是比较频繁的，但是这里不对广播组件做过多介绍，主要还是聚焦于广播产生 ANR 的相关流程上。我们首先了解一下广播的 3 种类型。

- 普通广播（Normal Broadcast）：普通广播是异步的，发送者不关心接收者的处理结果，也不会等待接收者的响应。通过 sendBroadcast 方法发送的广播即为普通广播。
- 有序广播（Ordered Broadcast）：有序广播是同步的，发送者需要等待接收者的处理结果。通过 sendOrderedBroadcast 方法即可发送有序广播。
- 黏性广播（Sticky Broadcast）：这种广播是一种特殊的普通广播，它可以在发送后一直保留在系统中，这样后来注册的接收者也可以收到之前发送的广播。通过 sendStickyBroadcast 方法可发送黏性广播。

上述 3 种类型的广播中，只有有序广播才会导致 ANR，因为该广播是同步的，如果接收者在广播接收函数 onReceive 中的执行耗时超过 10s，系统便会触发"BroadcastReceiver Timeout"类型的 ANR。该 ANR 的触发流程主要有以下几个环节。

1）ActivityManagerService 通过 processNextBroadcast 方法启动广播。

2）启动流程中，如果是有序广播，则会启动"BroadcastReceiver Timeout"这一触发 ANR 的延时任务。

3）阻塞执行 performReceiverLocked 方法，该方法会触发应用中的 Receiver 回调 onReceive 函数，当 onReciver 函数执行完成后，ActivityManagerService 才会继续执行后续流程，移除前面启动过程中触发的 ANR 延时任务。

通过上述流程可以知道，如果在规定的时间内，触发 ANR 的延时任务没被移除，便会触发 ANR，如图 5-5 所示，我们接着通过代码来更深入地了解该 ANR 的触发原理。

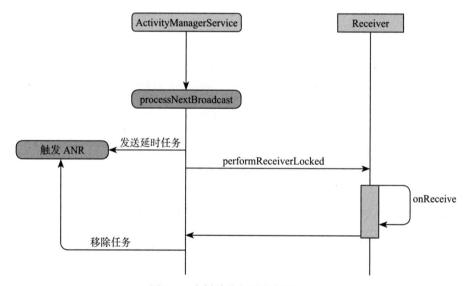

图 5-5　广播接收超时的触发流程

（1）广播启动入口

AMS 中的 BroadcastQueueImpl 成员对象专门用来处理和广播相关的对象。当 AMS 需要启动一个广播时，会通知 BroadcastQueueImpl 中的 Handler 触发 processNextBroadcast 方法来启动广播，代码如下。

```
// BroadcastQueueImpl 中的 Handler
private final class BroadcastHandler extends Handler {
    public BroadcastHandler(Looper looper) {
        super(looper, null);
```

```
    }
    @Override
    public void handleMessage(Message msg) {
        switch (msg.what) {
            case BROADCAST_INTENT_MSG: {
                //1. 广播启动入口
                processNextBroadcast(true);
            } break;
            case BROADCAST_TIMEOUT_MSG: {
                //2. 广播超时，触发广播类型的 ANR
                synchronized (mService) {
                    broadcastTimeoutLocked(true);
                }
            } break;
        }
    }
}
```

该 Handler 中只处理两个任务，一个是 BROADCAST_INTENT_MSG 消息用于广播启动，一个是 BROADCAST_TIMEOUT_MSG 消息用于触发广播超时的 ANR。我们先看看 processNextBroadcast 这个广播启动入口函数，该函数的代码如下。

```
public void processNextBroadcastLocked(boolean fromMsg, boolean skipOomAdj) {
    // 1. 处理并行广播
    while (mParallelBroadcasts.size() > 0) {
        ......
    }
    ......
    boolean looped = false;
    //2. 处理有序广播
    do {
        final long now = SystemClock.uptimeMillis();
        //3. 获取 mOrderedBroadcasts 中的第一个广播
        r = mDispatcher.getNextBroadcastLocked(now);
        ......
        int numReceivers = (r.receivers != null) ? r.receivers.size() : 0;
        if (mService.mProcessesReady && !r.timeoutExempt && r.dispatchTime > 0) {
            if ((numReceivers > 0) &&
                    (now > r.dispatchTime + (2 * mConstants.TIMEOUT *
                        numReceivers))) {
                //4. 启动广播超时延时任务
                broadcastTimeoutLocked(false);
            }
        }
        ......
        if (r.receivers == null || r.nextReceiver >= numReceivers
                || r.resultAbort || forceReceive) {
            if (r.resultTo != null) {
                ......
```

```
                try {
                    //5. 同步调用接收者的 onReceive 方法
                    performReceiveLocked(r, r.resultToApp, r.resultTo,
                        new Intent(r.intent), r.resultCode,
                        r.resultData, r.resultExtras, false, false,
                            r.shareIdentity,
                        r.userId, r.callingUid, r.callingUid, r.callerPackage,
                        r.dispatchTime - r.enqueueTime,
                        now - r.dispatchTime, 0,
                        r.resultToApp != null
                            ? r.resultToApp.mState.getCurProcState()
                            : ActivityManager.PROCESS_STATE_UNKNOWN);
                } catch (RemoteException e) {
                    r.resultTo = null;
                }
                ……
            }
            //6. 取消 ANR 判断任务
            cancelBroadcastTimeoutLocked();
            ……
            continue;
        }
        ……
    } while (r == null);

    // 预处理下一个广播对应的 receiver
    ……
}
```

对该方法中主要流程的说明如下：

1）循环处理并行广播，即普通广播，普通广播在启动时，都是先放入 mParallelBroadcasts 队列中的。

2）开始循环处理有序广播。

3）处理有序广播时，首先会在 mOrderdBroadcasts 队列中获取位于队头的有序广播。

4）调用 broadcastTimeoutLocked 方法来启动广播启动超时的延时任务。

5）调用 performReceiverLocked 方法，而该方法会同步调用接收者的 onReceive 方法。

6）调用 cancelBroadcastTimeoutLocked 方法来取消 ANR 判断的延时任务。

通过这段代码，我们也就能清晰地明白广播启动超时这一 ANR 的触发机制，如果广播接收者在 onReceive 方法中耗时太久，那么就来不及调用 cancelBroadcastTimeoutLocked 方法来移除延时的 ANR 任务，所以该 ANR 任务就会被触发。

（2）ANR 触发任务

我们接着看 broadcastTimeoutLocked 这个会触发 ANR 延时任务的函数，该函数的简化代码如下。

```
final void broadcastTimeoutLocked(boolean fromMsg) {
```

```
    ……
    try {
        long now = SystemClock.uptimeMillis();
        BroadcastRecord r = mDispatcher.getActiveBroadcastLocked();
        if (fromMsg) {
            ……
            long timeoutTime = r.receiverTime + mConstants.TIMEOUT;
            if (timeoutTime > now) {
                // 启动触发 ANR 的延时任务
                setBroadcastTimeoutLocked(timeoutTime);
                return;
            }
        }

        ……

    } finally {
        Trace.traceEnd(Trace.TRACE_TAG_ACTIVITY_MANAGER);
    }

}

final void setBroadcastTimeoutLocked(long timeoutTime) {
    if (! mPendingBroadcastTimeoutMessage) {
        Message msg = mHandler.obtainMessage(BROADCAST_TIMEOUT_MSG, this);
        mHandler.sendMessageAtTime(msg, timeoutTime);
        mPendingBroadcastTimeoutMessage = true;
    }
}
```

通过代码可以看到，setBroadcastTimeoutLocked 方法会往 mHander 发送延时为 timeoutTime、消息类型为 BROADCAST_TIMEOUT_MSG 的 ANR 触发任务。如果在 timeoutTime 的时间内，这个任务没被移除，该方法便会执行 BROADCAST_TIMEOUT_MSG 消息对应的 broadcastTimeoutLocked 函数来触发 ANR，该方法的精简代码如下。

```
final void broadcastTimeoutLocked(boolean fromMsg) {
    ……
    try {
        ……

        // 通过 AMS 触发 ANR
        if (!debugging && app != null) {
            mService.appNotResponding(app, timeoutRecord);
        }

    } finally {
        Trace.traceEnd(Trace.TRACE_TAG_ACTIVITY_MANAGER);
    }

}
```

在上面的代码中，mService.appNotResponding 方法便会调用 AMS 的 appNotResponding 方法来触发目标进程的 ANR。

3. 服务启动超时

前面我们已经通过代码深入地了解了广播接收超时的原理，而服务启动超时和内容提供者发布超时这两类 ANR 在原理上是大同小异的，所以笔者接下来仅做简单介绍。服务启动超时 ANR 的触发流程如图 5-6 所示。

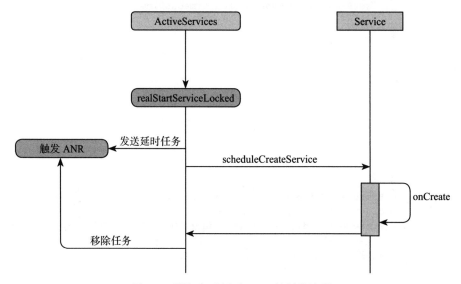

图 5-6　服务启动超时 ANR 的触发流程

Service 的相关逻辑都封装在 AMS 的成员对象 ActiveServices 中，我们只需要了解 Service 启动的入口函数 realStartServiceLocked，便能了解"Service Timeout"触发的流程，该函数的简化代码如下。

```
private void realStartServiceLocked(ServiceRecord r, ProcessRecord app,
        IApplicationThread thread, int pid, UidRecord uidRecord, boolean execInFg,
        boolean enqueueOomAdj) throws RemoteException {
    ……
    //1. 往 handler 中发送 SERVICE_TIMEOUT_MSG 延时任务，即 ANR 触发任务
    bumpServiceExecutingLocked(r, execInFg, "create",
            OOM_ADJ_REASON_NONE);

    boolean created = false;
    try {
        ……
        //2. 同步执行目标 service 的 onCreate 方法
        thread.scheduleCreateService(r, r.serviceInfo,
                null
                app.mState.getReportedProcState());
```

```
            r.postNotification(false);
            created = true;
        } catch (DeadObjectException e) {
            ……
            throw e;
        } finally {
            if (!created) {
                ……
                //3. 移除 SERVICE_TIMEOUT_MSG 延时任务
                serviceDoneExecutingLocked(r, inDestroying, inDestroying, false,
                        OOM_ADJ_REASON_STOP_SERVICE);
                ……
            }
        }
        ……
    }
```

对该方法中主要流程的解释如下：

1）调用 bumpServiceExecutingLocked 方法，该方法会通过 Handler 发送一条 SERVICE_TIMEOUT_MSG 消息，也就是 ANR 触发的消息，该消息的延时时间取决于服务是前台还是后台，前台服务的超时时间是 20s，后台服务的超时时间是 200s。

2）通过 Binder 机制通知目标服务所在的进程，让其执行服务的创建或绑定操作，目标服务所在的进程会通过 ActivityThread 类的 scheduleCreateService 方法来调度服务的 onCreate 生命周期。

3）当服务完成创建或绑定操作后，执行 serviceDoneExecutingLocked 方法，该方法会移除之前发送的 SERVICE_TIMEOUT_MSG 消息，表示服务已经正常启动或绑定，不会触发 ANR。

如果 SERVICE_TIMEOUT_MSG 这个消息没有在规定的时间内被移除，则会执行 serviceTimeout 方法来触发 ANR，ANR 的触发也是通过调用 AMS 的 appNotResponding 方法来实现的。

4. 内容提供者发布超时

ContentProvider 即内容提供者，是随着程序首次启动而一起被创建的。程序首次启动过程中，AMS 会执行 attachApplicationLocked 方法，该方法会通过 Binder 调用程序的 bindApplication 方法，该方法会触发程序启动的一系列流程，比如将 mainfest 中配置的 ContentProvider 发布，触发 Application 的 onAttach 等生命周期。该方法的简化代码如下。

```
private void attachApplicationLocked(@NonNull IApplicationThread thread,
        int pid, int callingUid, long startSeq) {
    ……
    // 获取程序中配置的 provider 列表
    List<ProviderInfo> providers = normalMode
```

```
            ? mCpHelper.generateApplicationProvidersLocked(app)
            : null;

//1. 发送CONTENT_PROVIDER_PUBLISH_TIMEOUT_MSG任务，该任务触发ContentProvider Timeout
if (providers != null && mCpHelper.checkAppInLaunchingProvidersLocked(app)) {
    Message msg = mHandler.obtainMessage(CONTENT_PROVIDER_PUBLISH_TIMEOUT_MSG);
    msg.obj = app;
    mHandler.sendMessageDelayed(msg,
            ContentResolver.CONTENT_PROVIDER_PUBLISH_TIMEOUT_MILLIS);
......

//2. 通过Binder调用目标程序的bindApplication方法
thread.bindApplication(processName, appInfo,
        app.sdkSandboxClientAppVolumeUuid, app.sdkSandboxClientAppPackage,
        providerList,
        instr2.mClass,
        profilerInfo, instr2.mArguments,
        instr2.mWatcher,
        instr2.mUiAutomationConnection, testMode,
        mBinderTransactionTrackingEnabled, enableTrackAllocation,
        isRestrictedBackupMode || !normalMode, app.isPersistent(),
        new Configuration(app.getWindowProcessController().getConfiguration()),
        app.getCompat(), getCommonServicesLocked(app.isolated),
        mCoreSettingsObserver.getCoreSettingsLocked(),
        buildSerial, autofillOptions, contentCaptureOptions,
        app.getDisabledCompatChanges(), serializedSystemFontMap,
        app.getStartElapsedTime(), app.getStartUptime());
......
}
```

通过上面的代码可以知道，AMS在调用目标程序的bindApplication方法之前，会先向Handler发送CONTENT_PROVIDER_PUBLISH_TIMEOUT的延时任务。该任务会触发内容提供者发布超时这一ANR。当目标程序在bindApplication方法中发布完ContentProvider后，便会通知AMS移除该任务消息。从这里我们也能发现，内容提供者的发布是在程序启动的过程中进行的，所以当内容提供者的发布耗时太久，触发了ANR，会直接影响到程序的正常启动。

5.1.2 常见的ANR归因

产生ANR的本质原因都是主线程无法在规定时间内完成任务。导致主线程无法按时完成任务的因素非常多，总结起来有以下3类。

- **主线程方法耗时高**。主线程中某个方法的执行耗时特别久并超过了触发ANR的阈值，比如某个主线程的I/O任务或等待某个锁等。对于这类问题，只要在定位出明确的异常方法逻辑后，采用异步处理、方法粒度细化等方式，都能比较容易地修复。
- **性能问题**。当程序出现CPU占用率高、内存占用高、GC频繁等性能异常的情况时，主线程可能会因为无法获得 CPU 时间片而导致任务的执行速度发生劣化，这个时候也很容易产生 ANR，所以当性能问题导致 ANR 产生时，我们需要对 CPU、内存等方向的性能进行优化来治理 ANR。
- **主线程消息堆积**。这一类问题是比较难定位的，因为我们会发现主线程中任务的执行耗时都很短，但是依然产生了 ANR，原因是主线的消息堆积过多，比如每个任务的执行耗时为 100ms，但如果主线程的消息队列中有 50 个这样的任务，那么要将所有这些消息处理完毕就要耗时 5s，这样就会因输入事件无法在规定时间内被响应而触发 ANR，如图 5-7 所示。对于这类问题，我们往往要找到往主线程频繁发送任务的业务和代码逻辑，然后做针对性优化。在一些更复杂的场景中，有时候并不是某一个业务在大量往主线程发送任务，而是大部分业务都在这样做，这个时候就需要更好的架构设计来避免主线程的拥塞了。

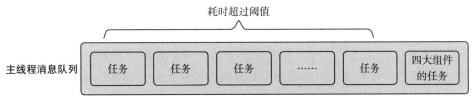

图 5-7　主线程消息堆积

5.2　Crash

Crash 指的是程序因发生严重错误导致崩溃的情况。对于 Android 程序来说，Crash 发生率（即崩溃率）一般要小于万分之五，这样才能保证一个比较好的用户体验，那些稳定性优化做得非常好的程序，崩溃率甚至小于万分之一。

5.2.1　Java Crash

Crash 主要来自 Java 层和 Native 层。我们由易到难，先从 Java Crash 的基础知识开始学习。

1. 常见异常

大部分 Java Crash 都是比较容易修复的，只要有 Crash 发生的日志，我们就可以根据日志信息中记录的异常类型来进行归因和定位。一些常见的 Java Crash 的类型如下。
- 空指针异常（NullPointerException）：访问一个空对象的属性或方法导致的异常，在线程并发、时序调用异常、对象传递链路太长等场景下容易高频出现。
- 非法状态异常（IllegalStateException）：通常是因为在不合适的时机或者场景下执行了某些操作而引发的，比如在 Activity 的 onCreate 周期之后调用 findViewById、在 onPause 周期之后调用 startActivity、在非 UI 线程上更新 UI 元素、在已经关闭的数据库连接上执行查询等。

- 索引越界异常（IndexOutOfBoundsException）：在访问数组、列表或字符串等集合时，因索引超出了有效范围而引发的异常。常见于一些并发场景中，比如一个线程已经移除了集合中的一个数据，但是另外一个线程还在按照原来的序列进行访问。
- 不合法的参数异常（IllegalArgumentException）：当程序使用了错误的参数来调用函数，比如传递了一个负数的索引，或者一个空字符串等。
- 内存溢出错误（OutOfMemoryError）：当程序使用的内存超过了系统中可使用的内存时会出现此异常。

在修复 Java Crash 时应该尽量寻找导致异常发生的本质原因，而不能简单地通过异常捕获等方式进行修复，这种简单的修复方式很容易会给程序带来更难排查的异常。比如最常见的空指针异常，就需要在找到所有会置空数据的代码逻辑后，先判断该空指针异常出现的原因是时序调用问题，还是多线程同步问题，或是异常的使用等，再根据原因对置空数据的代码进行针对性修复。

2. 异常的传递和捕获

当某个代码逻辑发生异常时，程序首先会抛出一个异常，如果我们的代码逻辑中有 try-catch 语句来捕获该异常，程序就会正常地执行后续代码，如果没有 try-catch 语句，或者 catch 块中没有匹配该类型的异常，那么异常会沿着调用栈一直向上抛，直到该异常被捕获。如果调用栈最顶层的方法都没有捕获该异常，便会交给系统默认的异常处理器（UncaughtExceptionHandler），该异常处理器会通过 System.err 来输出日志，然后将程序强制关闭。

在实际开发中，我们一般都会自定义异常处理器，在自定义的异常处理器中，往往会获取用于定位异常的日志信息并上传到服务器，对于出现在子线程中且不会影响程序表现的异常，也可以在这里进行捕获，从而避免程序退出。配置自定义异常处理器的实现代码如下。

```
public class MyApplication extends Application {
    @Override
    public void onCreate() {
        super.onCreate();
        // 设置全局的未捕获异常处理器
        Thread.setDefaultUncaughtExceptionHandler(new MyCrashHandler());
    }
}
```

我们需要尽量在程序启动的前期，上面的代码是在 Application 的 onCreate 周期方法中，为主线程设置一个自定义的异常处理器，用于捕获并处理未捕获的异常，以及完成异常的上报。自定义的异常处理器需要继承系统的 UncaughtExceptionHandler 类，代码如下。

```
// 自定义的 UncaughtExceptionHandler 类
public class MyCrashHandler implements Thread.UncaughtExceptionHandler{

    @Override
```

```java
    public void uncaughtException(Thread thread, Throwable ex) {
        //保存异常文件
        saveCrashInfo(ex);
        //判断是否捕获异常；
        if(catchError(thread,ex)){
            return;
        }
        //出现无法捕获的异常则退出程序
        android.os.Process.killProcess(android.os.Process.myPid());
        System.exit(1);
    }
}
```

在异常捕获的实现代码中，一般只会将异常保存在本地，等到程序下次启动时再往服务端进行上传，因为异常发生后的处理时间是比较短的，而往本地写数据的耗时要远比上传到服务器端的耗时短，所以这样可以提高异常日志捕获率。

在 catchError 捕获异常的函数中，可以对所有的非主线程的异常都进行捕获，这样程序便不会被终止了，但是我们依然要将所有的异常都上报，否则会影响异常的发现和修复。虽然这种方式很可能会导致程序在使用时出现异常表现，但是总比程序退出要强，不过这种方式也不能解决所有问题，因此还需要继续增加一些策略来确保程序受到最低程度的影响，笔者这里介绍一种策略，流程如下。

1）捕获所有异常，如果短时间内异常不再发生，则不再继续处理，只做异常上报即可。

2）如果短时间内反复发生 Crash，则判断是否可以强制关闭 Activity。

3）如果 Activity 无法强制关闭或者关闭后无法解决异常，可以接着清除本地缓存和数据库。

4）如果在清除本地缓存和数据库后，依然反复发生 Crash，则弹出带有提醒用户升级或者更换程序版本信息的弹窗。

该策略的流程如图 5-8 所示，读者可以根据实际的场景和业务特性，来设计合适的 Crash 兜底策略。

3. OOM

OOM 是一类特殊的 Java Crash，大部分 Crash 通过分析崩溃发生的堆栈基本便能定位问题，但是 OOM 通过堆栈几乎很难定位问题，而是要通过内存快照才能定位问题。大部分的 OOM 治理都需要通过内存优化来实现，仅有一小部分 OOM 是因为异常的代码逻辑导致的，比如死循环的逻辑、异常数据加载逻辑，这部分异常需要通过内存快照文件，也就是 Hprof 文件来进行分析和定位。

修复线上的 OOM 异常依赖 Hprof 文件，因此我们通常会在 OOM 发生时抓取内存堆栈。代码如下，直接调用系统提供的 Debug.dumpHprofData 接口便能获取内存快照。

```java
Java
private class MyCrashHandler implements Thread.UncaughtExceptionHandler {
```

```
@Override
public void uncaughtException(Thread thread, Throwable ex) {
    // 判断是不是 OOM 错误
    if (ex instanceof OutOfMemoryError) {
        // dump hprof 文件到应用的内部存储中
        File hprofFile = new File(getFilesDir(), "dump.hprof");
        //调用接口获取内存快照。
        Debug.dumpHprofData(hprofFile.getAbsolutePath());
    }
}
```

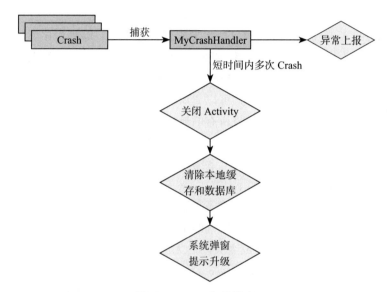

图 5-8　Crash 兜底策略

5.2.2　Native Crash

Native Crash 的治理相比于 Java Crash 要复杂很多，我们在这里先了解一些 Native Crash 的基础知识，后面的实战章节会进行更深入的讲解。

1. 常见信号

所有的 Java Crash 都有明确的异常类型，这些类型可以有效地帮助我们聚焦且定位问题，Native Crash 也有同样的机制——信号，它能帮助我们准确地定位 Native Crash 的类型。

信号（signal）是操作系统用来通知进程发生了某些异常事件的一种机制。每种信号都代表了某一个事件，Android 系统中一共有 31 种信号，其中常用的信号见表 5-1。

表 5-1　常见的信号

信号	含义	解释
4 (SIGILL)	非法指令	ILL_ILLOPC（错误代码 1）：非法操作码。应用程序试图执行一个无效的操作码 ILL_ILLOPN（错误代码 2）：非法操作数。应用程序试图执行一个无效的操作数

（续）

信号	含义	解释
6 (SIGABRT)	自愿终止	ABRT_NOOP（错误代码 0）：Native 代码主动调用了 abort 函数 ABRT_LOW_MEMORY（错误代码 1）：应用程序因为内存不足而自愿终止
7 (SIGBUS)	总线错误	BUS_ADRALN（错误代码 1）：地址对齐错误。应用程序试图访问非对齐的内存地址 BUS_ADRERR（错误代码 2）：非法地址错误。应用程序试图访问无效的物理内存地址
8 (SIGFPE)	浮点异常	FPE_INTDIV（错误代码 1）：应用程序试图进行整数除法并除以 0 FPE_INTOVF（错误代码 2）：整数溢出。应用程序试图进行整数操作并导致结果溢出
9 (SIGKILL)	Kill 信号	特殊的信号，通常用于强制终止进程。与其他信号不同，SIGKILL 无法被捕获或忽略，它会立即终止目标进程。由于 SIGKILL 是一个固定的信号，因此它没有特定的错误代码
11 (SIGSEGV)	段错误	SEGV_MAPERR：表示访问内存映射错误。应用程序试图访问未映射到其地址空间的内存区域 SEGV_ACCERR：表示访问权限错误。应用程序试图访问其不具备读写权限的内存区域
13 (SIGPIPE)	管道破裂	没有特定的错误代码。当进程接收到 SIGPIPE 信号时，通常意味着它正在尝试向一个已关闭的管道中写入数据
16 (SIGSTKFLT)	协处理器栈错误	表示浮点栈错误，通常由应用程序使用了无效的浮点指令集引发
15 (SIGTERM)	终止进程	请求进程正常终止的信号
19 (SIGSTOP)	停止进程	请求进程停止运行的信号，类似于暂停进程的操作

2. 信号的传递和捕获

信号是 Linux 系统中一种进程间的通信方式，所以我们也可以通过代码来主动发送信号，信号发送函数比较多，常见的方式如下。

- kill 函数：用于向进程或进程组发送信号。
- sigqueue 函数：只能向一个进程发送信号，不能向进程组发送信号，但它还可以携带一个附加的整型值和一个附加的数据指针，以提供更多的信息给目标进程。
- alarm 函数：用于设置一个定时器。当定时器超时时，它会向当前进程发送一个 SIGALRM 信号。
- abort 函数：用于异常终止当前进程。它会向当前进程发送一个 SIGABRT 信号，导致进程立即终止。
- raise 函数：用于向当前进程发送指定的信号。它可以用来触发特定信号的处理函数，或者用来模拟其他进程发送信号的情况。

当 Native 层的代码出现逻辑异常时，处于内核态的操作系统便会检测到异常，并通过上述函数来给异常的进程发送信号。我们可以在 Native 层通过 Linux 系统提供的 signal 函数或 sigaction 函数来捕获这些异常信号。这两个函数虽然都可以捕获信号，但是 sigaction

函数的灵活性更高，所以实际项目中一般通过该函数来进行信号捕获并实现 Native Crash 的异常监控。sigaction 函数的代码如下。

```
#include <signal.h>
int sigaction(int signum,const struct sigaction *act,struct sigaction *oldact));

struct sigaction {
    void (*sa_handler)(int);
    void (*sa_sigaction)(int, siginfo_t *, void *);
    sigset_t sa_mask;
    int sa_flags;
    void (*sa_restorer)(void);
};
```

下面是对这个函数入参的解释。
- signum：想要捕获的信号。
- act：指向 sigaction 结构体的一个实例指针，结构体参数的解释如下。
  - sa_handler：函数指针，指向用于处理信号的函数。当接收到相应的信号时，系统会调用此函数进行处理。
  - sa_sigaction：函数指针，指定用于处理信号的函数。相比于 sa_handler，它可以接收更多的参数，包括信号编号、信号附加信息和上下文信息等。当 sa_handler 非空时，sa_sigaction 将被忽略。
  - sa_mask：在信号处理函数执行期间，指定哪些信号应该被阻塞。
  - sa_flags：用于指定信号处理的表示选项。常见的标志有 SA_RESTART，表示在信号处理函数返回时自动重启被信号中断的系统调用；SA_NOCLDSTOP，表示忽略子进程停止或终止的信号；SA_SIGINFO，表示使用 sa_sigaction 而不是 sa_handler 作为信号处理函数。
  - sa_restorer：已被废弃，无须设置。
- oldact：指向 sigaction 类型的结构体，用于存储之前信号处理函数和选项的信息。sigaction 函数注册信号会覆盖原来的信号注册函数，如果需要保持原来的信号处理函数的完整性，可以使用 oldact 参数来保存原来的信号处理方式，并在适当的时候进行调用。

5.3 稳定性优化方法论

很多开发者在做稳定性优化时，通常都是在异常发生后，将其当作 Bug 去修复，仅仅去修复一个 Bug 在稳定性优化中是最简单的一件事，但这种方式并不能很好地提高应用的稳定性，因为问题实际上已经发生了。对于稳定性优化，我们需要更全面和更体系的方案，即从监控、分析和治理、防劣化 3 个方向进行，才能确保应用的稳定性能始终维持在一个较好的水平。

1. 监控

想要保障应用的稳定性，就需要在用户使用程序的全过程中及时发现程序的异常，因此在线上环境中对程序的异常进行监控，是稳定性优化中最重要的一个环节。

监控至少要包含两项能力，一是能够及时地捕捉到异常，二是在异常发生时能够收集异常信息。不管是 Java Crash、Native Crash，或是 ANR、OOM 等异常，监控方案都需要拥有这两项能力，其中的难点在于要如何提高异常的捕获率，以及如何才能采集到足够的用于分析和定位异常的信息，这些难点在后面的实战篇章中都会进行详细的讲解。

虽然目前市面上也有不少专门用于稳定性监控的组件，如腾讯的 Bugly 等，在实际项目场景中，为了提高效率，减少重复"造轮子"，我们可以直接使用这些第三方提供的监控组件，但是我们依然要知道各项稳定性监控的原理和实现方案，这样才能对这些第三方工具进行优化和改进，使之能更加适用于实际的业务场景。

2. 分析和治理

分析和治理这个环节，最重要的是分析，这往往也是花费时间最多也最复杂的步骤。针对 ANR，需要分析主线程逻辑、各个线程的状态、性能情况等信息；针对 Java 或 Native 的 Crash，需要分析堆栈、关键日志、异常类型等信息；针对 OOM，需要分析内存快照等信息。

在进行异常分析时，很多时候我们都可能因为监控捕捉到的信息不足而无法有效地分析出异常，此时我们需要不断地补全监控和日志抓取的能力，直到有充足的信息。也有很多时候，即使在信息充足的情况下，我们也可能因为系统或者程序中隐藏的问题导致无法有效地分析出异常。这个时候也不需要气馁，如果该异常的影响不是特别严重，我们可以依靠猜测，然后通过多个版本的迭代去进行验证，直到定位和修复该异常，如果实在分析不出问题，也可以换一个思路，比如换一种实现方式来绕过该异常。

当分析出异常后，治理就是一件很简单的事情了，针对出现异常的代码直接进行修改即可，如果是我们无法直接修改源码的第二方或第三方库出现异常，则可以通过 Hook 技术进行修改。

3. 防劣化

防劣化对稳定性优化也是至关重要的。当程序发版前，如果符合正规流程，开发者都会进行长时间的 Monkey 测试来检测程序的稳定性，测试人员也会手动进行大量的测试来保障程序的稳定性，这些都是线下的防劣化方式，除了这些常见的线下方案，我们还有很多事情可以做，比如代码规范层面的防劣化方案，包括建立完善的代码 Review 和合码机制，推动使用 Kotlin 替代 Java 以减少空指针异常等；实施线上的防裂化方案，比如完善的 Crash 兜底策略、慢函数检测等。

如果没有做好防劣化，即使我们花了大力气进行稳定性治理，程序也很容易在经历了几个版本的迭代后，稳定性指标又出现大幅下降。因此做好防劣化的工作，可以帮助我们更持久地巩固在稳定性优化上取得的成果，减少后续在稳定性优化上的投入。

第 6 章 稳定性优化实战

> 本章出现的源码：
> 1）breakpad，访问链接为 https://github.com/google/breakpad。
> 2）tailor，访问链接为 https://github.com/bytedance/tailor。
> 3）signal_catcher.cc，访问链接为 https://cs.android.com/android/platform/superproject/+/android-14.0.0_r9:art/runtime/signal_catcher.cc。
> 4）hprof.cc，访问链接为 https://cs.android.com/android/platform/superproject/+/android-14.0.0_r9:art/runtime/hprof/hprof.cc。

通过前面的学习我们已经知道，要做好稳定性优化，离不开监控、分析、防劣化这三板斧，因此本章会围绕这 3 点对稳定性优化实战进行讲解。

完备的稳定性监控是做好稳定性优化的基石，而且稳定性监控往往会比分析和治理更加困难，因此本章会介绍 Native Crash 监控方案、ANR 监控方案、OOM 监控方案。有了监控，当异常发生时，我们就可以根据监控上报的信息进行异常分析了，所以本章会介绍 Native Crash 分析思路、ANR 分析思路等常规的稳定性分析思路。最后，我们还需要通过防劣化机制来确保稳定性优化有更好的效果。防劣化机制大都以线下的 Monkey 测试为主，这是很常规也很有效的方案，一般由专门的测试团队来实施，因此这里不会过多介绍，只介绍"慢函数监控"这种线上的防劣化方案。

希望读者通过本章的学习，能形成一套完整的稳定性优化体系，并在这套体系的支撑下做好稳定性优化工作，在日常项目开发中写出稳定性越来越高的代码。

6.1 Native Crash 监控方案

稳定性监控方案大都离不开异常感知以及关键异常日志获取两个步骤，Native Crash 的监控也不例外，所以我们就来看一看 Native Crash 的监控方案是如何实施这两个步骤的。

6.1.1 异常信号捕获

通过第 5 章的学习我们知道，利用信号捕获函数 sigaction 就能实现对 Native Crash 的监控。Native 层的信号非常多，但并不需要全部捕获，只需要捕获 SIGSEGV、SIGABRT、SIGBUS、SIGILL、SIGFPE 这几个信号，就可以覆盖所有的 Native 层异常。异常信号捕获的实现代码如下。

```
// 保存旧的信号处理函数
static struct sigaction old_sa[NSIG];

static void setup_signal_handler() {
    struct sigaction sa;
    // 传入异常处理回调函数
    sa.sa_sigaction = signal_handler;
    sigemptyset(&sa.sa_mask);
    // 设置信号处理的选项
    sa.sa_flags = SA_RESTART | SA_SIGINFO;
    // 设置要捕获的信号
    sigaction(SIGSEGV, &sa, &old_sa[SIGSEGV]);
    sigaction(SIGABRT, &sa, &old_sa[SIGABRT]);
    sigaction(SIGBUS, &sa, &old_sa[SIGBUS]);
    sigaction(SIGILL, &sa, &old_sa[SIGILL]);
    sigaction(SIGFPE, &sa, &old_sa[SIGFPE]);
}
```

上面代码中的 signal_handler 函数是自定义的异常处理回调函数，该回调函数的原型是 sa_sigaction 函数指针。

```
void (*sa_sigaction)(int, siginfo_t *, void *);
```

可以看到该回调函数有 3 个回调数据，第一个回调数据是一个 int 类型，表示接收到的信号量，第二个回调数据是指向一个 siginfo_t 结构体的指针，里面包含了信号的附加信息，如发送者的进程 id 等。第三个回调数据是指向当前上下文环境结构体的指针，在 Android 系统的 Native 层中，上下文环境的结构体用 ucontext_t 表示，通过 ucontext_t 可以获取寄存器状态、栈信息等数据。

自定义 signal_handler 函数主要用来抓取关键日志，但是出于对上报成功率的考虑，一般不会在这里抓取完日志后就立即进行数据上报，而是将数据记录到本地，待程序下次启动后再进行上报。日志捕获成功后会执行原有的处理函数来保障调用链的完整性，实现代码如下。

```
// 信号处理函数
static void signal_handler(int sig, siginfo_t *info, void *context) {
    // 获取并存储崩溃日志
    saveStack(context);
    // 调用旧的信号处理函数
    if (old_sa[sig].sa_handler) {
        old_sa[sig].sa_handler(sig);
    }
}
```

异常处理函数主要做两件事情，一是调用 saveStack 来获取并存储崩溃日志，二是执行 old_sa 数组中存储的原有的信号处理函数，以避免覆盖或忽略其他模块的信号处理逻辑。

通过代码可以看到，捕获 Native Crash 的异常信号的流程并不复杂，但是为了让方案更加健全，通常还会再创建一个新的栈空间给信号处理函数使用。如果不创建新的栈空间，那么处理函数就是在原来的默认栈上执行的，如果这个时候默认的栈空间已经容量不足，比如发生了栈溢出的 OOM 异常这种情况，处理函数便无法正常执行了。

通过 sigaltstack 函数便能设置一个新的栈空间，从而解决这个问题。新建栈空间的代码如下。代码中，系统通过 mmap 申请一个 SIGSTKSZ（SIGSTKSZ 是一个 8KB 大小的宏定义）大小的空间，然后传入 sigaltstack 函数。在通过 sigaction 函数捕获信号之前，通过下面的逻辑创建新的栈空间后，signal_handler 信号处理函数便会自动在这个新的 8KB 大小的栈空间中执行了。

```
// 设置额外的栈空间
static void setup_alternate_stack() {
    stack_t stack;
    //mmap 分配一个 SIGSTKSZ（8KB）大小的空间
    stack.ss_sp = mmap(
            NULL, SIGSTKSZ, PROT_READ | PROT_WRITE, MAP_PRIVATE | MAP_ANONYMOUS,
            -1, 0);
    stack.ss_size = SIGSTKSZ;
    stack.ss_flags = 0;
    if (stack.ss_sp != MAP_FAILED) {
        sigaltstack(&stack, NULL);
    }
}
```

6.1.2 获取 Native 堆栈

上面的 signal_handler 异常处理函数会调用 saveStack 方法获取并存储 Native 的堆栈。第 2 章已经讲过，我们可以通过 libunwind 库来获取 Native 堆栈，虽然这种方案的兼容性较好，但是获取的速度会比较慢。在异常发生时，我们需要在进程被关闭之前尽快将堆栈捕获，所以笔者在这里介绍一种更快获取 Native 堆栈的方式——FP(Frame Pointer，帧指针)寄存器获取堆栈。

1. FP 寄存器

我们已经知道了 SP（Stack Pointer，栈指针）寄存器的作用，它指向当前函数的栈顶地址，用于存储局部变量、中间结果、函数参数和返回地址等。而 FP 寄存器，刚好和 SP 寄存器相反，它指向了当前函数栈帧的起始位置。FP 寄存器的值在这个函数的执行期间保持不变，而 SP 寄存器在函数执行期间会随着堆栈的伸缩而改变。这两个寄存器的关系如图 6-1 所示，我们知道，栈空间是从高地址向低地址分配的，所以 FP 寄存器会指向栈的高地址处，SP 寄存器会指向栈的低地址处。

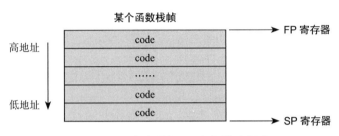

图 6-1　FP 寄存器与 SP 寄存器示意图

了解了 SP 寄存器和 FP 寄存器，我们也就能理解什么是栈帧（Stack Frame）了。栈帧是在函数调用过程中，为了维护函数的局部变量、参数以及其他与函数执行相关的信息而在运行时创建的一块连续的内存空间。每当一个函数被调用时，就会在程序的栈空间中创建一个新的栈帧，用于存储该函数的局部变量、参数以及其他必要的信息。当函数执行完毕后，它的栈帧会被销毁，从而释放相应的内存空间。

2. 栈帧回溯

当进行函数调用时，当前函数的前几个指令会将上一个函数的 FP 寄存器、LR 寄存器、SP 寄存器的值压入当前函数的栈中，接着移动 SP，为当前函数开辟栈空间。这里以示例程序中出现的 Native 方法为例来讲解。通过 dumpobj 工具查看 so 库的汇编代码，可以看到大部分函数的头部都有 3 条相同的指令，如图 6-2 所示。

对图 6-2 中的 3 条指令的解释如下。

- "push {r7, lr}" 指令执行了一个栈操作，将 r7 寄存器和 lr 寄存器的值压入栈中。在 ARM 32 位架构中，r7 寄存器通常是帧指针寄存器，lr 寄存器是链接寄存器。需要注意的是，此时的 r7 寄存器和 lr 寄存器还是上一个函数的数据，也就是说这个指令会把上个函数的 FP 的值和 LR 指针的值压入当前函数的栈中。
- "mov r7, sp" 指令将当前栈顶的地址，也就是 SP 寄存器的值赋给 r7 寄存器。这样做的目的是将栈顶的地址保存到 r7 寄存器中，以便在后续的代码中使用。
- "sub sp, #16" 指令将 SP 寄存器的值减去 16。因为栈空间是从高地址往低地址扩展的，所以 SP 减去 16B，就相当于分配了大小为 16B 的栈空间。

```
0001edd4 <Java_com_example_performance_1optimize_memory_NativeLeakActivity_mallocLeak>:
 1edd4:   b580         push    {r7, lr}
 1edd6:   466f         mov     r7, sp
 1edd8:   b084         sub     sp, #16
 1edda:   9003         str     r0, [sp, #12]
 1eddc:   9102         str     r1, [sp, #8]
 1edde:   f24e 1000    movw    r0, #57600      ; 0xe100
 1ede2:   f2c0 50f5    movt    r0, #1525       ; 0x5f5
 1ede6:   f7fd ee82    blx     1caec <malloc@plt>
 1edea:   9001         str     r0, [sp, #4]
 1edec:   b004         add     sp, #16
 1edee:   bd80         pop     {r7, pc}

0001ee04 <_Z12dumpCallbackRKN15google_breakpad18MinidumpDescriptorEPvb>:
 1ee04:   b580         push    {r7, lr}
 1ee06:   466f         mov     r7, sp
 1ee08:   b088         sub     sp, #32
 1ee0a:   4613         mov     r3, r2
 1ee0c:   9007         str     r0, [sp, #28]
 1ee0e:   9106         str     r1, [sp, #24]
 1ee10:   f807 2c09    strb.w  r2, [r7, #-9]
 1ee14:   9807         ldr     r0, [sp, #28]
 1ee16:   9304         str     r3, [sp, #16]
 1ee18:   f7fd ee6e    blx     1caf8 <_ZNK15google_breakpad18MinidumpDescriptor4pathEv@plt>
 1ee1c:   f817 1c09    ldrb.w  r1, [r7, #-9]
 1ee20:   f001 0101    and.w   r1, r1, #1
```

图 6-2　函数的汇编代码

因此在一个 A 函数调用 B 函数，B 函数又调用 C 函数的多函数调用场景中，它的栈帧模型如图 6-3 所示。

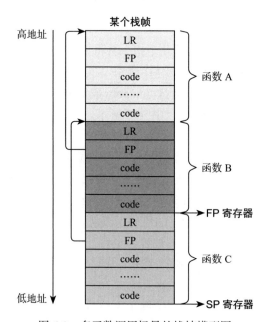

图 6-3　多函数调用场景的栈帧模型图

从模型图中可以发现，通过 FP 寄存器的下一个地址的值，就能获取到 LR 寄存器的数据，它是上一个函数的数据返回地址。通过 FP 寄存器的下两个地址的值，就能获取到上一个函数的 FP 地址。接下来就可以按照同样的方法找出上一个函数栈中存储的 LR 和 FP 数据，自然也知道了上上个函数以及它的栈底地址，这样循环起来就构成了一个栈回溯过程。

按照这样的思路，栈回溯的代码如下，在代码中我们通过 ucontext_t 上下文对象获取到了 FP 和 PC 寄存器，FP 指向当前栈帧的底部，而栈的增长方向是从高地址到低地址，所以 FP -1 和 FP -2 的地址就分别表示当前函数的返回地址和前一个函数的 FP 地址。通过 while 来不断循环获取这两个值，直到遍历完所有栈帧。

```
static void saveStack(void *secret) {
    // 获取上下文信息
    ucontext_t *uc = (ucontext_t *)secret;
    int i = 0;
    Dl_info  dl_info;
    const void **frame_pointer = (const void **)uc->uc_mcontext.arm_fp;
    const void *return_address = (const void *)uc->uc_mcontext.arm_pc;
    printf("\nStack trace:");
    while (return_address) {
        memset(&dl_info, 0, sizeof(Dl_info));
        if (!dladdr((void *)return_address, &dl_info))          break;
        const char *sname = dl_info.dli_sname;
        // 打印函数调用的信息，包括计数器、返回地址、函数名、偏移量和文件名
        printf("%02d: %p <%s + %u> (%s)", ++i, return_address, sname,
            ((uintptr_t)return_address - (uintptr_t)dl_info.dli_saddr),
            dl_info.dli_fname);
        // 如果帧指针为空指针，表示已经到达调用链的终点，因此跳出循环
        if (!frame_pointer)         break;
        // 获取上一个函数的 LR 的值，即返回地址
        return_address = frame_pointer[-1];
        // 获取上一个函数的 FP 的值
        frame_pointer = (const void **)frame_pointer[-2];

    }
    printf("Stack trace end.");
}
```

通过栈回溯获取堆栈的方案实现起来比较简单，而且获取堆栈的速度也更快，但想要实现该方案，就需要专门拿出一个通用寄存器当作 FP 寄存器来使用，对于 32 位平台只有 13 个通用寄存器的设备来说，这无疑会对性能产生一定的影响，因此在 Android 系统中，FP 寄存器是默认关闭的，也就是说默认是没有这个寄存器的；但是对于 64 位平台有 31 个通用寄存器的设备来说，对性能的影响就有限了，所以我们可以只在 64 位平台上开启 FP 寄存器。开启的方式是在编译 so 库时，添加 -fno-omit-frame-pointer 标志来告诉编译器不要关闭 FP 寄存器，使用 Android.mk 或 CMakeLists.txt 作为构建配置的添加方式分别如下。

```
# Android.mk 的配置方式
LOCAL_CFLAGS += -fno-omit-frame-pointer
```

```
# CMakeLists.txt 的配置方式
add_compile_options(-fno-omit-frame-pointer)
```

3. 寄存器数据

一个完整的 Native 堆栈日志还要包含寄存器的数据，因此我们可以将寄存器的数据也打印出来，ucontext_t 的 uc_mcontext 结构体中包含了所有寄存器的信息，如图 6-4 所示，通过 "uc->uc_mcontext.arm_r0" 到 "uc->uc_mcontext.arm_r10"，我们可以获取到所有的通用寄存器信息。通过 uc->uc_mcontext.arm_ip、uc->uc_mcontext.arm_sp、uc->uc_mcontext.arm_lr、uc->uc_mcontext.arm_pc 可以获取所有专用寄存器的信息，获取到这些寄存器的地址后，补充到前面捕获的 Native 堆栈信息中，这才是一个完整的 Native 堆栈日志。

```
struct sigcontext {
    unsigned long trap_no;
    unsigned long error_code;
    unsigned long oldmask;
    unsigned long arm_r0;
    unsigned long arm_r1;
    unsigned long arm_r2;
    unsigned long arm_r3;
    unsigned long arm_r4;
    unsigned long arm_r5;
    unsigned long arm_r6;
    unsigned long arm_r7;
    unsigned long arm_r8;
    unsigned long arm_r9;
    unsigned long arm_r10;
    unsigned long arm_fp;
    unsigned long arm_ip;
    unsigned long arm_sp;
    unsigned long arm_lr;
    unsigned long arm_pc;
    unsigned long arm_cpsr;
    unsigned long fault_address;
};
```

图 6-4 uc_mcontext 结构体中的数据

6.1.3 使用开源库

当我们了解 Native Crash 捕获方案的原理和流程后，就可以自己去开发一套监控方案了。在实际落地时，需要兼容不同的平台，如 ARM 32、AMR 64、X86 等，在不同的指令平台下，方案的细节都是有区别的，因此想要自己设计一套完善且稳定的监控方案，实际上是一件很烦琐且复杂的事情，为了避免读者耗费较大精力去重复"造轮子"，这里介绍一款成熟稳定的捕获 Native Crash 的开源库——Breakpad。Breakpad 是谷歌推出的一款跨平台的崩溃监控和分析框架，想要使用该框架主要有 3 个步骤。

1）**源码编译**：因为 Breakpad 是跨平台的，因此要在 Android 系统上使用时，先要在 Android 平台上编译成 so 库后才能使用。

2）**崩溃捕获**：通过上一步编译成 so 库后，框架就能直接在 Android 系统的 Native 层中使用了，通过调用 Breakpad 提供的方法，即可完成崩溃的捕获。

3）**日志解析**：出于安全等因素考虑，Breakpad 捕获的 Native Crash 日志是二进制文件，因此我们还需要使用 Breakpad 提供的解析器来将二进制文件还原成能看得懂的文本格式。

下面详细看一下每个步骤。

1. 源码编译

首先是在 Android 平台上进行编译，根据 GitHub 上的源码地址将 Breakpad 的源码克隆到本地文件中。

```
git clone https://github.com/google/breakpad.git
```

因为 Breakpad 依赖第三方 lss 库，因此在克隆完成 breakpad 的源码后，还需要进入根目录，继续拉取 lss 第三方库到 Breakpad 的 src/third_party 目录中，git 命令如下。

```
git clone https://chromium.googlesource.com/linux-syscall-support src/third_party/lss
```

源码下载完成后，将 src 整个目录文件放入 Android 工程的 cpp 目录下，如图 6-5 所示，我们可以在 cpp 目录下单独创建一个 breakpad 目录，用来放入源码。

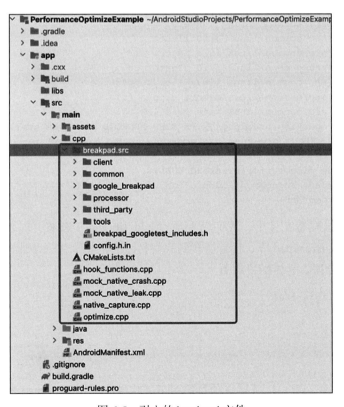

图 6-5　引入的 breakpad 文件

Breakpad 项目中的 android/google_breakpad/Android.mk 文件中已经告诉了我们要引入哪些源文件，因此我们在自己项目的 Android.mk 或者 CMakeLists.txt 配置构建文件中按照项目给出的方式引入源码即可。笔者在示例程序中使用 CMakeLists 来构建 Native 代码，因此配置如下。

```
#breakpad
add_library(breakpad SHARED
    breakpad/src/client/linux/crash_generation/crash_generation_client.cc
    breakpad/src/client/linux/handler/exception_handler.cc
    breakpad/src/client/linux/handler/minidump_descriptor.cc
    breakpad/src/client/linux/log/log.cc
    breakpad/src/client/linux/dump_writer_common/thread_info.cc
    breakpad/src/client/linux/dump_writer_common/seccomp_unwinder.cc
    breakpad/src/client/linux/dump_writer_common/ucontext_reader.cc
    breakpad/src/client/linux/microdump_writer/microdump_writer.cc
    breakpad/src/client/linux/minidump_writer/linux_dumper.cc
    breakpad/src/client/linux/minidump_writer/linux_ptrace_dumper.cc
    breakpad/src/client/linux/minidump_writer/minidump_writer.cc
    breakpad/src/client/minidump_file_writer.cc
    breakpad/src/common/android/breakpad_getcontext.S
    breakpad/src/common/convert_UTF.c
    breakpad/src/common/md5.cc
    breakpad/src/common/string_conversion.cc
    breakpad/src/common/linux/elfutils.cc
    breakpad/src/common/linux/file_id.cc
    breakpad/src/common/linux/guid_creator.cc
    breakpad/src/common/linux/linux_libc_support.cc
    breakpad/src/common/linux/memory_mapped_file.cc
    breakpad/src/common/linux/safe_readlink.cc)
set_target_properties(breakpad PROPERTIES ANDROID_ARM_MODE arm)
set_property(SOURCE breakpad/src/common/android/breakpad_getcontext.S PROPERTY
    LANGUAGE C)
target_include_directories(breakpad PUBLIC
        breakpad/src/common/android/include
        breakpad/src)
```

在 CMakeLists 配置文件中，我们需要通过 add_library 方法来引入 Breakpad 中需要打包的源码，并生成 Breakpad 库，接着链接到我们自己的 so 库。在示例程序中，笔者会链接到 optimize.so 这个库，具体配置如下。

```
target_link_libraries(
    optimize
    ${log-lib}
    breakpad)
```

2. 崩溃捕获

配置好之后，我们就可以直接在项目的 Native 代码中使用 Breakpad 来进行 Native Crash 捕获了，使用方式如下代码所示。通过 descriptor 设置 Crash 日志的存储路径，一般都保存在我们自己的程序路径下，然后将 descriptor 和回调函数设置到 ExceptionHandler 中即可。在下面的代码中，我们通过 Breakpad 捕获到 Native Crash 之后，手动产生了一个 Crash 来验证捕获的效果。

```cpp
#include <jni.h>
#include <android/log.h>
#include "breakpad/src/client/linux/handler/exception_handler.h"
#include "breakpad/src/client/linux/handler/minidump_descriptor.h"

bool dumpCallback(const google_breakpad::MinidumpDescriptor &descriptor,
        void *context,
        bool succeeded) {

    __android_log_print(ANDROID_LOG_DEBUG, "breakpad",
                "Wrote breakpad minidump at %s succeeded=%d\n",
                descriptor.path(),
                succeeded);
    return false;
}

extern "C"
JNIEXPORT void JNICALL
Java_com_example_performance_1optimize_stability_StabilityExampleActivity_
    captureNativeCrash(JNIEnv *env, jobject thiz) {
    // 设置日志存储路径
    google_breakpad::MinidumpDescriptor
        descriptor("/data/data/com.example.performance_optimize/");
    google_breakpad::ExceptionHandler
        eh(descriptor, NULL, dumpCallback, NULL, true, -1);
    // 手动模拟 Crash
    int* ptr = nullptr;
    *ptr = 10;
}
```

3. 日志解析

当上面的 Native 方法被调用后，可以看到在指定的目录中生成了崩溃的日志，如图 6-6 所示，但是此时日志是二进制文件，无法直接查看到有效的信息，因此还需要通过 breakpad 提供的工具对日志进行解析和还原。

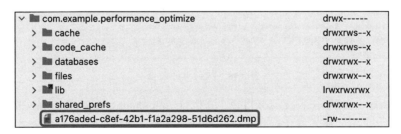

图 6-6　breakpad 生成的 Native 堆栈日志

解析方式如下：

1）进入在前面下载好的 Breakpad 框架的根目录，在命令窗口执行 make clean，用于初始化数据配置，如图 6-7 所示。

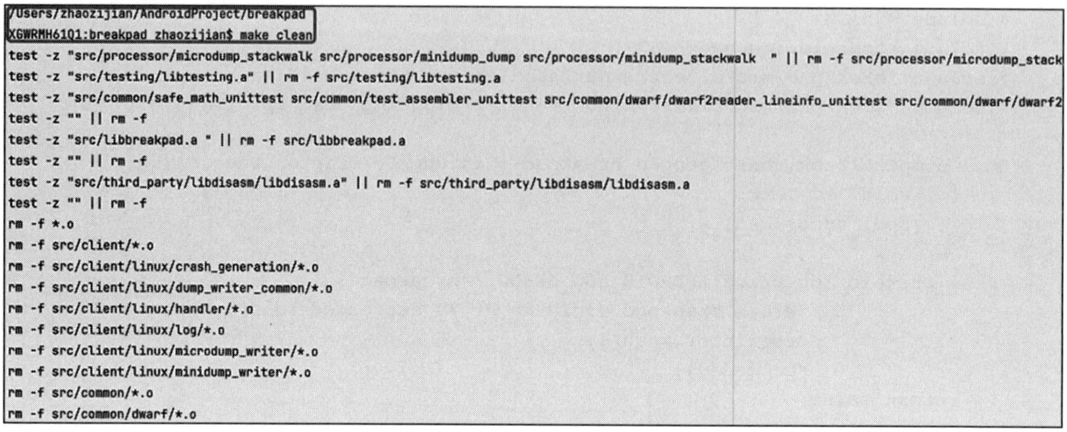

```
/Users/zhaozijian/AndroidProject/breakpad
XGWRMH61Q1:breakpad zhaozijian$ make clean
test -z "src/processor/microdump_stackwalk src/processor/minidump_dump src/processor/minidump_stackwalk  " || rm -f src/processor/microdump_stack
test -z "src/testing/libtesting.a" || rm -f src/testing/libtesting.a
test -z "src/common/safe_math_unittest src/common/test_assembler_unittest src/common/dwarf/dwarf2reader_lineinfo_unittest src/common/dwarf/dwarf2
test -z "" || rm -f
test -z "src/libbreakpad.a " || rm -f src/libbreakpad.a
test -z "" || rm -f
test -z "src/third_party/libdisasm/libdisasm.a" || rm -f src/third_party/libdisasm/libdisasm.a
test -z "" || rm -f
rm -f *.o
rm -f src/client/*.o
rm -f src/client/linux/crash_generation/*.o
rm -f src/client/linux/dump_writer_common/*.o
rm -f src/client/linux/handler/*.o
rm -f src/client/linux/log/*.o
rm -f src/client/linux/microdump_writer/*.o
rm -f src/client/linux/minidump_writer/*.o
rm -f src/common/*.o
rm -f src/common/dwarf/*.o
```

图 6-7　执行 make clean 命令

2）执行 ./configure & make 命令，用于运行配置信息并进行编译，如图 6-8 所示。

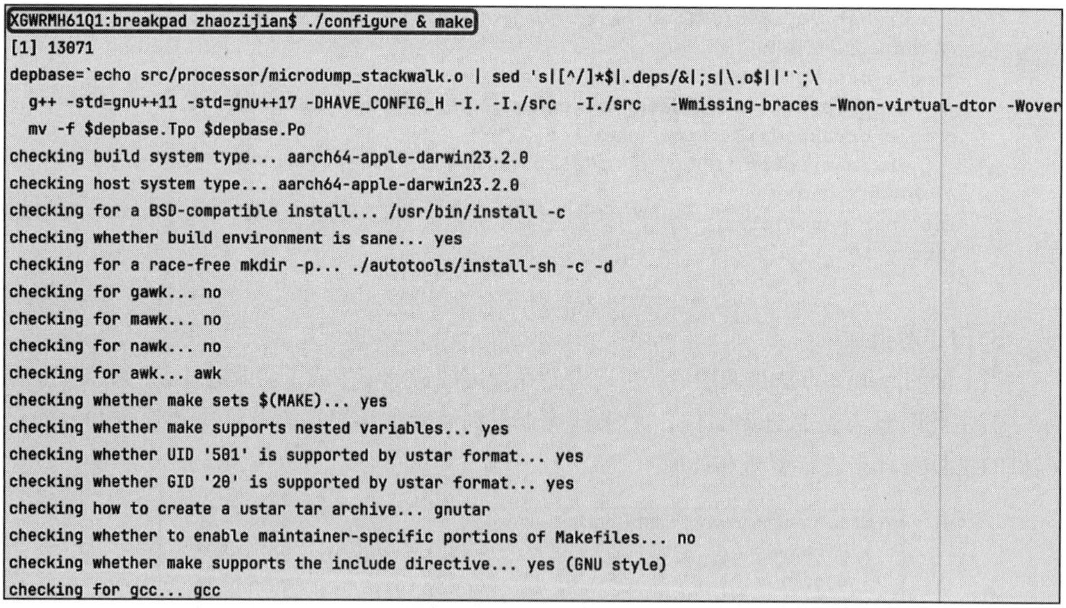

```
XGWRMH61Q1:breakpad zhaozijian$ ./configure & make
[1] 13071
depbase=`echo src/processor/microdump_stackwalk.o | sed 's|[^/]*$|.deps/&|;s|\.o$||'`;\
  g++ -std=gnu++11 -std=gnu++17 -DHAVE_CONFIG_H -I. -I./src  -I./src   -Wmissing-braces -Wnon-virtual-dtor -Wover
  mv -f $depbase.Tpo $depbase.Po
checking build system type... aarch64-apple-darwin23.2.0
checking host system type... aarch64-apple-darwin23.2.0
checking for a BSD-compatible install... /usr/bin/install -c
checking whether build environment is sane... yes
checking for a race-free mkdir -p... ./autotools/install-sh -c -d
checking for gawk... no
checking for mawk... no
checking for nawk... no
checking for awk... awk
checking whether make sets $(MAKE)... yes
checking whether make supports nested variables... yes
checking whether UID '501' is supported by ustar format... yes
checking whether GID '20' is supported by ustar format... yes
checking how to create a ustar tar archive... gnutar
checking whether to enable maintainer-specific portions of Makefiles... no
checking whether make supports the include directive... yes (GNU style)
checking for gcc... gcc
```

图 6-8　执行编译命令

3）进入 Breakpad 的 src/processor 目录，并执行 ./minidump_stackwalk source.dmp > output.txt 命令，就能将二进制的崩溃日志解析成文本格式，如图 6-9 所示。

解析后的 Breakpad 崩溃日志如图 6-10 所示。可以看到，转换成文本格式的日志中的堆栈都是十六进制的地址，我们可以使用前文提到的 addr2line 工具将二进制地址还原成详细的堆栈信息，也可以使用 Breakpad 目录下 src/tools 中的 dump_syms 工具将带有符号的 so 库中的符号导出来，再使用 minidump_stackwalk 工具进行解析，这样解析出来的日志中的地址就能被还原了。

```
XGWRMH61Q1:processor zhaozijian$ ./minidump_stackwalk /Users/zhaozijian/Desktop/a176aded-c8ef-42b1-f1a2a298-51d6d262.dmp
    >/Users/zhaozijian/Desktop/breakpad_crash.txt
2024-03-08 10:43:30: minidump.cc:5608: INFO: Minidump opened minidump /Users/zhaozijian/Desktop/a176aded-c8ef-42b1-f1a2a298-51d6d262.dmp
2024-03-08 10:43:30: minidump.cc:5744: INFO: Minidump not byte-swapping minidump
2024-03-08 10:43:30: minidump.cc:6470: INFO: GetStream: type 15 not present
2024-03-08 10:43:30: minidump.cc:6470: INFO: GetStream: type 1197932545 not present
2024-03-08 10:43:30: minidump.cc:6470: INFO: GetStream: type 1197932546 not present
2024-03-08 10:43:30: minidump.cc:2700: INFO: MinidumpModule could not determine version for /system/bin/app_process32
2024-03-08 10:43:30: minidump.cc:2578: INFO: MinidumpModule could not determine debug_file for /data/misc/apexdata/com.android.art/dalvik
2024-03-08 10:43:30: minidump.cc:2668: INFO: MinidumpModule could not determine debug_identifier for /data/misc/apexdata/com.android.art/
2024-03-08 10:43:30: minidump.cc:2700: INFO: MinidumpModule could not determine version for /data/misc/apexdata/com.android.art/dalvik-ca
2024-03-08 10:43:30: minidump.cc:2700: INFO: MinidumpModule could not determine version for /data/misc/apexdata/com.android.art/dalvik-ca
2024-03-08 10:43:30: minidump.cc:2700: INFO: MinidumpModule could not determine version for /data/misc/apexdata/com.android.art/dalvik-ca
2024-03-08 10:43:30: minidump.cc:2578: INFO: MinidumpModule could not determine debug_file for /data/misc/apexdata/com.android.art/dalvik
2024-03-08 10:43:30: minidump.cc:2668: INFO: MinidumpModule could not determine debug_identifier for /data/misc/apexdata/com.android.art/
2024-03-08 10:43:30: minidump.cc:2700: INFO: MinidumpModule could not determine version for /data/misc/apexdata/com.android.art/dalvik-ca
2024-03-08 10:43:30: minidump.cc:2700: INFO: MinidumpModule could not determine version for /data/misc/apexdata/com.android.art/dalvik-ca
2024-03-08 10:43:30: minidump.cc:2700: INFO: MinidumpModule could not determine version for /data/misc/apexdata/com.android.art/dalvik-ca
```

图 6-9 解析崩溃文件

```
breakpad_crash.txt
Operating system: Android
                  0.0.0 Linux 4.9.270-g862f51bac900-ab7613625 #0 SMP PREEMPT Thu Aug 5 07:04:42 UTC 2021 armv8l
CPU: arm
     ARMv1 Qualcomm part(0x51008030) features: half,thumb,fastmult,vfpv2,edsp,neon,vfpv3,tls,vfpv4,idiva,idivt
     8 CPUs

GPU: UNKNOWN

Crash reason:  SIGSEGV /SEGV_MAPERR
Crash address: 0x0
Process uptime: not available

Thread 0 (crashed)
 0  liboptimize.so + 0x24cb2
     r0 = 0x00000000    r1 = 0x00000001    r2 = 0xcd9838a2    r3 = 0xffef0d68
     r4 = 0xebad6a89    r5 = 0xd4dd99ec    r6 = 0x00000000    r7 = 0xffef2478
     r8 = 0x00000000    r9 = 0xe4141c10   r10 = 0xffef2490   r12 = 0xed638e30
     fp = 0xe4141c10    sp = 0xffef2388    lr = 0xbfbe4ca9    pc = 0xbfbe4cb2
    Found by: given as instruction pointer in context
 1  liboptimize.so + 0x24beb
     sp = 0xffef2408    pc = 0xbfbe4bed
    Found by: stack scanning
 2  libpdfium.so + 0x2a8ffe
     sp = 0xffef2440    pc = 0xebad0000
    Found by: stack scanning
 3  libart.so + 0x14891d
     sp = 0xffef2480    pc = 0xe815691f
    Found by: stack scanning
 4  core-oj.jar + 0x10c3fa
     sp = 0xffef2484    pc = 0xe733b3fc
    Found by: stack scanning
 5  base.apk!classes2.dex] + 0x519ea
     sp = 0xffef24e8    pc = 0xd4dd99ec
    Found by: stack scanning
```

图 6-10 解析后的 Breakpad 崩溃日志

6.2 ANR 监控方案

当程序发生 ANR 时，系统会弹出 ANR 的弹窗，并将 ANR 日志信息写入 /data/anr/ 目录下的文件中，但是我们并没有接口可以直接感知 ANR 已经发生，也没有权限去读取 /data/anr/ 目录下的文件。但是为了提升程序的稳定性，对线上的 ANR 进行有效监控是必不可少的，因此就需要在程序中实现一套 ANR 的监控方案。

6.2.1 信号捕获检测方案

ANR 发生时，系统会给对应的进程发送一个 SIGQUIT 信号，既然是信号，那么就可以和 Native Crash 的监控一样，通过捕获该 SIGQUIT 信号来实现对 ANR 的捕获。通过前面的知识，我们可以很快地写完代码，同样使用 sigaction 函数，增加对 SIGQUIT 信号的捕获，并且在自定义的信号处理函数中判断是不是 SIGQUIT 并做出相应的处理，代码如下。

```
sigaction(SIGQUIT, &sa, &old_sa[SIGILL]);
```

但是在实际运行这段代码后会发现，我们自定义的异常处理函数并没有捕获到 SIGQUIT 信号，那是因为系统屏蔽了 SIGQUIT 信号，不允许 sigaction 函数接收 SIGQUIT 信号。

当程序启动时会启动一个 SignalCatcher 线程，该线程会通过 sigwait 函数阻塞监听 SIGQUIT 信号，源码实现如图 6-11 所示，它位于 signal_catcher.cc 文件中。sigwait 函数也是监听信号的函数，相比于 sigaction 函数，它是同步接收的方式，也就是只允许有一个地方监听指定的信号，而 sigaction 函数则是异步接收的，可以允许多个地方都监听执行信号并进行处理。

虽然系统屏蔽了 sigaction 异步接收 SIGQUIT 信号的方式，但是无法屏蔽通过 sigwait 同步监听 SIGQUIT 信号，这样也保障了 SignalCatcher 线程在接收到 SIGQUIT 信号后，能够正常获取进程中各个线程的信息，并输出到 /data/anr/traces.txt 文件中。

虽然 SIGQUIT 信号被系统屏蔽了，但是我们可以使用 pthread_sigmask 函数将 SIGQUIT 信号从当前线程的信号屏蔽集中移除，实现如下。

```
// 定义一个信号集
sigset_t new_set, old_set;
// 初始化清空信号集
sigemptyset(&new_set);
// 将 SIGQUIT 信号添加到信号集
sigaddset(&new_set, SIGQUIT);
// 将当前线程的信号屏蔽集设置为信号集的补集，即解除 SIGQUIT 信号的屏蔽
pthread_sigmask(SIG_UNBLOCK, &new_set, &old_set);

// 信号处理函数
static void signal_handler(int sig, siginfo_t *info, void *secret) {
    if (sig == SIGQUIT) {
        // 捕获 ANR 信息
```

```
        dealAnr();
        // 向 SignalCatcher 线程发送 SIGQUIT 信号
        tgkill(getpid(), getSignalCatcherThreadId(), SIGQUIT);
    }
}
```

```cpp
int SignalCatcher::WaitForSignal(Thread* self, SignalSet& signals) {
  ScopedThreadStateChange tsc(self, ThreadState::kWaitingInMainSignalCatcherLoop);

  // Signals for sigwait() must be blocked but not ignored.  We
  // block signals like SIGQUIT for all threads, so the condition
  // is met.  When the signal hits, we wake up, without any signal
  // handlers being invoked.
  int signal_number = signals.Wait();
  if (!ShouldHalt()) {
    // Let the user know we got the signal, just in case the system's too screwed for us to
    // actually do what they want us to do...
    LOG(INFO) << *self << ": reacting to signal " << signal_number;

    // If anyone's holding locks (which might prevent us from getting back into state Runnable), say so...
    Runtime::Current()->DumpLockHolders(LOG_STREAM(INFO));
  }

  return signal_number;
}

void* SignalCatcher::Run(void* arg) {
  SignalCatcher* signal_catcher = reinterpret_cast<SignalCatcher*>(arg);
  CHECK(signal_catcher != nullptr);

  Runtime* runtime = Runtime::Current();
  CHECK(runtime->AttachCurrentThread("Signal Catcher", true, runtime->GetSystemThreadGroup(),
                                    !runtime->IsAotCompiler()));

  Thread* self = Thread::Current();
  DCHECK_NE(self->GetState(), ThreadState::kRunnable);
  {
    MutexLock mu(self, signal_catcher->lock_);
    signal_catcher->thread_ = self;
    signal_catcher->cond_.Broadcast(self);
  }

  // Set up mask with signals we want to handle.
  SignalSet signals;
  signals.Add(SIGQUIT);
  signals.Add(SIGUSR1);

  while (true) {
    int signal_number = signal_catcher->WaitForSignal(self, signals);
    if (signal_catcher->ShouldHalt()) {
      runtime->DetachCurrentThread();
      return nullptr;
    }

    switch (signal_number) {
    case SIGQUIT:
      signal_catcher->HandleSigQuit();
      break;
    case SIGUSR1:
      signal_catcher->HandleSigUsr1();
      break;
    default:
      LOG(ERROR) << "Unexpected signal %d" << signal_number;
      break;
    }
  }
}
```

图 6-11　SignalCatcher 线程监听 SIGQUIT 信号的源码

当解除对 SIGQUIT 信号的屏蔽后，上面对 SIGQUIT 信号的捕获就能生效了，我们可以在信号的处理函数中实现对 ANR 的处理，除了要捕获 ANR 的 Trace（跟踪）数据，还要保证原来的 SignalCatcher 线程能够响应 SIGQUIT 信号，因为 SignalCatcher 线程不是通过 sigaction 来响应 SIGQUIT 信号的，所以直接执行 old_sa 是无法生效的，此时可以通过 tgkill 这个信号发送函数，向 SignalCatcher 线程发送一个 SIGQUIT 信号，tgkill 函数向指定线程发送信号时需要知道线程的 id，所以我们还需要通过遍历 /proc/{pid}/task 目录下所记录的该进程下所有的线程数据，拿到名称为"SignalCatcher"线程对应的线程 id，代码如下。

```
// 遍历 /proc/[pid]/task 目录，找到 SignalCatcher 线程的 tid
int getSignalCatcherThreadId() {
    // 构造 /proc/[pid] 目录的路径
    string proc_path = "/proc/" + getpid();
    DIR* dir = opendir(proc_path.c_str());
    while ((entry = readdir(dir)) != NULL) {
        std::string name = entry->d_name;
        // 检查名称是不是一个数字
        if (std::all_of(name.begin(), name.end(), ::isdigit)) {
            // 构造 /proc/[pid]/task/[tid]/status 文件的路径
            std::string status_path = proc_path + "/task/" + name + "/status";
            std::ifstream status_file(status_path);
            // 读取文件内容
            std::string line;
            while (std::getline(status_file, line)) {
                // 查找 Name: SignalCatcher 这一行
                if (line == "Name:\tSignalCatcher") {
                    // 找到了，返回该 tid
                    int tid = std::stoi(name);
                    closedir(dir);
                    return tid;
                }
            }
        }
    }
    closedir(dir);
    return -1;
}
```

通过上面的流程，我们实现了通过监听 SIGQUIT 信号来监控是否发生了 ANR，但是实际情况中，进程收到 SIGQUIT 信号只能说明当前进程有可能发生了 ANR，并不能够 100% 确定发生了 ANR。比如，其他应用发生 ANR 时，CPU 占用比较高的进程也会收到 SIGQUIT 信号，其他进程或者线程也可以手动通过 kill 或者 tgkill 等函数发送 SIGQUIT 信号给当前进程，因此收到 SIGQUIT 信号只是进程发生了 ANR 的必要不充分条件，所以在实际场景中，还会通过一些补充方案来进行二次判断，以增加 ANR 判断的成功率，所以下面接着介绍补充方案。

6.2.2 AMS 接口检测方案

当前面的信号捕获逻辑捕获到 SIGQUIT 信号后，可以通过 JNI 调用 Java 层的方法来通知 Java 层对 ANR 进行二次确认，代码如下，代码中通过 CallStaticVoidMethod 函数来执行 Java 层的 onANRDumpTrace 函数。

```
void anrDumpTraceCallback(JNIEnv *env) {
    // 找到对应的类和方法签名
    jclass myUtilsClass = env->FindClass("com/example/app/MyUtils");
    jmethodID onANRDumpTraceMethod =
        env->GetStaticMethodID(myUtilsClass, "onANRDumpTrace", "()V");
    // 调用方法
    env->CallStaticVoidMethod(myUtilsClass, onANRDumpTraceMethod);
}
```

在 ActivityManagerService 通知进程启动 ANR 弹窗前，会给发生了 ANR 的进程设置一个 NOT_RESPONDING 的标志位，表示该进程发生了异常，而这个标识位可以通过 ActivityManager 的 getProcessesInErrorState 方法来获取。因此在 onANRDumpTrace 函数中，我们可以调用该方法获取进程的错误状态，如果进程是 NOT_RESPONDING 状态，则说明进程发生了 ANR，此时便完成了对 ANR 的二次确认，代码如下。

```
void onANRDumpTrace() {
    ActivityManager am = (ActivityManager) getSystemService(Context.ACTIVITY_SERVICE);
    if (am != null) {
        List<ActivityManager.ProcessErrorStateInfo> errorList
            = am.getProcessesInErrorState();

        if (errorList != null && !errorList.isEmpty()) {
            for (ActivityManager.ProcessErrorStateInfo info : errorList) {
                if (info.condition
                        == ActivityManager.ProcessErrorStateInfo.NOT_RESPONDING)
                        {
                    Log.e(TAG, "ANR detected in process: " + info.processName);
                    // 二次确认 ANR，用于 ANR 记录或者上报
                    ...
                }
            }
        }
    }
}
```

当 ANR 二次确认完成后，我们就可以进一步确认是否要删除本地误捕获的 ANR 日志，或者保留本地的 ANR 日志用于后续上传到服务器端。除了上面介绍的方案，ANR 检测的方案还有不少，比如检测 ANR 弹窗，或者通过主线程检测函数延迟等，但是本章介绍的通过信号捕获再进行二次确认的方案，在成功率和性能上，往往都是最优的方案，如果不使用信号捕获的方案，就只能通过轮询的方式来检测 ANR，这些方式对性能的损耗自然是比较大的。

6.2.3 抓取 Trace 文件

当我们通过前面的方案捕获到 ANR 发生时，此时最重要的事情便是抓取 ANR 的 Trace 日志。我们知道 /data/anr/traces.txt 文件可谓是 ANR 分析利器，这个文件的内容非常全面，包括了所有线程的各种状态、锁和堆栈信息，对于 ANR 问题的排查非常有帮助。但是应用程序是没有该文件的访问权限的，所以线上程序想直接拿到这个文件来获取 ANR 的日志信息是无法实现的，虽然我们不能直接获取这个文件，但是可以间接地获取该文件的数据内容。

SignalCatcher 线程在收到 SIGQUIT 信号后会获取各个线程的 Trace 信息，并且通过系统的 write 函数把 Trace 的数据写入 /data/anr/traces.txt 文件中。如果我们能够拦截住这个 write 方法，就可以获取到写入 traces.txt 文件中的 ANR Trace 数据了。这里又用到了前面学到的 PLT Hook 技术，即在捕捉到 SIGQUIT 信号后，通过 PLT Hook 技术，拦截住 libc.so 库中的 write 函数，这样就能获取到 write 函数准备写入的 Trace 数据的内容了。笔者这里通过 bytehook 来实现对 write 函数的拦截，实现起来也比较简单，代码如下所示。

```
void dealAnr(){
    bytehook_hook_all(
        "libc.so",
        "write",
        (void *)my_write,
        nullptr,
        nullptr);
}
```

通过上面自定义的 write 拦截函数 my_write，就能将 ANR 的数据写入程序自己的目录中了，我们可以通过 C++ 的 fstream 完成文件数据的写入操作，代码如下。

```
#include <fstream>
ssize_t my_write(int fd, const void* const buf, size_t count) {
    BYTEHOOK_STACK_SCOPE();
    if (buf != nullptr) {
        char *content = (char *) buf;
        std::ofstream file("/data/data/com.example.performance_optimize/example_
            anr.txt"
            , std::ios::app);
        if (file.is_open()) {
            file << content;
            file.close();
        }
    }
    return BYTEHOOK_CALL_PREV(my_write,fd, buf,count);
}
```

通过上面的方案，如图 6-12 所示，可以看到已经成功地捕获到 ANR 的日志，数据和 /data/anr/traces.txt 文件是完全一样的。在程序下次启动时，我们就可以将该 ANR 日志上传到服务器端用于后续的 ANR 分析和修复。

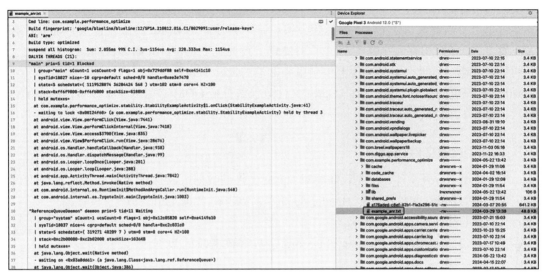

图 6-12　通过 Hook 技术捕获的 ANR 日志

6.2.4　使用开源框架

ANR 监控是稳定性治理中最重要的工作之一，因此有很多开源库实现了这个功能，如腾讯的 Matrix、爱奇艺的 xCrash 和 ANR-WatchDog 等。这些库的实现原理和本书所讲的都是类似的，但是经过了大量的用户验证，因此有足够的稳定性和性能保障。除了 ANR 监控，不少开源库也都会将 Java Crash、Native Crash 等监控整合到一起，形成一套完整的监控工具。这 3 款开源框架的主要区别见表 6-1，读者可以自己去深入了解这些开源库的优缺点，如稳定性、用户量、更新频率等，并根据业务场景选择一个合适的开源库来使用。

表 6-1　Matrix、xCrash、ANR-WatchDog 的主要区别

特性	腾讯 Matrix	爱奇艺 xCrash	ANR-WatchDog
功能范围	卡顿、内存、资源滥用、ANR 等	专注于 Crash 和 ANR 捕获	仅 ANR 监控
配置复杂度	高	中	低
性能影响	影响较大	轻度影响	影响较小
使用场景	需要全面性能监控的中大型项目	需要监控 Crash 和 ANR 捕获的项目	需要快速集成 ANR 监控的小型项目

6.3　OOM 监控方案

OOM 作为一类特殊的 Java Crash，在异常捕获上的方案和 Java Crash 是一样的，都是通过全局 ExceptionHandler 来进行，区别在于 OOM 需要获取内存快照的数据后，才能有效

地排查异常和解决问题。Java Crash 的监控和内存快照的捕获都有现成的接口可以使用，这些流程都不是难点。

这里之所以继续讲解 OOM 的监控方案，是因为原始的 Hprof 内存快照文件通常比较大，发生 OOM 时内存大小基本超过了 512MB，此时捕获的 Hprof 内存快照文件基本也会有同样的大小。将这么大的文件上传到服务器端的成功率是较低的，所以我们通常都会对 Hprof 进行一定的裁剪，裁剪后的 Hprof 文件只保留分析 OOM 必需的数据，不仅减小了体积，还提升了数据的安全性。

6.3.1 Hprof 文件结构

想要裁剪 Hprof 文件，首先就需要对 Hprof 文件的数据组成有一定的了解。Hprof 文件由一个 Header 头和多个 Record 数据项组成，其简化的结构如图 6-13 所示。

Header
Record
Record
……
Record
Record

图 6-13 Hprof 简化结构

我们接着详细看一下 Header 和 Record 这两个数据段的数据组成。

1）Header 头：记录 Hprof 文件的元信息，如版本号、标识符大小、时间戳等，Header 的数据结构如图 6-14 所示。

格式名和版本号	标识符	高位时间戳	低位时间戳
18 B	4 B	4 B	4 B

图 6-14 Header 的数据结构

根据 Header 头的格式定义的数据结构如下。

```
class HprofHeader {
    private byte[] format; // 占用 18B，用于标识文件的格式
    private int version; // 表示 hprof 文件的版本信息
    private int highTime; // 表示 hprof 文件的创建时间戳
    private int lowTime; // 表示 hprof 文件的创建时间戳，high 和 low 两个字段合并起来表示一
        个 64 位的时间戳
}
```

2）Record：Hprof 文件的具体内容，由多个 Record 组成。每个 Record 由类型、时间戳、数据长度和数据内容 4 个部分组成，如图 6-15 所示。

类型	时间戳	数据长度	数据内容
1 B	4 B	4 B	

图 6-15 Record 的数据结构

根据 Record 数据段的格式定义的数据结构如下。

```
class HprofRecord {
    private byte tag;    // 标识记录的类型，占用 1B
```

```
    private int time;    // 表示记录的时间戳
    private int length;  // 表示 Record 数据部分的长度
    private byte[] data; // 表示 Record 的数据内容，长度不固定
}
```

每个 Record 条目中第一字节的数据表示该条目的类型（TAG），通过 Android 源码中的 hprof.cc 文件，可以看到每一个 TAG 的值定义，代码如下所示。

```
enum HprofTag {
    HPROF_TAG_STRING = 0x01,
    HPROF_TAG_LOAD_CLASS = 0x02,
    HPROF_TAG_UNLOAD_CLASS = 0x03,
    HPROF_TAG_STACK_FRAME = 0x04,
    HPROF_TAG_STACK_TRACE = 0x05,
    HPROF_TAG_ALLOC_SITES = 0x06,
    HPROF_TAG_HEAP_SUMMARY = 0x07,
    HPROF_TAG_START_THREAD = 0x0A,
    HPROF_TAG_END_THREAD = 0x0B,
    HPROF_TAG_HEAP_DUMP = 0x0C,
    HPROF_TAG_HEAP_DUMP_SEGMENT = 0x1C,
    HPROF_TAG_HEAP_DUMP_END = 0x2C,
    HPROF_TAG_CPU_SAMPLES = 0x0D,
    HPROF_TAG_CONTROL_SETTINGS = 0x0E,
};
```

一些主要的 Record 类型的解释见表 6-2。

表 6-2　主要的 Record 类型

TAG 值	类型	解释
0x01	STRING	记录了字符串对象的信息
0x02	LOAD_CLASS	记录了加载的类的信息，包括类的对象标识符、类名的字符串 id 等
0x04	STACK_FRAME	记录了栈帧的信息，包括 id、方法名、类名、源文件名、行号等
0x05	STACK_TRACE	记录了栈追踪的信息，包括序号、线程 id、栈帧数、栈帧等
0x07	HEAP_SUMMARY	记录了堆内存的总体情况，包括已用内存、总内存、对象数等
0x0C	HEAP_DUMP	包含应用程序在运行时的完整内存快照文件，记录了应用程序中所有对象的状态和内容
0x1C	DUMP_SEGMENT	记录了所有对象的状态、引用关系和其他相关信息。通过分析堆内存快照，我们可以识别内存泄漏、优化内存使用以及定位问题
0x0D	CPU_SAMPLES	记录了 CPU 的使用情况，包括线程 id、样本数、栈帧等

当通过 Hprof 文件分析 OOM 的原因时，我们只需要知道对象的依赖关系和数据大小就能完成分析，数据的具体内容都不需要知道，因此这些不影响 OOM 分析的数据便都可以进行裁剪。

对于 Hprof 文件来说，大部分的数据内容都是在 HEAP_DUMP 和 DUMP_SEGMENT 这两个数据条目中，因此我们需要进一步了解该数据条目下数据内容的详细信息。通过该数据条目中数据内容的第一字节，我们可以进一步识别该数据内容的子类型，hprof.cc 文件

中有 HEAP_DUMP 和 DUMP_SEGMENT 条目的子数据类型的值定义，代码如下所示。

```
enum HprofHeapTag {
    // Traditional.
    HPROF_ROOT_UNKNOWN = 0xFF,
    HPROF_ROOT_JNI_GLOBAL = 0x01,
    HPROF_ROOT_JNI_LOCAL = 0x02,
    HPROF_ROOT_JAVA_FRAME = 0x03,
    HPROF_ROOT_NATIVE_STACK = 0x04,
    HPROF_ROOT_STICKY_CLASS = 0x05,
    HPROF_ROOT_THREAD_BLOCK = 0x06,
    HPROF_ROOT_MONITOR_USED = 0x07,
    HPROF_ROOT_THREAD_OBJECT = 0x08,
    HPROF_CLASS_DUMP = 0x20,
    HPROF_INSTANCE_DUMP = 0x21,
    HPROF_OBJECT_ARRAY_DUMP = 0x22,
    HPROF_PRIMITIVE_ARRAY_DUMP = 0x23,

    // Android.
    HPROF_HEAP_DUMP_INFO = 0xfe,
    HPROF_ROOT_INTERNED_STRING = 0x89,
    HPROF_ROOT_FINALIZING = 0x8a,  // Obsolete.
    HPROF_ROOT_DEBUGGER = 0x8b,
    HPROF_ROOT_REFERENCE_CLEANUP = 0x8c,  // Obsolete.
    HPROF_ROOT_VM_INTERNAL = 0x8d,
    HPROF_ROOT_JNI_MONITOR = 0x8e,
    HPROF_UNREACHABLE = 0x90,  // Obsolete.
    HPROF_PRIMITIVE_ARRAY_NODATA_DUMP = 0xc3,  // Obsolete.
};
```

这里介绍一些主要的子数据类型，见表 6-3。

表 6-3 主要的子数据类型

TAG 值	数据类型	描述
0x01	ROOT_JNI_GLOBAL	该记录类型表示通过 JNI 代码创建的全局引用
0x02	ROOT_JNI_LOCAL	该记录类型表示通过 JNI 代码创建的局部引用
0x03	ROOT_JAVA_FRAME	该记录类型表示通过 Java 方法调用栈中的帧信息
0x04	ROOT_NATIVE_STACK	该记录类型表示通过本地方法调用栈中的帧信息
0x20	CLASS_DUMP	记录了有关 Java 类的信息
0x21	INSTANCE_DUMP	记录了对象实例的详细信息
0x22	OBJECT_ARRAY_DUMP	记录了对象数组的数据
0x23	PRIMITIVE_ARRAY_DUMP	记录了基本类型数组的数据

因为在进行 OOM 分析时，我们只需要关心对象的大小和引用关系，所以 ROOT_JNI_GLOBAL、ROOT_JNI_LOCAL、ROOT_JAVA_FRAME 等包含了引用链的关键信息数据都是要保留的，但是对于 INSTANCE_DUMP、PRIMITIVE_ARRAY_DUMP 等记录元数据的数据段，我们都可以进行删除。

6.3.2 Hprof 裁剪方案

了解了 Hprof 文件的数据结构后就可以裁剪该文件了。裁剪的技术原理并不复杂，主要是常规的文件流操作。我们需要读取文件的字节流，然后根据文件的数据结构将文件的字节流还原成对应的数据，接着对数据进行修改，再通过字节流写回到新的文件中即可。这里仅以裁剪 PRIMITIVE_ARRAY_DUMP 这个数据内容为例进行代码讲解。

首先通过 Java 提供的输入流对象 DataInputStream 来读取 Hprof 文件的字节流，根据前面定义的 HprofHeader 的数据结构，依次读取出对应的数据，DataInputStream 对象的 read 操作会在读取字节流的数据后将字节流的索引移动到读取的数据之后，因此不需要我们手动去设置文件流读取的索引位置。我们在读取原文件的数据流时，可以通过 Java 提供的输出流对象 DataOutputStream 将修改后的数据流写入新的文件中，对于不需要裁剪或修改的数据，直接按原数据写入即可，代码如下。

```
DataInputStream dataStream = new DataInputStream(new FileInputStream("input.hprof"));
DataOutputStream dataOutStream = new DataOutputStream(new FileOutputStream("out.hprof")

// 读取 Hprof 头数据
HprofHeader hprofHeader = new HprofHeader();
// 通过 readFully 可以读取指定字节长度的数据
hprofHeader.format= dataStream.readFully(new byte[18]);
hprofHeader.version = dataStream.readInt();
hprofHeader.highTime = dataStream.readInt();
hprofHeader.lowTime = dataStream.readInt();
// 将 Hprof 头数据写回到新的文件中
dataOutStream.write(hprofHeader.format);
dataOutStream.writeInt(hprofHeader.version);
dataOutStream.writeInt(hprofHeader.highTime);
dataOutStream.writeInt(hprofHeader.lowTime);
```

读取完 Hprof 的头数据后，文件的字节流索引就来到了 Record 数据条目的位置。我们接着通过一级 Tag 的值，找到 HEAP_DUMP 的数据段，然后在 HEAP_DUMP 数据段下面通过二级 Tag 的值找到 PRIMITIVE_ARRAY_DUMP 的数据段，对于该段的数据，需要在回写数据时跳过写入该数据，这样便完成了对 PRIMITIVE_ARRAY_DUMP 的裁剪，代码如下。

```
int tag;
while ((tag = dataStream.read()) != -1) {
    HprofRecord hprofRecord = new HprofRecord;
    hprofRecord.tag = tag;
    hprofRecord.time = dataStream.readInt();
    hprofRecord.length = dataStream.readInt();
    // 按照前面记录的数据长度，读取对应长度的数据
    hprofRecord.data = dataStream.readFully(new byte[hprofRecord.length]);
    ByteBuffer buffer = ByteBuffer.wrap(hprofRecord.data);
    // 从 data 段中读取前 4 字节的数据，来判断子数据段的类型
    int subTag = buffer.getInt();
    // 通过一级 Tag 和二级 Tag 来判断是否找到目标数据段
```

```
if (hprofRecord.tag == RECORD_TAG_HEAP_DUMP && subTag == PRIMITIVE_ARRAY_DUMP) {
    // 如果是 PRIMITIVE_ARRAY_DUMP 数据，则不往文件中写入该数据段
    continue;
};
// 对于不裁剪的数据，则保持原数据内容写回到文件中
dataOutStream.writeByte(hprofRecord.tag);
dataOutStream.writeInt(hprofRecord.time);
dataOutStream.writeInt(hprofRecord.length);
dataOutStream.write(hprofRecord.data);
}
```

通过上面的代码，我们就完成了 Hprof 的裁剪流程，只要熟悉 Hprof 的文件格式以及了解基本的文件流的操作方式，就能很容易地理解和实施该优化方案。笔者这里仅仅裁剪了 PRIMITIVE_ARRAY_DUMP 的数据内容，读者可以按照上面的流程，进一步裁剪 Hprof 文件中用不到的数据。

Hprof 文件的裁剪有两种主流的方向，第一种是先通过 Debug.dumpHprofData 捕获完整的 Hprof 文件，再将原始的 Hprof 文件裁剪和上传，上面介绍的就是这一方向。第二种是通过 Native Hook 的方式，拦截系统的 write 函数，然后在系统写入内存快照数据时进行裁剪。这两种方向各有优缺点，前者简单，并且不影响原有的 Hprof 文件，后者则更高效，但是因为用到了 Native Hook 技术，难免会有兼容性和稳定性问题。

6.3.3 使用开源框架

上面的流程仅仅只是裁剪了 PRIMITIVE_ARRAY_DUMP 一个数据段，在实际场景中，我们会裁剪更多的数据，这样才能有更好的效果。为了确保在线上使用时有更好的稳定性和裁剪效果，笔者依然建议使用开源的第三方框架，这一方向的开源框架也比较多，但是原理和前面讲的都是类似的，这里推荐字节跳动开源的 Tailor 框架，该工具除了对 Hprof 文件内的数据进行了裁剪，还在数据裁剪完成后进行了压缩。因为数据被压缩，所以我们还需要通过 Tailor 提供的解压脚本对 Hprof 文件进行数据还原后才能使用，基于裁剪和压缩的双重效果，该框架可以将几百 MB 大小的 Hprof 文件减小到几十 MB 甚至十几 MB，从而极大地提高内存快照捕获和上传的成功率。详细的使用方法在官方的 GitHub 文档中有详细说明，笔者就不赘述了。

6.4 Native Crash 分析思路

Android 开发者接触 Native 开发的频次相比于 Java 层开发会少很多，因此在面对 Native Crash 时也往往会觉得更难定位和修复，但是 Native Crash 的治理是稳定性优化中不能逃避的一个方向，我们需要系统性地掌握 Native Crash 治理的相关基础知识和方法论，才能在 Native Crash 的治理上更加得游刃有余。

这里以一个简单的 Native Crash 为例，带读者由浅入深地了解 Native Crash 治理的基础

知识以及分析思路。示例程序如下，Native 层的 mockCrash 函数给一个空指针进行了赋值，当我们在 Java 层调用这个 Native 函数时，便会产生 Native Crash。

```
extern "C"
JNIEXPORT void JNICALL
Java_com_example_performance_1optimize_stability_StabilityExampleActivity_mockCrash(JNIEnv *env,
                                                                                     jclass StabilityExampleActivity  clazz) {
    int* ptr = nullptr;
    *ptr = 10;
}
```

6.4.1　初步分析

当 Native Crash 产生后，我们可以通过前面学到的 Native Crash 监控方案来抓取详细的日志，也可以在手机的 /data/tomstones/ 目录下找到系统抓取的 Native Crash 崩溃日志，该日志的部分数据如图 6-16 所示。

```
1   *** *** *** *** *** *** *** *** *** *** *** *** *** *** *** ***
2   Build fingerprint: 'google/blueline/blueline:12/SP1A.210812.016.C1/8029091:user/release-keys'
3   Revision: 'MP1.0'
4   ABI: 'arm'
5   Timestamp: 2024-02-06 12:13:06.501292864+0900
6   Process uptime: 0s
7   Cmdline: com.example.performance_optimize
8   pid: 16760, tid: 16760, name: rmance_optimize  >>> com.example.performance_optimize <<<
9   uid: 10260
10  signal 11 (SIGSEGV), code 1 (SEGV_MAPERR), fault addr 0x0
11  Cause: null pointer dereference
12      r0  00000000  r1  0000000a  r2  00000000  r3  00000010
13      r4  ebad6a89  r5  caee8970  r6  00000000  r7  ffeea4d0
14      r8  00000000  r9  e8502a10  r10 ffeea3e0  r11 e8502a10
15      ip  c8d308a1  sp  ffeea3c4  lr  f0e5c91f  pc  c8d308ae
16
17  backtrace:
18        #00 pc 000008ae  /data/app/~~JpLUNaWIoBUlCvxKiPKiWw==/com.example.performance_optimize-2AxNg182FGRK_MjwYG4B5w==/lib/arm/libexample.so
          (Java_com_example_performance_1optimize_stability_StabilityExampleActivity_mockCrash+14) (BuildId: 4777d10392405d9431cb7d342fe4ff9fdeee2840)
19        #01 pc 0014891d  /apex/com.android.art/lib/libart.so (art_quick_generic_jni_trampoline+44) (BuildId: 2c27deb1ebe8c2d821a954ea6ddd7c8b)
20        #02 pc 001413d5  /apex/com.android.art/lib/libart.so (art_quick_invoke_stub_internal+68) (BuildId: 2c27deb1ebe8c2d821a954ea6ddd7c8b)
21        #03 pc 001b9c69  /apex/com.android.art/lib/libart.so (void art::quick_invoke_reg_setup<true>(art::ArtMethod*, unsigned int*, unsigned int, art::Thread*, art::JValue*, char const*)
          (.__uniq.192663596067446536341070919852553954320.llvm.16214883974158922336)+112) (BuildId: 2c27deb1ebe8c2d821a954ea6ddd7c8b)
22        #04 pc 001b97c7  /apex/com.android.art/lib/libart.so (art::ArtMethod::Invoke(art::Thread*, unsigned int*, unsigned int, art::JValue*, char const*)+134) (BuildId:
          2c27deb1ebe8c2d821a954ea6ddd7c8b)
23        #05 pc 0017ac17  /apex/com.android.art/lib/libart.so (art::interpreter::ArtInterpreterToCompiledCodeBridge(art::Thread*, art::ArtMethod*, art::ShadowFrame*, unsigned short,
          art::JValue*)+86) (BuildId: 2c27deb1ebe8c2d821a954ea6ddd7c8b)
24        #06 pc 002542b3  /apex/com.android.art/lib/libart.so (art::PerformCall(art::Thread*, art::CodeItemDataAccessor const&, art::ArtMethod*, unsigned int, art::ShadowFrame*, art::JValue*,
          bool)+74) (BuildId: 2c27deb1ebe8c2d821a954ea6ddd7c8b)
25        #07 pc 00253d37  /apex/com.android.art/lib/libart.so (bool art::interpreter::DoCall<false>(art::ArtMethod*, art::Thread*, art::ShadowFrame&, art::Instruction const*, unsigned short,
          bool, art::JValue*)+322) (BuildId: 2c27deb1ebe8c2d821a954ea6ddd7c8b)
```

图 6-16　Native Crash 崩溃日志

该崩溃日志很长，我们首先需要通过一些关键信息进行初步的分析和定位，初步分析的点主要有下面这些。

- **信号**：根据日志第 10 行，我们能对该 Crash 进行初步的归因，该日志中的信号是 11(SIGSEGV)，错误 code 为 1，我们便能知道这个错误是代码试图访问未映射到其地址空间的内存区域，也就是空指针导致的。
- **线程**：根据日志第 8 行，我们可以知道出现 Crash 的线程 tid 为 16760。很多时候，Crash 并不是发生在主线程中的，因此我们要知道发生 Crash 的线程的 id，然后去对应线程的堆栈日志中做进一步分析，这个 id 和主线程的 pid 是一致的，说明 Crash 发生在主线程。
- **崩溃的堆栈**：日志第 17 行及以后的内容便是崩溃发生时主线程的堆栈信息，因为案例中的 Crash 发生在主线程，因此我们分析主线程的堆栈即可，如果是非主线程导致的 Crash，需要定位到对应线程的堆栈信息后再进一步分析，tomstones 的崩溃日志会记录所有线程的堆栈信息。根据崩溃的堆栈，我们能初步分析出发生异常的 so 库，如果该 so 库是没有移除符号表的，我们还能直接知道发生崩溃的函数符号名。

6.4.2 堆栈分析

对 Native Crash 有一个初步的分析后，接着就可以根据堆栈信息，进行详细的分析和定位了。

Native Crash 的堆栈格式是，每一行以 # 开头，后面跟着一个数字，表示堆栈的深度，从 0 开始；然后是 pc 寄存器的值，表示当前指令的地址；接下来是模块的路径和名称，表示当前指令所在的库或可执行文件；最后是函数的名称和偏移量，表示当前指令所在的函数和相对于函数起始地址的偏移量。如果有 BuildId，则表示该模块的唯一标识符，用于符号化和调试。

因为示例程序的 so 库保留了符号，所以通过堆栈就能直接看到发生 Crash 的函数为 mockCrash 函数，该函数第 14 字节处的指令发生了崩溃，如图 6-17 所示。

```
#00 pc 000008ae  /data/app/~~JpLUNaWIo8UlCvxKiPKiWw==/com.example.performance_optimize-2AxNg182FGRK_MjwYG4BSw==/lib/arm/libexample.so
 (Java_com_example_performance_1optimize_stability_StabilityExampleActivity_mockCrash+14) (BuildId: 4777d10392405d9431cb7d342fe4ff9fdeee2840)
```

图 6-17　发生崩溃的函数

对于线上的程序，出于对安全和包体积的考虑，我们一般会移除符号表，此时可以使用 addr2line 工具配合带符号表的 so 库进行堆栈还原，这部分知识我们在第 2 章也学过了。根据堆栈信息可以看到，发生异常的偏移地址为 1edfe，执行指令"addr2line -C -f -e libexample.so 0x0001edfe"，结果如图 6-18 所示，通过第 3 行可以看到，崩溃发生在 mock_native_crash.cpp 的第 12 行。

```
1  XGWRMH61Q1:stability zhaozijian$ /Users/zhaozijian/Library/Android/sdk/ndk/21.4.7075529/toolchains/arm-linux-androideabi-4
   .9/prebuilt/darwin-x86_64/bin/arm-linux-androideabi-addr2line -C -f -e libexample.so  0x0001edfe
2  Java_com_example_performance_1optimize_stability_StabilityExampleActivity_mockCrash
3  /Users/zhaozijian/AndroidStudioProjects/PerformanceOptimizeExample/app/src/main/cpp/mock_native_crash.cpp:12
```

图 6-18　崩溃定位

6.4.3 指令分析

对于没有符号表的 so 库，我们无法进行堆栈还原，此时一般通过 objdump 等工具，将 so 库解析成汇编代码后，再去进行指令分析。对于文中出现的崩溃，我们已经知道了其崩溃的地址是 0x1edfe，因此可以到 libexample.so 的汇编代码中查看，对应的代码如图 6-19 所示。

在指令"str r1, [r0, #0]"中，str 是存储指令，这句指令的意思是将 r1 寄存器中的值存储到 r0 寄存器中偏移地址为 0 的内存地址中。我们回头看前面日志中的寄存器信息，如图 6-20 所示，可以知道 r0 寄存器的值是 0，因此导致异常的原因是代码往一个空的地址中写入数据。

```
0001edf0 <Java_com_example_performance_1optimize_stability_StabilityExampleActivity_mockCrash>:
 1edf0:   b083        sub     sp, #12
 1edf2:   9002        str     r0, [sp, #8]
 1edf4:   9101        str     r1, [sp, #4]
 1edf6:   2000        movs    r0, #0
 1edf8:   9000        str     r0, [sp, #0]
 1edfa:   9800        ldr     r0, [sp, #0]
 1edfc:   210a        movs    r1, #10
 1edfe:   6001        str     r1, [r0, #0]
 1ee00:   b003        add     sp, #12
 1ee02:   4770        bx      lr
```

图 6-19 崩溃的汇编代码

```
Cause: null pointer dereference
    r0 00000000  r1 0000000a  r2 00000000  r3 00000010
    r4 ebad6a89  r5 caee8970  r6 00000000  r7 ffeea4d0
    r8 00000000  r9 e8502a10  r10 ffeea3e0 r11 e8502a10
    ip c8d308a1  sp ffeea3c4  lr f0e5c91f  pc c8d308ae
```

图 6-20 崩溃的寄存器信息

这里通过一个简单的案例讲解了 Native Crash 的排查思路，在实际场景中，Native Crash 的排查可能会比这个案例要复杂很多，开发者需要对 ARM 指令集、Native 等知识有较深的了解，这需要经过较长时间的学习和更多的排查案例实战，但是能掌握本章中这个简单的 Native Crash 的排查思路，是我们迈出的第一步。

6.5 ANR 分析思路

这里依然在示例程序中模拟一个 ANR，以此来带着读者掌握 ANR 分析的思路。如图 6-21 所示，主线程会因为等锁而产生 ANR。

```java
public class StabilityExampleActivity extends AppCompatActivity {
    final static String TAG = "StabilityExample";
    @Override
    protected void onCreate(Bundle savedInstanceState) {
        super.onCreate(savedInstanceState);
        setContentView(R.layout.activity_stability_example);
        findViewById(R.id.anr).setOnClickListener(new View.OnClickListener() {
            @Override
            public void onClick(View v) {
                ByteHook.init();
                hookAnrByBHook();
                Thread thread = new Thread(new Runnable() {
                    @Override
                    public void run() {
                        synchronized (StabilityExampleActivity.this){
                            while (true);
                        }
                    }
                });
```

图 6-21 模拟的 ANR

```
        thread.start();
        try {
            Thread.sleep(500);
        } catch (InterruptedException e) {
            throw new RuntimeException(e);
        }
        Log.i(TAG,"beforeToast");
        synchronized (StabilityExampleActivity.this){
            Log.i(TAG,"can enter this code");
        }
    }
});
```

图 6-21　模拟的 ANR（续）

ANR 的分析和排查往往要比 Crash 复杂很多，所以当 ANR 发生后，最重要的一件事就是获取足够的日志信息进行分析，最关键的日志包括 data/anr 目录下的日志信息以及 Log 日志信息，我们可以用前面介绍的方案去抓取这些日志，或者通过 BugReport 等线下方式拿到这些日志信息。当有了这些日志信息后，我们就可以开始进行 ANR 分析了。

6.5.1　初步分析

在分析 ANR 时，我们首先要根据日志进行初步分析，来确定 ANR 发生的时间、类型、大致的原因。运行上面的示例逻辑便会发生 ANR，并在 /data/anr 目录中生成 ANR 日志，部分 ANR 日志的信息如图 6-22 所示。

```
1   Subject: Input dispatching timed out (e67acdb com.example.performance_optimize/com.example.performance_optimize.stability
2   .StabilityExampleActivity (server) is not responding. Waited 5000ms for MotionEvent)
3   ----- pid 28646 at 2024-02-02 15:36:16.857903672+0900 -----
4   Cmd line: com.example.performance_optimize
5   Build fingerprint: 'google/blueline/blueline:12/SP1A.210812.016.C1/8029091:user/release-keys'
6   ABI: 'arm'
7   Build type: optimized
8   suspend all histogram:   Sum: 98us 99% C.I. 1us-21us Avg: 5.157us Max: 21us
9   DALVIK THREADS (20):
10  "main" prio=5 tid=1 Blocked
11    | group="main" sCount=1 ucsCount=0 flags=1 obj=0x723fbf88 self=0xe8502a10
12    | sysTid=28646 nice=-10 cgrp=default sched=0/0 handle=0xf732b470
13    | state=S schedstat=( 718352805 19116038 290 ) utm=66 stm=3 core=4 HZ=100
14    | stack=0xff6f1000-0xff6f3000 stackSize=8188KB
15    | held mutexes=
16    at com.example.performance_optimize.stability.StabilityExampleActivity$1.onClick(StabilityExampleActivity.java:34)
17    - waiting to lock <0x0e47537e> (a com.example.performance_optimize.stability.StabilityExampleActivity) held by thread 4
18    at android.view.View.performClick(View.java:7441)
19    at android.view.View.performClickInternal(View.java:7418)
20    at android.view.View.access$3700(View.java:835)
21    at android.view.View$PerformClick.run(View.java:28676)
22    at android.os.Handler.handleCallback(Handler.java:938)
23    at android.os.Handler.dispatchMessage(Handler.java:99)
24    at android.os.Looper.loopOnce(Looper.java:201)
25    at android.os.Looper.loop(Looper.java:288)
26    at android.app.ActivityThread.main(ActivityThread.java:7842)
27    at java.lang.reflect.Method.invoke(Native method)
```

图 6-22　部分 ANR 日志的信息

```
28        at com.android.internal.os.RuntimeInit$MethodAndArgsCaller.run(RuntimeInit.java:548)
29        at com.android.internal.os.ZygoteInit.main(ZygoteInit.java:1003)
30
31   "ReferenceQueueDaemon" daemon prio=5 tid=10 Waiting
32      | group="system" sCount=1 ucsCount=0 flags=1 obj=0x12c05890 self=0xe850d210
33      | sysTid=28656 nice=4 cgrp=default sched=0/0 handle=0xcba8e1c0
34      | state=S schedstat=( 434325 51615 16 ) utm=0 stm=0 core=7 HZ=100
35      | stack=0xcb98b000-0xcb98d000 stackSize=1036KB
36      | held mutexes=
37        at java.lang.Object.wait(Native method)
38        - waiting on <0x017f239e> (a java.lang.Class<java.lang.ref.ReferenceQueue>)
39        at java.lang.Object.wait(Object.java:386)
```

图 6-22 部分 ANR 日志的信息（续）

第 1 行可以确定该 ANR 类型是 Input Dispatching Timed Out，即输入事件分发超时。随后几行可以知道 ANR 发生的时间、线程 id 等信息。从第 10 行开始就可以进一步知道主线程的优先级、锁、运行状态、堆栈等信息，其中最关键的就是主线程的运行状态，常见的状态有以下几种。

- Runnable：线程可运行或者正在运行。
- Sleeping：代码逻辑中调用了 wait、sleep 或 join 等函数让线程进入休眠。
- Blocked：线程阻塞，此时一般都是在等待获取锁对象。
- Waiting：代码中执行了没有设置超时参数的 wait 函数，导致线程进入等待状态。

可以看到日志中主线程的状态是 Blocked，此时我们也基本能确定这是一个等待锁导致的 ANR。

6.5.2 性能分析

因为示例中的 ANR 是一个比较简单的 ANR，通过基本的分析就能知道发生 ANR 的原因是主线程等锁，但实际中的很多 ANR 都没那么简单，特别是主线程的状态处于 Runnable 状态时，主线程处于运行状态却发生了 ANR，这种情况一般都无法通过简单的初步分析定位到原因，此时我们需要接着进行性能分析，来确认是不是性能问题导致的 ANR 异常。

详细的性能相关的数据没有在 Trace 日志中，而是在 Log 日志中，根据 Logcat 中的日志信息，如图 6-23 所示，可以看到发生 ANR 时的性能状况。

在对性能进行分析时，我们主要有以下几个分析方向。

- **看 CPU LOAD Average（负载平均值）数据**。在性能日志中可以看到 "Load: 0.74 / 0.56 / 0.55" 这一行，它表示过去 1、5、15min 内正在使用或者等待使用 CPU 的进程数的平均值，这个值也称为负载平均值，是一个用来衡量系统负载的指标。负载平均值一般不应该超过处理器核心的总数量，如果超过则说明系统的负载较大，CPU 资源不足。
- **看进程的 CPU 占用率**。通过日志中 "CPU usage from 254840ms to 0ms ago" 这一行信息，我们可以知道在过去的时间段内（从过去的 254840 ms～0 ms 之间）CPU 的使用情况。日志会按照 CPU 使用率从高到低地将进程信息打印出来，包括 CPU

使用率、进程号、进程名、应用进程（user）和系统进程（kernel）的 CPU 占比等详细数据。

- **看其他关键进程或指标**。查看 kswapd0、iowait 等关键字来判断是不是系统的内存或 I/O 问题导致的 ANR。kswapd0 是管理内存的进程，当内存空间不足时，kswapd0 进程会负责将不常使用的页面换到交换空间，如果该进程的占用率很高，说明设备处于低内存状态且正在频繁地发生换页操作。iowait 是系统状态的一个指标，表示 CPU 等待 I/O 操作完成的时间比例。高 iowait 值通常表示系统中的 I/O 操作存在异常，可能导致 CPU 资源闲置，从而产生 ANR。
- **内存等其他性能数据**。最后可以查看一下内存使用情况，包括分析内存信息，如总分配字节、释放字节、可用内存等，以判断是否存在内存不足或频繁的内存交换问题，并结合线程数量、磁盘占用、机型等综合因素来进一步判断性能是否存在异常。

```
E  ANR in com.example.performance_optimize (com.example.performance_optimize/.stability.StabilityExampleActivity)
   PID: 23693
   Reason: Input dispatching timed out (8a6eb93 com.example.performance_optimize/com.example.performance_optimize.stability
   .StabilityExampleActivity (server) is not responding. Waited 5004ms for MotionEvent)
   Parent: com.example.performance_optimize/.stability.StabilityExampleActivity
   Frozen: false
   Load: 0.74 / 0.56 / 0.55
   ----- Output from /proc/pressure/memory -----
   some avg10=0.05 avg60=0.02 avg300=0.00 total=149683677
   full avg10=0.00 avg60=0.00 avg300=0.00 total=26086253
   ----- End output from /proc/pressure/memory -----

   CPU usage from 254840ms to 0ms ago (2024-05-23 20:05:55.687 to 2024-05-23 20:10:10.526):
     8.9% 739/surfaceflinger: 5.4% user + 3.5% kernel / faults: 434 minor 223 major
     8.2% 2601/com.breel.wallpapers18: 5.4% user + 2.8% kernel / faults: 210 minor 37 major
     3.2% 741/android.hardware.graphics.composer@2.3-service: 1.7% user + 1.5% kernel / faults: 23 minor 27 major
     1.9% 1907/system_server: 1% user + 0.9% kernel / faults: 8069 minor 126 major
     1.5% 23583/kworker/u16:0: 0% user + 1.5% kernel
     1.5% 22481/process-tracker: 0.3% user + 1.2% kernel
     1.1% 315/crtc_commit:111: 0% user + 1.1% kernel
     0.8% 23184/kworker/u16:2: 0% user + 0.8% kernel
     0.8% 688/logd: 0.3% user + 0.5% kernel / faults: 23224 minor 1711 major
     0.5% 1632/adbd: 0.1% user + 0.3% kernel / faults: 2708 minor 2 major
     0.5% 3059/com.google.android.gms.persistent: 0.4% user + 0% kernel / faults: 9371 minor 151 major
     0.4% 10178/com.google.android.googlequicksearchbox:search: 0.3% user + 0.1% kernel / faults: 20397 minor 10375 major
     0.4% 17058/kworker/u16:12: 0% user + 0.4% kernel
     0.3% 266/kgsl_worker_thr: 0% user + 0.3% kernel
     0.3% 23269/kworker/u16:11: 0% user + 0.3% kernel
     0.3% 29/rcuop/2: 0% user + 0.3% kernel
     0.2% 2506/com.android.systemui: 0.2% user + 0% kernel / faults: 1978 minor 45 major
     0.2% 1391/msm_irqbalance: 0.1% user + 0.1% kernel
     0.2% 6/ksoftirqd/0: 0% user + 0.2% kernel
     0.2% 7/rcu_preempt: 0% user + 0.2% kernel
     0.2% 1370/vendor.google.wifi_ext@1.0-service-vendor: 0.1% user + 0% kernel / faults: 600 minor
     0.2% 10/rcuop/0: 0% user + 0.2% kernel
     0.2% 317/crtc_event:111: 0% user + 0.2% kernel
```

图 6-23　ANR 发生时 Log 日志中的性能信息

通过分析这些性能数据，我们基本就可以确定是不是性能问题导致的 ANR，如果确认是性能问题导致的 ANR，就需要转换成对内存、CPU 等性能问题的治理，如果确认不是性能问题导致的 ANR，就需要进一步分析导致 ANR 的原因。

6.5.3 直接和间接分析

线程如果处于 Blocked、Waiting 等状态，通常意味着主线程被阻塞或正在等待某些操作完成，由于有阻塞任务的存在，所以主线程在规定时间内无法响应四大组件的任务而导致 ANR 发生，如图 6-24 所示。此时我们可以直接分析主线程的堆栈，看主线程当前的任务中是否有等锁、死锁等情况，或者是否存在数据库读写、大文件 I/O 等耗时操作，从而分析出 ANR 的原因。通过前文 ANR 日志的第 10 行可以看到主线程处于 Blocked 状态，进一步看日志堆栈，可以看到 waiting to lock held by thread 4 这行日志，说明主线程在等待线程号为 4 的线程所持有的锁，接着通过堆栈就能准确定位到等锁的地方，位于 StabilityExampleActivity 的第 34 行，这就是 ANR 产生的根源。

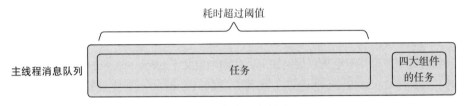

图 6-24　某个任务阻塞导致 ANR

如果主线程处于 Running 状态，那么就说明并不是当前堆栈导致的 ANR，而是当前堆栈之前的某些函数导致的，这种情况下可能是主线程中的任务过多，也可能是主线程中的某一些任务的耗时较久，这些累积起来导致主线程无法及时响应四大组件的任务，如图 6-25 所示。

图 6-25　任务堆积导致 ANR

这种 ANR 无法直接通过堆栈分析来排查，所以一般排查起来也是比较复杂的，此时通常都会间接转换成对耗时函数的分析，常见的耗时函数主要由逻辑复杂、I/O 慢、等待锁等因素导致，我们需要通过线下的 Trace 日志或者线上的耗时方法进行采集，减少函数耗时，以此来间接减少这类 ANR 发生的概率，下面要讲到的慢函数监控就是一种间接分析和治理 ANR 的方案。

6.6 慢函数监控

慢函数就是执行时间较长的函数，主线程中的慢函数不仅会影响页面的打开和渲染速度，还很容易劣化成 ANR，比如一个执行时间要 3s ～ 4s 的慢函数，理论上不会产生 ANR，但是一旦到了线上环境中，就很容易会因为 CPU 忙碌等问题，导致该函数的执行速度变得更慢，超过 5s 并触发 ANR。如果我们能在线上监控主线程中的慢函数，并对慢函数进行治理，就能对 ANR 有较大的优化效果。

慢函数的监控有很多种方案，比如通过主线程的 Looper 消息队列，完成对每个主线程任务的耗时统计；也可以用前面学到的字节码插桩技术，对每个主线程的函数进行耗时统计。字节码插桩的方案会更加灵活和强大，所以笔者主要介绍这一种方案。

6.6.1 慢函数检测方法

第 2 章讲解了如何使用字节码往每个方法中插入"hello world"的日志输出能力，除了这个简单的能力外，我们通常使用字节码往函数中插入某个定义好的函数，以此来灵活扩展函数的能力。我们可以先将慢函数监控的逻辑函数定义好，然后再通过字节码插桩将其插入主线程的函数中。

慢函数的检测逻辑并不复杂，代码如下，代码中定义了 recordMethodStart 和 recordMethodEnd 两个函数，recordMethodStart 会记录主线程方法的开始时间，需要插在每个方法的执行前。recordMethodEnd 会根据前面的开始时间计算出方法的耗时，需要插在每个方法的执行后，如果耗时超过了阈值，则可以进一步打印日志或进行上报。

```
public class MethodTracer {
    // 执行耗时超过 3 秒即为慢函数
    public static int slowMethodThreshold = 3000;

    // 函数执行前的逻辑
    public static void recordMethodStart() {
        if (Thread.currentThread().name == Looper.getMainLooper().thread.name) {
            methodStartTime = System.currentTimeMillis();
        }
    }

    // 函数执行后的逻辑
    public static void recordMethodEnd(String name) {
        if (Thread.currentThread().name == Looper.getMainLooper().thread.name) {
            // 计算方法耗时
            int cost = System.currentTimeMillis() - methodStartTime;
            if (cost > slowMethodThreshold) {
                // 超过阈值则进行记录
                printOrReoprt(name, time);
            }
        }
    }
}
```

6.6.2 主线程方法插桩

定义好慢函数的检测方法后，我们就可以通过 ASM 字节码插桩将上面定义的函数插入每个方法的前后了。前文已经详细讲解了 ASM 插桩的流程，所以这里直接介绍最后一步操作，也就是通过 MethodVisitor 对象的 onMethodEnter 和 onMethodExit 两个回调方法实现插桩。方案代码如下，我们直接通过 MethodVisitor 对象将上面定义好的函数分别在 onMethodEnter 和 onMethodExit 这两个阶段进行插入即可。

```kotlin
class MethodCostMethodVisitor(
    api: Int,
    methodVisitor: MethodVisitor?,
    access: Int,
    name: String?,
    descriptor: String?,
    val methodNameParams: String
) : AdviceAdapter(api, methodVisitor, access, name, descriptor) {

    override fun onMethodEnter() {
        super.onMethodEnter()
        mv.visitMethodInsn(
            Opcodes.INVOKESTATIC,
            "com/example/android_performance/speed/MethodTracer",
            "recordMethodStart",
            "()V",
            false
        )
    }

    override fun onMethodExit(opcode: Int) {
        mv.visitLdcInsn(methodNameParams)
        mv.visitMethodInsn(
            Opcodes.INVOKESTATIC, "com/example/android_performance/speed/MethodTracer",
            "recordMethodEnd",
            "(Ljava/lang/String;)V",
            false
        )
    }
}
```

通过对检测出来的慢函数进行优化，能够有效地降低 ANR 发生的概率。但是对每个函数都进行插桩也必定会影响程序的性能，所以我们要避免全量开启慢函数监控，只需要在小部分的测试用户中开启即可。

Chapter 7 第 7 章

包体积优化原理

在开始本章之前，笔者先带大家探讨一下"我们为什么要优化 APK 包体积"的问题。包体积优化的价值体现在推广和性能体验两个方向上。

推广方向上包体积优化的价值如下：
- ❏ 安装包越小，下载转化率越高。
- ❏ 安装包越小，渠道推广成本和厂商预装的单价成本越少。
- ❏ Google Play 对安装包的大小有明确限制，超过限制则无法上架。

性能方向上包体积优化的价值如下：
- ❏ APK 安装过程中需要对文件进行复制、解压、dex 编译等一系列操作，所以包体积越小，安装过程就越短。
- ❏ 应用启动后，应用包中的 dex、resource、lib 等文件都需要映射到内存中，所以包体积越小，所占用的内存就越小。

推广方向上包体积优化的价值是不可估量的，所以大公司在包体积优化上往往也会投入很多资源，以此来尽可能地减小包体积。和其他优化一样，想要做好包体积优化，依然需要先掌握底层原理，这样才能更加体系且全面地进行优化，所以本章主要介绍 APK 包的组成和 APK 包的构建流程，并基于这些基础知识衍生出 APK 包体积的优化方法论。

7.1 APK 组成分析

APK 的本质是一个 ZIP 压缩包，所以我们可以将一个 APK 包通过 ZIP 解压缩，或者直接拖进 AndroidStudio 中查看 APK 的组成，如图 7-1 所示。

```
com.example.performance_optimize (Version Name: 1.0, Version Code: 1)
APK size: 5.7 MB, Download Size: 5 MB

File                                                    Raw File Size
  classes.dex                                               3.9 MB
> res                                                     387.1 KB
> lib                                                     362.6 KB
  resources.arsc                                          752.6 KB
  classes2.dex                                            134.2 KB
> kotlin                                                    9.9 KB
> META-INF                                                  6.4 KB
> assets                                                    2.8 KB
  AndroidManifest.xml                                       2.3 KB
  DebugProbesKt.bin                                          782 B
```

图 7-1　APK 包组成

APK 包组成的解释见表 7-1。

表 7-1　APK 包组成的解释

文件类型	说明
classes.dex 文件	Java 代码编译后生成的字节码文件
lib 目录	存放 so 库文件
res 目录	存放资源文件
resources.arsc 文件	存放 res 目录下文件类型资源的索引，以及非文件类型资源的值，如名称、类型信息、配置信息和值
AndroidManifest.xml	程序全局配置文件
META-INF 目录	包信息描述的文件，里面存放的也是 Manifest 文件
assets 目录	存放原文件，不会被编译，直接打包进 APK 包中

在上面的目录和文件中，占了包体积大头的主要有 dex 文件、lib 目录下的 so 库文件，以及 resources.arsc、res、assets 目录下的资源文件，我们优化包体积也主要从这些文件入手。

7.1.1　dex 文件

Java 代码经过编译后会生成 class 字节码文件，而 dex 文件实际上只是将 class 字节码文件再进行一次整合，将多个 class 文件都放在一个 dex 文件中。这样做的好处是降低冗余，因为多个 class 文件中的重复数据都会合并成一份。根据官方的数据，同样的 Java 代码，编译成 dex 文件后的大小只有 class 文件大小的 50% 左右。

通过图 7-2 我们能了解到 class 文件和 dex 文件的区别以及数据段组成，需要注意的是，class 文件中的数据段和 dex 文件中的数据段并不是一一对应的关系，比如：class 文件有常量池，但是 dex 文件没有；class 文件中存放方法的名称、描述符、字节码等数据的方法表

（Method）里的数据，实际上会散落在 dex 文件的 Methods_ids、Data、String_ids 等多个数据段中。

了解文件中各个数据段中有哪些数据可以帮助我们更好地优化文件体积，dex 文件中数据段的含义见表 7-2。

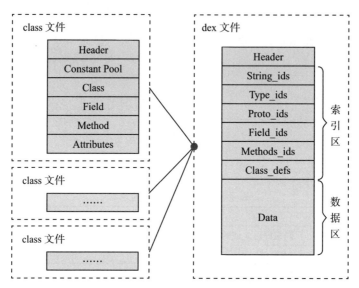

图 7-2　class 文件与 dex 文件对比

表 7-2　dex 文件中数据段的含义

数据段	解释
Header	dex 文件头，记录了文件的信息等描述数据
String_ids	字符串数据索引，记录了每个字符串在数据区的偏移量
Type_ids	类型数据索引，记录了每种类型的字符串索引
Proto_ids	原型数据索引，记录了方法声明的字符串、返回类型字符串、参数列表
Field_ids	字段数据索引，记录了所属类、类型以及方法名
Methods_ids	类方法索引，记录了方法所属的类名
Class_defs	类的定义数据，记录了指定类的各类信息，包括接口、超类、类数据偏移量
Data	数据区，真正存放数据的区域

索引区并不存储真正的数据，真正的数据都存在 Data（数据区）中，程序在运行过程中，会拿着索引去数据区查找真正的数据。

7.1.2　资源和 so 库文件

APK 包中的资源文件包含 res 资源文件、resources.arsc 文件以及 assets 目录文件，我们分别来看一下。

1. res 资源文件

res 目录下的文件主要包含下面这几类资源。

- res/anim/ 目录：该目录存放定义动画属性的 XML 文件。代码中通过 R.anim 类访问。
- res/color/ 目录：该目录存放定义颜色状态列表的 XML 文件。代码中通过 R.color 类访问。
- res/drawable/ 目录：该目录存放图片文件，如 .png、.jpg、.gif 或者 XML 文件，后续会被编译为位图、状态列表、形状、动画图片。代码中通过 R.drawable 类访问。
- res/layout/ 目录：该目录存放定义用户界面布局的 XML 文件。代码中通过 R.layout 类访问。
- res/menu/ 目录：该目录存放定义应用程序菜单的 XML 文件，如选项菜单、上下文菜单、子菜单等。代码中通过 R.menu 类访问。
- res/raw/ 目录：该目录存放源文件，不会被编译。需要根据名为 R.raw.filename 的资源 id，在代码中调用 resource.openRawResource() 来打开 raw 文件。
- res/values/ 目录：该目录保存包含简单值（如字符串、整数、颜色等）的 XML 文件。
- res/xml/ 目录：该目录保存运行时使用的各种配置文件。

这些资源中，除了 raw 目录下的文件以及 png、jpg、gif 等图片文件，其他的文件都已经被编译成二进制格式。

2. resources.arsc 文件

resources.arsc 文件存放的是 res 目录下文件类型资源的索引，以及非文件类型资源的值。在代码中通过调用 getResource() 接口，并传入对应资源的 id 便能获取到 res 目录中的资源，这背后的逻辑实际上是资源管理器会根据资源 id 去 resources.arsc 文件中寻找真正的资源，如果是文件类型资源，resources.arsc 文件中便记录了文件对应的路径；如果是非文件类型资源，resources.arsc 文件中则记录了对应的值。

将 resources.arsc 文件直接拖入 AndroidStudio 中，AndroidStudio 便会帮我们解析 resources.arsc 并以直观的方式展现出来，如图 7-3 所示，可以看到这个文件包含了 res 目录中文件类型资源对应的 id、名称、资源路径等数据，以及字符串等非文件类型资源的值。

3. assets 目录文件

res/raw 以及 assets 目录中的文件都是源文件，该目录下所存放的文件都会被直接放入 APK 包中，不会被编译或者压缩。所以对于这两个目录下的数据，我们需要更加谨慎，避免放体积较大的文件进去。

既然这两个目录中的文件不会被编译和压缩，为什么需要这两个目录文件呢？实际上，assets 或 raw 目录常用来放置如文本文件、音频文件、视频文件、HTML 网页文件、JS 脚本等文件，我们通过内置这些原始文件，可以让程序在执行某些业务时有更好的性能表现，如提升网页的打开速度、提升音频的播放速度等。但是这些资源文件，实际上都可以通过网络下载来获取，所以我们可以尽量通过网络来下载这些文件，并通过一些策略优化，减少资源下载对程序体验的干扰，比如应用启动后便立刻在后台下载资源，如果用户在使用该资源时，资源还在下载，则通过进度条等方式提醒用户。

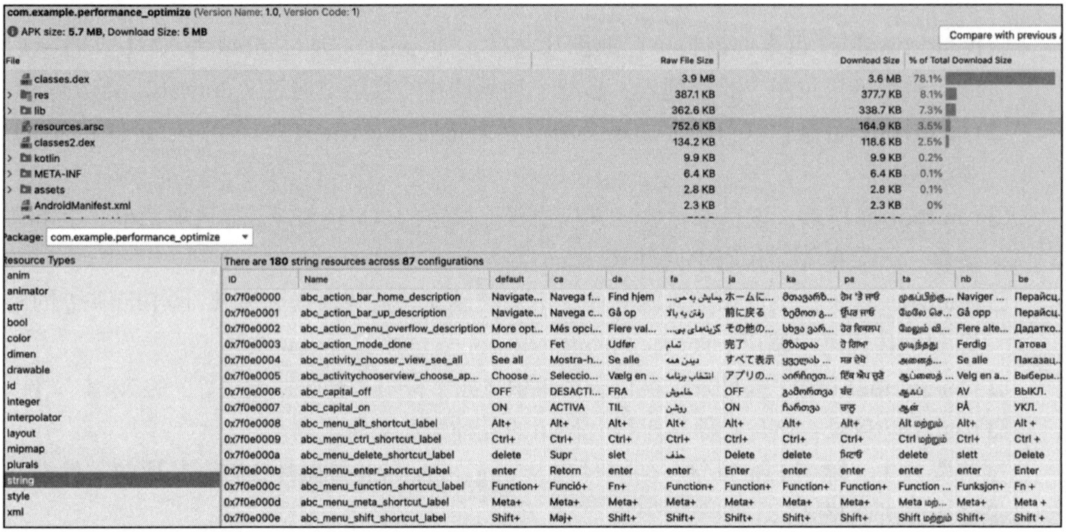

图 7-3　resources.arsc 文件数据

4. so 库文件

so 库作为一类 ELF 格式文件，通过前面的学习，我们对它已经很熟悉了。在实际的项目中，很容易因为使用了较多的第二方、第三方库，或者要支持多处理器架构而内置多个平台的 so 库，而导致 so 文件成为影响 APK 包体积的主要因素，对于这些 so 文件，我们依然可以和上面的资源文件一样，通过下载的方式来优化包体积。

7.2　APK 包构建流程

了解了 APK 包内部的组成，我们再来看一下 APK 包的构建流程。上面提到的文件都是 APK 包构建流程中的产物，所以只有当我们熟悉了构建流程，才能够在这个流程中发现可以降低产物文件体积的优化点。

APK 包的构建主要分为编译和打包两个流程，如图 7-4 所示。编译流程会将源代码转换成 dex 文件，以及将其他所有文件转换成编译后的文件；打包流程会对 dex 文件和编译后的资源进行组合、签名和字节对齐后，生成 APK 安装包文件。下面我们详细看一下这两个流程。

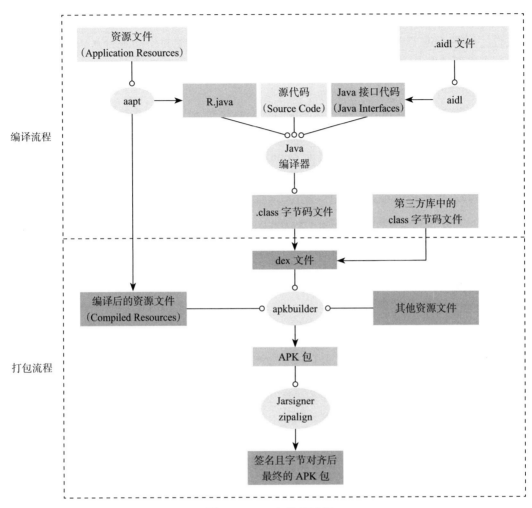

图 7-4 APK 包构建流程

7.2.1 编译和打包流程

编译流程主要是对资源文件和 Java 源码的编译，实际上除了 Java 代码，还有 Kotlin 代码，不过为了简化流程，本章就不介绍了。我们先来看看资源文件。

1. 资源文件编译

Android 资源打包工具（Android Asset Packaging Tool，AAPT）会根据 res 目录中的文件生成 R.java 文件和 resource.arsc 文件，这两个文件实际上都是索引文件，我们在代码中想要使用资源，首先要知道该资源在 R.java 中的 Int 类型的 ID 值，接着通过资源管理器用这个 ID 值去 resource.arsc 文件中寻找真正的资源。

AAPT 除了生成上面两个文件，还会对 res 目录中的 xml 资源文件进行压缩并生成二进制文件，而 res/raw 目录以及 assets 目录下的文件，都会被原封不动地打入 APK 包中，并不会进行编译操作。

2. dex 文件编译

我们再接着来了解 dex 文件的编译流程。Java 文件首先需要被编译成 class 文件，这个过程使用 JDK 的 javac 命令即可，属于 Java 的流程，并不涉及 Android 的知识。但是将 class 文件进一步编译成 dex 文件就属于 Android 的打包流程了，在这个流程中，Android 做了比较多的事情，接下来会详细介绍。

将 class 文件编译成 dex 文件这一流程，到目前为止经历了下面这 3 个版本。

- Proguard + DX 编译。
- Proguard + D8 编译。
- R8 编译。

下面我们来看一下这几个版本的流程。

（1）Proguard + DX 编译

Proguard + DX 将 Java 文件编译成 dex 文件的流程如图 7-5 所示。

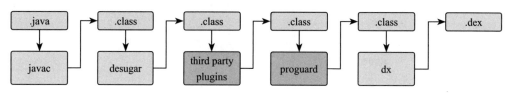

图 7-5　Proguard+DX 的编译流程

图 7-5 所示的编译流程所经历的主要步骤如下。

1）通过 javac 生成 class 字节码文件。

2）class 字节码文件接着经过 desugar，即脱糖过程，这里主要是为了能兼容 JDK8 中新的语法糖特性，比如 lambda 表达式。

3）接着字节码文件经过一些第三方的脚本处理流程，比如前面介绍过的字节码操作等流程。

4）接着 proguard 脚本会对字节码文件进行缩减和优化。

5）通过 dx 编译器将 class 字节码文件编译成可以运行的 dex 文件。

（2）Proguard + D8 编译

性能优化是永无止境的，D8 就是作为 DX 的优化版本出现的，它的流程和上面基本一致，只不过 DX 编译器换成了 D8 编译器，同时 desugar 脱糖处理也融入了 D8 中，而不是通过第三方脚本进行，编译流程如图 7-6 所示。

D8 相比 DX，性能有了很大的提升，根据 Android 官方的数据，通过 D8 编译 dex 文件，编译时间缩短了 20%，体积也减小了 4%。从 Android Studio 3.1 开始，D8 成为默认的 dex 编译器。

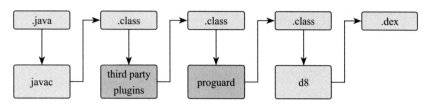

图 7-6 Proguard+D8 编译流程

（3）R8 编译

新语言 Kotlin 的出现，使得 Android 需要再次对 D8 编译器进行改进和优化，于是就有了目前最主流的编译器 R8。从 Android Studio 3.4 开始，便默认使用 R8 编译器。

R8 整合了 Proguard 脚本，不过依然使用与 Proguard 一样的混淆和 keep 规则，并支持对 kotlin 的编译。它的流程如图 7-7 所示。根据官方文档介绍，R8 编译速度的提升非常大，对 dex 文件的体积也有一定的优化。

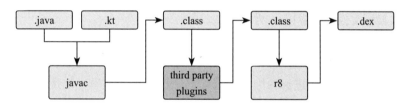

图 7-7 R8 编译流程

Android 的编译工具升级了好几个版本，从 DX 到 D8 再到 R8，在编译过程中对包体积和性能的优化也越来越强。通过官方文档的介绍可以知道主要有下面这些优化。

- **代码缩减**：从应用及其库依赖项中检测并安全地移除不使用的类、字段、方法和属性。比如如果应用仅使用某个库依赖项的少数几个 API，那么缩减功能可以识别应用不使用的库代码并仅从应用中移除这部分代码。
- **资源缩减**：从封装应用中移除不使用的资源，包括应用库依赖项中不使用的资源。此功能可与代码缩减功能结合使用，这样一来，在移除不使用的代码后，也可以安全地移除所有不再引用的资源。
- **混淆**：缩短类和成员的名称，从而减小 dex 文件的体积。
- **优化**：检查并重写代码，以进一步减小应用的 dex 文件的体积。

上面这些优化都需要我们通过配置来开启，后面的实战篇章中，笔者也会详细地展开介绍。

3. so 文件编译

当编写和构建 C++ 代码时，代码需要经历预处理、编译、汇编、链接这几个过程，如图 7-8 所示。每个过程的详细流程如下。

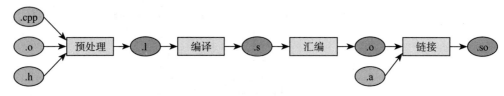

图 7-8 so 编译流程

1）**预处理（Preprocessing）**。在预处理阶段，预处理器会处理源代码文件，执行一系列预处理指令，比如对 #include、#define、#if 等源代码进行文本替换、文件包含、条件编译等操作，生成一个没有宏定义、注释和预处理指令的新的源代码文件，该文件通常以 .i 为扩展名结尾。

2）**编译（Compiling）**。编译器对预处理后的源代码进行词法分析、语法分析、语义分析、代码优化等操作，生成一个包含汇编语言指令的文本文件，通常以 .s 为扩展名。

3）**汇编（Assembling）**。汇编器将汇编语言指令翻译为机器语言指令，生成一个包含二进制代码的目标文件，通常以 .o 为扩展名。

4）**链接（Linking）**。在链接阶段，链接器（Linker）将目标文件与所需的库文件进行合并，解析符号引用，并生成一个可执行文件或共享对象文件。链接器会处理引用的函数和变量，将它们与相应的定义进行匹配。如果代码中使用了外部库，链接器还会查找并将其与目标文件合并。最终，链接器将生成一个可执行文件或一个 so 共享库文件。

4. APK 打包

打包流程相比编译流程就简单很多，apkbuilder 工具会将编译后生成的文件以及不需要编译的 assets、raw 等文件通过 zip 格式进行压缩，这样一个 apk 安装包就生成了。生成 apk 包后，为了安全考虑，需要进行签名，同时为了性能考虑，还需要进行字节对齐。Linux 系统是按照页来读取数据的，字节对齐就是将包中各个文件的起始偏移地址对齐为页大小（4KB）的整数倍，这样通过内存映射访问 apk 文件时的速度会更快。

7.2.2　Gradle 任务

上面的编译和打包流程的逻辑，都是通过一个个 Gradle 任务来完成的，我们可以在 AndroidStudio 的"Build Output"中看到每个 Gradle 任务的编译信息，包括名称、日志等信息，如图 7-9 所示。

这里笔者以示例程序的 Debug 包为例，列举一下构建过程中一些核心 Gradle 任务的作用，Release 包的 Gradle 任务和 Debug 包是一致的，区别在于包含了 Debug 名称的任务名都会变成 Release 名称。

- compileDebugAidl：该任务会将 AIDL 文件编译成 Java 接口文件。
- checkDebugManifest：该任务会验证 Manifest 文件中的配置，如权限声明、活动注册、服务等是否符合构建的要求。

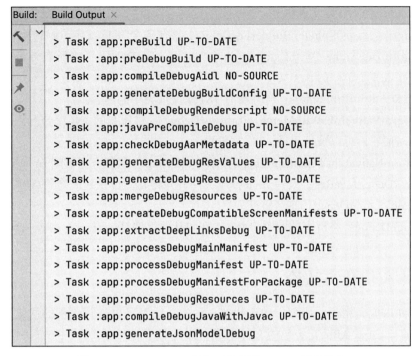

图 7-9　AndroidStudio 打包时执行的 Gradle 任务日志

- generateDebugBuildConfig：该任务会生成 BuildConfig.java 文件，这个文件包含了一些构建时的配置常量，如版本名称、版本代码、构建类型等，这些常量可以在应用的代码中使用。
- generateDebugResValues：该任务会读取在 build.gradle 文件中配置的资源值，如版本号、构建类型等，并在 /build/generated/res/resValues/debug 目录下创建 generate.xml 文件，这个文件包含的资源值可以直接在 XML 文件和代码中使用，方便进行一些动态化的配置。
- mergeDebugResources：该任务负责将所有资源文件（包括布局、图片、值等）合并到一个指定的目录中，以便打包进最终的 APK 文件。
- processDebugManifest：该任务负责处理和合并来自不同模块与所有依赖项的 AndroidManifest.xml 文件，以生成最终的 APK 文件中使用的单一 Manifest 文件。
- processDebugResources：该任务会通过 AAPT 打包资源，包括将源格式转换成 Android 运行时所需的二进制格式，生成 R.java 文件，并处理资源冲突等。
- javaPreCompileDebug：该任务会进行注解处理器的处理等预编译工作。
- compileDebugJavaWithJavac：编译项目的 Java 源代码。
- compileDebugNdk：该任务会调用 NDK 工具链来编译 c 或 c++ 等 Native 代码。
- mergeDebugAssets：将所有模块和库的 assets 目录合并到一个指定的目录中，以便打包进最终的 APK 文件中。
- transformClassesWithDexBuilderForDebug：该任务会将 Java 字节码转换为 dex 文件。
- transformDexArchiveWithExternalLibsDexMergerForDebug：将所有外部库的 dex 文件合并成一个单一的 dex 文件。
- mergeDebugJniLibFolders：合并所有 JNI 库文件夹中的内容。
- transformNativeLibsWithMergeJniLibsForDebug：将所有的 JNI 库合并到一个文件夹中，以便它们可以被打包进 APK 文件中。
- transformNativeLibsWithStripDebugSymbolForDebug：该任务会移除 so 库中的符号表。
- processDebugJavaRes：处理 Java 资源文件，并将它们合并到最终的 APK 资源中。
- validateSigningDebug：签名验证。
- packageDebug：将所有的资源、dex 文件和其他组件打包成一个 APK 文件。

7.3 包体积优化方法论

对于文件来说，精简、压缩、动态化这 3 种方法论都可以进行体积的优化，从前面的知识中，我们知道了 APK 安装包的文件组成，因此对于 APK 安装包中的每一种类型的文件，都可以从这 3 个方向入手来寻找优化方案。

1. 精简

精简就是减少文件的数据，是文件体积优化中最容易想到的方式。最直接的方案是删除项目中的无用代码，减小 dex 文件或者 so 库的体积，这一优化方案的难点不是删除无用代码，而是怎么去发现无用的代码。

当然，精简优化也并不仅限于删除代码这一类单一的方案，它还有很多更复杂的优化方案，比如深入了解文件的数据格式，并针对数据格式的特性来减少一些用不上的数据段，常见方案如移除 so 文件中的符号表、移除 dex 文件 Data 数据区中的 debug 调试信息等。这些针对文件数据格式来进行精简优化的方案虽然会复杂很多，但是也能给我们带来更多的优化灵感和方向。

2. 压缩

APK 包中的 dex、so、资源文件最终都会通过 ZIP 格式进行压缩，但是 ZIP 并不是压缩率最高的压缩格式，所以我们可以尝试更优的压缩格式来进行包体积的优化。对于 dex 文件、so 文件来说，我们都可以在打包的时候更换压缩算法，但相应地，在应用启动时，也需要接管系统的解压缩流程，并通过新的压缩算法来对 dex 文件、so 文件进行解压操作。对于需要放在 asset 目录中的音频、视频、html、jss 等资源文件来说，都可以先使用 7z 等压缩率更高的格式进行压缩，然后再放入 asset 目录中，相应地，我们在代码中使用时，也需要先通过 7z 等解压缩算法将文件解压后才能使用。

除了更换通用的压缩算法，我们还可以使用针对特定文件的压缩技术，使用最广泛的就是图片压缩技术。市面上有很多图片压缩技术可大幅减小图片的体积，但是肉眼感受不到区别，常见的如 tinypng 这个工具，它可以实现在无损压缩的情况下，将图片文件的大小缩小到原来的 30%～50%，如图 7-10 所示，通过 tinypng 可以将原来大小为 57KB 的图片压缩到只有 15KB。tinypng 的使用也很简单，直接将图片导入官网提供的转换地址中即可，或者在 AndroidStudio 中下载 tinypng 的插件也可以完成压缩。当然，如果我们程序中的图片格式不需要是 PNG 或者 JPEG 等格式，那么直接将图片转换成 webp 格式是最佳的方案，webp 的压缩率要比 tinypng 更高。

3. 动态化

Android 中的动态化方案有很多，比如基于 Webview 的方案、基于插件化的方案、基于 RN 等跨平台的方案、基于小程序的方案、通过动态化的方案，我们可以不断动态地扩展程序的功能，而不会影响它的包体积大小，所以这些动态化的方案在市面上的程序中也有着广泛的使用，我们需要根据实际的业务场景来选择合适的动态化方案，动态化技术大都有着较高的复杂度，也需要一定的学习成本，后面的实战篇中，笔者也会专门针对插件化这一动态化技术，深入讲解它的技术原理与实现。

图 7-10　tinypng 优化对比图

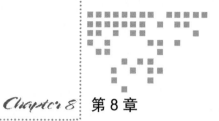

Chapter 8 第 8 章

包体积优化实战

本章出现的源码：

1）ShrinkResourcesTransform，访问链接为

https://android.googlesource.com/platform/tools/base/+/gradle_2.0.0/build-system/gradle-core/src/main/groovy/com/android/build/gradle/internal/transforms/ShrinkResources-Transform.java。

2）ResourceTypes.h，访问链接为

https://cs.android.com/android/platform/superproject/+/android-14.0.0_r9:frameworks/base/libs/androidfw/include/androidfw/ResourceTypes.h。

3）AssetManager.java，访问链接为

https://cs.android.com/android/platform/superproject/+/android-14.0.0_r9:frameworks/base/core/java/android/content/res/AssetManager.java。

4）AssetManager.cpp，访问链接为

https://cs.android.com/android/platform/superproject/+/android-14.0.0_r9:frameworks/base/core/jni/android_util_AssetManager.cpp。

5）Instrumentation.java，访问链接为

https://cs.android.com/android/platform/superproject/+/android-14.0.0_r9:frameworks/base/core/java/android/app/Instrumentation.java。

6）ActivityManagerService.java，访问链接为

https://cs.android.com/android/platform/superproject/+/android-14.0.0_r9:frameworks/base/services/core/java/com/android/server/am/ActivityManagerService.java。

7）ActivityThread.java，访问链接为

https://cs.android.com/android/platform/superproject/+/android-14.0.0_r9:frameworks/base/core/java/android/app/ActivityThread.java。

8）LaunchActivityItem.java，访问链接为

https://cs.android.com/android/platform/superproject/+/android-14.0.0_r9:frameworks/base/core/java/android/app/servertransaction/LaunchActivityItem.java。

9）ActivityTaskManagerService.java，访问链接为

https://cs.android.com/android/platform/superproject/+/android-14.0.0_r9:frameworks/base/services/core/java/com/android/server/wm/ActivityTaskManagerService.java。

10）ActivityStarter.java，访问链接为

https://cs.android.com/android/platform/superproject/+/android-14.0.0_r9:frameworks/base/services/core/java/com/android/server/wm/ActivityStarter.java。

11）RootWindowContainer.java，访问链接为

https://cs.android.com/android/platform/superproject/+/android-14.0.0_r9:frameworks/base/services/core/java/com/android/server/wm/RootWindowContainer.java。

12）ActivityTaskSupervisor.java，访问链接为

https://cs.android.com/android/platform/superproject/+/android-14.0.0_r9:frameworks/base/services/core/java/com/android/server/wm/ActivityTaskSupervisor.java。

13）InterDexPass.cpp，访问链接为

https://github.com/facebook/redex/blob/main/opt/interdex/InterDexPass.cpp。

14）oatmeal，访问链接为

https://github.com/facebook/redex/tree/main/tools/oatmeal。

15）ClassLinker，访问链接为

https://cs.android.com/android/platform/superproject/+/android-14.0.0_r9:art/runtime/class_linker-inl.h。

16）Runtime.java，访问链接为

https://cs.android.com/android/platform/superproject/+/android-14.0.0_r9:libcore/ojluni/src/main/java/java/lang/Runtime.java。

17）java_vm_ext.cc，访问链接为

https://cs.android.com/android/platform/superproject/+/android-14.0.0_r9:art/runtime/jni/java_vm_ext.cc。

18）BaseDexClassLoader.java，访问链接为

https://cs.android.com/android/platform/superproject/+/android-14.0.0_r9:libcore/dalvik/src/main/java/dalvik/system/BaseDexClassLoader.java。

APK 包主要由资源文件、dex 文件和 so 库文件组成，这三类文件的体积优化都是基于

精简、压缩和动态化这 3 条方法论来展开的。本章会带着大家基于这 3 条方法论一起学习多个包体积优化方案。

- 精简：本章会围绕资源文件、dex 文件、so 库文件来全方位介绍"精简资源""精简 dex 文件""精简 so 库"等方案。
- 压缩：本章会介绍"压缩 dex 文件""压缩 so 库"等方案。
- 动态化：本章会深入讲解插件化这一动态化方案，包括"动态加载资源文件""动态加载类文件""动态加载 so 库文件""动态加载四大组件"等方案。

虽然对于很多中小型程序来说，包体积优化并不是优先级最高的，但是本章围绕包体积优化所讲解的技术和知识点都是非常有价值的，它们不仅能用在包体积优化上，还能帮助我们对 Android 系统有更深入的了解，并能为我们在项目开发中提供更多技术实现的思路和灵感。

8.1 精简资源

对于资源的精简，我们很自然地能想到删除不再使用的资源、删除重复的图片等手段，但想获得更好的效果，自然不能通过人工的方式来一个个排查和删除，而是需要用更自动化的方式，所以本节会介绍如何更高效地删除无用资源和重复图片，除此之外，通过混淆文件名等来精简字符串资源体积的方案，也会在本节中一起进行讲解。

8.1.1 删除无用资源

删除无用资源的第一种方式是通过 Lint（静态代码分析工具）进行无用资源扫描然后手动删除。

在 AndroidStudio 的 Analyze 菜单中单击 Run Inspection by Name，并在对话框里输入 unused resource 就能执行无用资源扫描，如图 8-1 所示。

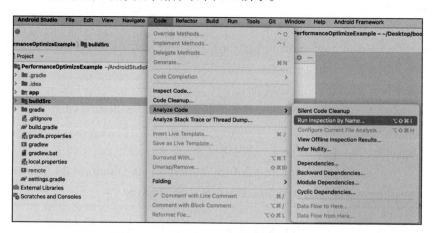

图 8-1 AndroidStudio 扫描无用资源入口

扫描出的结果如图 8-2 所示,手动进行删除即可。

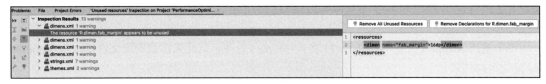

图 8-2　AndroidStudio 无用资源扫描结果

删除无用资源的第二种方式是在编译打包过程中让编译器来进行,只需要在项目的 App 目录的 gradle 配置文件的 buildTypes 配置项中开启 shrinkResources 即可,配置代码如下。

```
buildTypes {
    release {
        shrinkResources true
        ……
    }
    debug {
        ……
    }
}
```

如果 proguard 混淆配置文件中有开启 dontshrink 字段,则需要关闭,否则无用资源文件即使被扫描到也并不会被自动删除。

shrinkResources 有 safe 和 strict 两种模式,默认模式为 safe。在 Android 中除了可以根据资源 id 直接获取资源,还可以通过 Resources.getIdentifier 接口来动态拼接 id 获取资源。在 safe(安全)模式下,系统会将动态拼接模式中所有能匹配名称的资源标记为已使用,所以这些资源都无法被优化。比如下面代码所示的这种方式,就会导致"img_xxx"后缀的图片都被标记为已使用。但在 strict(严格)模式下,系统会忽略 getIdentifier 接口规则,即某个资源只有真正在代码中通过 ID 获取使用,才会被标记为已使用。

```
String name = String.format("img_%d", index + 1);
res = getResources().getIdentifier(name, "drawable", getPackageName());
```

我们可以在"res/raw/keep.xml"文件中配置 shrinkResources 的模式。在项目中,我们应该尽量避免使用 Resources.getIdentifier 接口来获取资源,并且尽量将 shrinkResources 设置为 strict 模式。如果项目中确实需要使用这个接口,并且 strict 模式导致有些资源文件被误删除了,我们可以在 keep.xml 中配置要保留的文件。

```
<?xml version="1.0" encoding="utf-8"?>
<resources xmlns:tools="http://schemas.android.com/tools"
    tools:shrinkMode="strict"
    tools:keep="@drawable/ic_get_by_identifier"/>
```

当开启 shrinkResources 后,apk 在构建过程中会执行 ShrinkResourcesTransform 这个 Gradle 任务进行无用资源的扫描和优化。这里简单地介绍一下这个 Gradle 任务的流程,主要步骤如下。

1）通过字节码操作遍历所有的 class 文件，并分析文件中是否用到 R 文件中的 id，以此来检测资源文件是否被代码所使用。

2）遍历 Manifest 配置文件和 res 目录下的非文件资源，以此来检测资源文件是否被 Manifest 配置文件使用。

3）根据 shrinkMode 判断是否要处理 getIdentifier 引用的资源。

4）将没被使用的资源替换为一个同名的空资源，需要注意的是，这里并不会删除没被使用的资源，原因是要避免因为资源文件被删除而导致程序出现一些潜在的异常，不过从 AGP 7.1 开始，官方支持了无用资源的完全删除操作，可以在根目录的" gradle.properitis "文件中添加" android.experimental.enableNewResourceShrinker.preciseShrinking=true "配置来开启。

8.1.2 删除重复图片

在小型项目中，人工检测资源文件就可以很容易地发现和删除项目中重复的图片，但是随着项目越来越大，项目中的图片会越来越多，特别对于多仓架构的大型应用来说，图片资源分散在各个仓库中，这个时候再通过人工检测重复图片就做不到了，而是需要通过自动化的方式来扫描程序并进行重复图片的检测和优化，自动化的方案通常有两种。

- 第一种是通过自定义的 Gradle 脚本，扫描 res 资源目录中的图片，然后通过 md5 判断图片是否重复，接着删除重复的图片，并扫描代码中使用到该图片的部分，通过字节码修改进行替换。
- 第二种就是扫描 res 资源目录中的图片，然后通过 md5 判断图片是否重复，接着删除重复的图片并记录地址，同时替换 resources.arsc 文件中该图片的索引地址。

第一种方案要遍历整个项目的代码，会增加较多编译时间，实现起来也比较复杂。所以笔者主要介绍第二种方案，该方案不会导致编译耗时的劣化，也是目前的主流方案。

在 Android 代码中，想要访问 res 文件目录下的图片资源，都需要通过资源管理器（AssertManager）根据图片资源的 id 去 resources.arsc 文件中查找对应图片的地址。所以如果能直接在 resources.arsc 文件中将重复图片的索引替换成同一张图片的索引，就可以完成对重复图片的优化，流程如图 8-3 所示。

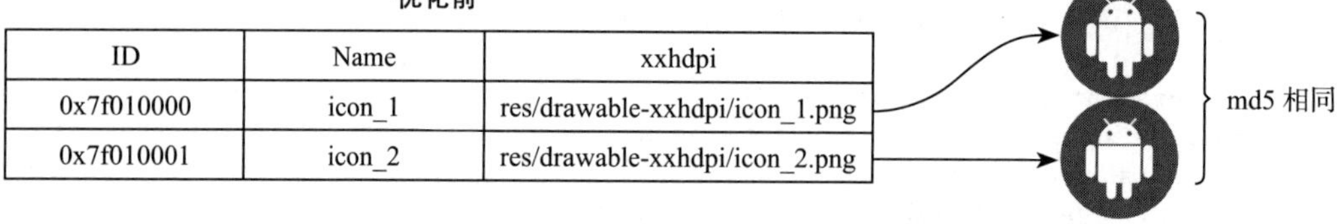

优化前

ID	Name	xxhdpi
0x7f010000	icon_1	res/drawable-xxhdpi/icon_1.png
0x7f010001	icon_2	res/drawable-xxhdpi/icon_2.png

md5 相同

图 8-3　resources.arsc 重复图片优化方案

	优化后	
ID	Name	xxhdpi
0x7f010000	icon_1	res/drawable-xxhdpi/icon_1.png
0x7f010001	icon_2	res/drawable-xxhdpi/icon_1.png

图 8-3　resources.arsc 重复图片优化方案（续）

1. resources.arsc 格式

这一方案的核心步骤是对 resources.arsc 文件进行解析和修改，在前面我们已经有了修改 so 文件和 Hprof 文件的经验了，所以在面对 resources.arsc 文件时就很容易上手了。落地优化的第一步依然还是要对这个文件的结构有一定了解，该文件的格式如图 8-4 所示。

```
头部信息
（RES_TABLE_TYPE）

字符串常量池
（RES_STRING_POOL_TYPE）

资源包信息
（RES_TABLE_PACKAGE_TYPE）

资源类型字符串池
（RES_STRING_POOL_TYPE）

资源项名称字符串池
（RES_STRING_POOL_TYPE）

类型规范数据块
（RES_TABLE_TYPE_SPEC_TYPE）

资源类型项数据块
（RES_TABLE_TYPE_TYPE）
```

图 8-4　resources.arsc 文件格式

它主要分为 7 个数据段，从上至下各个数据段的解释如下。

1）头部信息（RES_TABLE_TYPE）：该数据段记录了资源的类型和位置信息，其数据结构如图 8-5 所示。

ResChunk_header (8B)	id (1B)	res0 (1B)	res1 (2B)	entryCount (2B)	entriesStart (4B)

图 8-5　头部信息数据结构

每一个数据段的头部都会有一块 ResChunk_header 结构的数据，用来记录当前数据段的类型、大小等信息，它的数据结构如图 8-6 所示。

type (4B)	headerSize (4B)	size (4B)

图 8-6　ResChunk_header 数据结构

为了方便理解，笔者用 Java 代码来定义 resources.arsc 文件的数据格式，所以头部信息的数据结构及每个数据项的解释如下代码所示。

```
class ResTableType
{
    ResChunk_header header; // 表示资源表类型的头部信息，包括类型和大小
    byte id; // 当前数据段的 id，占用 1B 的空间
    byte res0; // 保留字段，没有特定的意义
    short res1; // 保留字段，没有特定的意义
    short entryCount; // 表示该资源类型下的资源条目数量
    int entriesStart; // 表示资源条目在资源表中的起始位置
};

// 通用的头部结构体，用于表示资源表中各个数据段的头部信息，共 8B
struct ResChunk_header
{
    short type; // 表示数据段的类型，例如 RES_TABLE_TYPE、RES_STRING_POOL_TYPE 等
    short headerSize; // 表示该头部的大小
    int size; // 表示该数据段的长度，包括头部和内容的长度
};
```

2）字符串常量池（RES_STRING_POOL_TYPE）：该数据段存储了所有字符串资源的信息，其数据结构如图 8-7 所示，其中 stringCount 和 stringsStart 表示数据段中字符串的数量和字符串的起始位置，styleCount 和 stylesStart 表示样式字符串的数量和起始位置（样式字符串是一种特殊类型的字符串资源，它包含了附加的样式信息，例如字体样式、颜色和大小等。样式字符串一般用 SpannableString 对象来表示）。紧接着便是字符串和样式字符串的偏移数组以及数据内容，字符串的偏移数组记录了每个字符串的位置，通过该位置可以去字符串的数据内容中查找具体数据。

ResChunk_header （8B）	stringCount （4B）	styleCount （4B）	flags （4B）	stringsStart （4B）	stylesStart （8B）
字符串偏移数组					
strings（字符串）					
样式偏移数组					
styles（样式）					

图 8-7　字符串常量池数据结构

字符串常量池的数据结构定义如下。

```
class ResStringPool
{
    ResChunk_header header;
    int stringCount; // 表示字符串的数量
    int styleCount; // 表示样式字符串的数量
    int flags; // 表示字符串池的标志位
    int stringsStart; // 表示字符串的起始位置
```

```
    int stylesStart; // 表示样式字符串的起始位置
    int[] stringsOffset; // 字符串偏移数组
    String[] strings;   // 字符串数据
    int[] stylesOffset; // 样式字符串偏移数组
    String[] styles;    // 样式字符串数据
};
```

3）资源包信息（RES_TABLE_PACKAGE_TYPE）：包含了应用程序包的基本信息，如包名、版本号、资源类型和资源 id 映射等。

4）资源类型字符串池（RES_STRING_POOL_TYPE）：用于存储应用程序中定义的资源类型，如布局（layout）、字符串（string）、颜色（color）等，使用的是 ResStringPool 数据结构。

5）资源项名称字符串池（RES_STRING_POOL_TYPE）：用于存储资源项的名称，同样使用 ResStringPool 数据结构。

6）类型规范数据块（RES_TABLE_TYPE_SPEC_TYPE）：用来存储资源项的配置信息，系统根据不同设备的配置就可以加载不同的资源项。

7）资源类型项数据块（RES_TABLE_TYPE_TYPE）：用来存储资源项的名称、类型、值和配置等。

上面的数据段中，第 2 项字符串常量池、第 4 项资源类型字符串池、第 5 项资源项名称字符串池都是使用 ResStringPool 数据结构，这里以一个简单的字符串资源"<string name="tip"> hello world </string>"为例来说明它们的区别，在这段字符串资源中，"hello world"为字符串资源，存储在字符串常量池中；"string"为资源类型，存储在资源类型字符串常量池中；"tip"为资源项名称，存储在资源项名称字符串池中。

2. 修改 resources.arsc

了解 resources.arsc 文件的格式后就可以进行修改了，修改的方式依然是通过文件流进行操作，即读取 resources.arsc 的文件流，找到目标数据对应的位置并进行修改，然后将数据流写回到新的文件中，这和前面介绍的 Hprof 文件的使用方式是类似的。这里以解析和修改 resources.arsc 文件中字符串常量池中某个字段为例再讲解一下操作方式。

1）读取 resources.arsc 的文件流，然后分别读取文件流头部的 type、headerSize 和 size 对应的数据，代码如下。

```
public static void readTable() {
    try {
        // 1. 读取 arsc 文件，并转换成字节流
        FileInputStream stream = new FileInputStream("resources.arsc");
        DataInputStream dataStream = new DataInputStream(stream);
        // 2. 分别读取 short,short,int 便能构建 ResChunk_header 的数据格式
        ResChunk_header resChunk_header = new ResChunk_header();
        resChunk_header.type = dataStream.readShort();
        resChunk_header.headerSize = dataStream.readShort();
```

```
            resChunk_header.size = dataStream.readInt();
        } catch (IOException e) {
            e.printStackTrace();
        }
    }
```

2）通过上面读取的 ResChunk_header 中的 size 数据，我们就知道了字符串常量池在字节流中的位置，接着只需要将文件流的位置往前跳 ResChunk_header.size −8 个字节，就能定位到字符串常量池的数据段，这里需要减去 8 字节，是因为经过 readShort、readShort 和 readInt 的操作后，文件流已经位于第 8 字节了，代码如下。

```
// 定位到字符串常量池的流位置
dataStream.skipBytes(resChunk_header.size - 8);
```

3）当文件流定位到字符串常量池后，便按照前面掌握的字符串常量池的数据结构 ResStringPool 依次解析出该数据流中的内容，代码如下。

```
// 跳过 ResChunk_header 数据段，该数据段是 8 字节
dataStream.skipBytes(8);
// 这里调用 mark 是为了后面将流的读取位置回退到这里
dataStream.mark(dataStream.available());
// 创建字符串常量池的数据结构
ResStringPool resStringPool = new ResStringPool();
resStringPool.stringCount = dataStream.readInt();
resStringPool.styleCount = dataStream.readInt();
resStringPool.flags= dataStream.readInt();
resStringPool.stringsStart= dataStream.readInt();
resStringPool.stylesStart= dataStream.readInt();
```

4）上面解析出来的数据中最关键的是 strings 和 styles 这两个偏移数据，根据这两个数据的值就能定位到字符串和样式字符串在文件流中的起始位置了，确定起始位置后再根据字符串的偏移数组，便能依次解析出具体的字符串内容，代码如下。

```
public void parseStringPool(ResStringPool resStringPool) {

    int stringCount = resStringPool.stringCount;
    resStringPool.stringsOffset = new int[stringCount];
    // 读取字符串的偏移数组
    for (int i = 0; i < stringCount; i++) {
        stringOffsets[i] = dataStream.readInt();
    }

    // 将流的位置回退到 ResStringPoolHeader 的开始位置
    dataStream.reset();

    resStringPool.strings = new String[stringCount];
    int stringStartOffset = resStringPoolHeader.stringsStart;

    // 此时将流的位置往前跳 stringStartOffset 字节就到了字符串的起始位置
```

```
        dataStream.skip(stringStartOffset);
        for (int i = 0; i < stringCount; i++) {
            int size;
            if (i + 1 < stringCount) {
                size = stringOffsets[i + 1] - stringOffsets[i];
            } else {
                /* 读取最后一个字符串,因为最后一个字符串只能获取到起始位置,
                无法直接知道具体的数据大小
                所以这里通过样式字符串的起始位置减去样式字符串的偏移数组大小,
                再减去最后一个字符串的起始位置,就是最后一个字符串的长度 */
                size = resStringPool.stylesStart -
                    resStringPool.styleCount * 4 -
                    stringOffsets[i];
            }
            // 读取字符串
            strings[i] = dataStream.readFully(new byte[size]);;
        }
    }
```

这样我们就解析出了字符串常量池中的全部字符串,当我们修改了其中某个字符串的数据后,便可以通过 DataOutputStream 流的方式将其写回到新的文件中。之前的章节中已经讲解了字节流写回的操作了,笔者这里就不再重复讲解 DataOutputStream 的用法了。

3. 图片去重实现

了解了 resources.arsc 文件的修改方式,就可以去完成图片去重的优化方案了。我们可以通过读取 APK 包并解析 resources.arsc 文件来完成图片去重的方案,也可以在打包的过程中通过自定义的 Gradle 任务来完成图片去重的方案。前者需要对 APK 包重新签名,步骤比较烦琐。所以笔者在这里主要介绍如何通过 Gradle 任务来完成这一方案。

通过上一个章节,我们已经知道了 APK 编译打包的过程有很多阶段,我们可以将自定义的 Gradle 任务放入这些阶段中执行。如果我们想要修改 resources.arsc 文件,就需要找到一个合适的阶段,如果时机太早则相关文件还未生成,太晚则可能影响到其他脚本的执行,这里推荐放在 processDebug/ReleaseResources 这个任务之后执行。

这个阶段会将 res 资源、assets 资源、resources.arsc 文件打包成一个 .ap_ 后缀的 zip 压缩包,所以在这个阶段就能读取到 resources.arsc 文件了,流程的代码如下。

```
class AnnotationExecutorPlugin implements Plugin<Project> {
    @Override
    void apply(Project project) {
        project.afterEvaluate {
            //1. 找到 ProcessResources 这个 task
            def processResSet = project.tasks.findAll {
                boolean isProcessResourcesTask = false
                android.applicationVariants.all {
                    variant ->
                        if (it.name == 'process' + variant.getName() + 'Resources') {
                            isProcessResourcesTask = true
```

```
                    }
                }
                return isProcessResourcesTask
            }
            if(!isProcessResourcesTask){
                return
            }
            //2. 将resources.arsc文件图片去重的逻辑放在 ProcessResources 这个task之后执行
            for (def processRes in processResSet){
                processRes.doLast {
                    File[] fileList = getResPackageOutputFolder().listFiles()
                    for (def i = 0; i < fileList.length; i++) {
                        //3. 找到.ap_文件
                        if (fileList[i].isFile() && fileList[i].path.endsWith(".ap_")) {
                            File packageOutputFile = fileList[i];
                            //4. 配置解压路径并解压.ap_文件
                            String unzipPath = packageOutputFile.path.substring(
                                0, packageOutputFile.path.lastIndexOf("."))
                            unZip(packageOutputFile, unzipPath)
                            //5. 解析resources.arsc文件，并进行图片去重操作
                            imageOptimize(unzipPath)
                            //6. 将解压后的文件重新打包成.ap_ zip压缩包
                            zipFolder(unzipPath, packageOutputFile.path)
                        }
                    }
                }
            }
        }
    }
}
```

通过上面的自定义 Gradle 脚本，我们了解了这个方案的主流程，下面主要了解上面代码中使用 imageOptimize 方法进行图片去重的实现细节。

解析和修改 resources.arsc 文件的操作过程比较烦琐，而且容易出错，因此笔者这里使用第三方的开源工具 android-chunk-utils 来实现对 resources.arsc 文件的解析和修改，下面是使用该工具来实现方案的代码。

```
void imageOpitmize(String resourcePath) {
    // 1. 遍历res目录下的图片，根据md5寻找重复图片，并记录在map中
    HashMap<String, ArrayList <DuplicatedEntry>> duplicatedResources
        = findDuplicatedResources(resourcePath);
    // 打开resources.arsc文件
    File arscFile = new File(resourcePath+ 'resources.arsc')
    if (arscFile.exists()) {
        FileInputStream arscStream = null;
        /*ResourceFile 是 android-chunk-utils 里面定义的数据结构，
          对应的就是resources.arsc的文件结构 */
        ResourceFile resourceFile = null;
        try {
```

```
            arscStream = new FileInputStream(arscFile);
            resourceFile = ResourceFile.fromInputStream(arscStream);
            //2. 调用 ResourceFile 的 getChunks 方法，就能将 arsc 流转换成 Chunk 对象树
            List<Chunk> chunks = resourceFile.getChunks();
            HashMap<String, String> toBeReplacedResourceMap
                    = new HashMap<String, String>(1024);
            Iterator<Map.Entry<String, ArrayList<DuplicatedEntry>>> iterator
                    = duplicatedResources.entrySet().iterator();
            //3. 遍历 duplicatedResources 中记录的重复图片，并进行删除
            while (iterator.hasNext()) {
                Map.Entry<String, ArrayList<DuplicatedEntry>> duplicatedEntry =
                    iterator.next();
                // 仅保留第 1 个资源，索引从 1 开始，其他资源删除掉
                for (def index = 1; index < duplicatedEntry.value.size(); ++index) {
                    // 删除图片，并将删除图片的信息保存在 toBeReplacedResourceMap 中
                    removeZipEntry(apFile, duplicatedEntry.value.get(index).name);
                    toBeReplacedResourceMap.put(duplicatedEntry.value.get(index).name,
                        duplicatedEntry.value.get(0).name);
                }
            }

            //4. 更新 resources.arsc 中的数据
            for (def index = 0; index < chunks.size(); ++index) {
                Chunk chunk = chunks.get(index);
                if (chunk instanceof ResourceTableChunk) {
                    ResourceTableChunk resourceTableChunk = (ResourceTableChunk)
                        chunk;
                    /* 找到字符串常量池，也是直接调用 getStringPool 方法即可，
                       StringPoolChunk 也是 android-chunk-utils 工具中定义好的数据结构 */
                    StringPoolChunk stringPoolChunk =
                            resourceTableChunk.getStringPool();
                    for (def i = 0; i < stringPoolChunk.stringCount; ++i) {
                        /*遍历字符串常量池的值，如果值和 toBeReplacedResourceMap 中包含
                          的值相等，则进行替换 */
                        def key = stringPoolChunk.getString(i);
                        if (toBeReplacedResourceMap.containsKey(key)) {
                            stringPoolChunk.setString(i,
                                toBeReplacedResourceMap.get(key));
                        }
                    }
                }
            }
        } catch (IOException|FileNotFoundException ignore) {
        } finally {
            if (arscStream != null) {
                IOUtils.closeQuietly(arscStream);
            }
        }
    }
}
```

上述代码中的主要流程解释如下。

1）遍历 res 文件目录，并且根据 md5 找到重复的图片，并将图片路径记录到 duplicatedResources 容器中。

2）接着调用 android-chunk-utils 的 getChunks 方法，将 resources.arsc 文件的数据段解析成该工具所定义的 Chunk 结构体。

3）开始遍历 duplicatedResources 容器并删除里面记录的重复图片，仅保留 1 份可用的图片，并将删除图片的信息保存到 toBeReplacedResourceMap 容器中。

4）更新 resources.arsc 中的数据，更新的方式是遍历前面解析的 Chunk 数据段，并找到字符串常量池对应的数据段 ResourceTableChunk，接着调用 android-chunk-utils 提供的 getStringPool 方法即能解析并获取到字符串常量池中的所有字符串数据，接着遍历对比 toBeReplacedResourceMap 中记录的数据，如果匹配则将其替换成保留的第一个图片资源的数据。

可以看到，通过 android-chunk-utils 工具来解析修改 resources.arsc 文件可以极大地简化该方案的流程，让方案更容易落地。在项目开发中，我们要善于利用这些成熟的开源工具，让项目开发更加高效和可靠。

8.1.3 混淆文件名

项目中资源的字符串都是存储在 resources.arsc 文件中的。所以对于一个 APK 包来说，resources.arsc 文件的体积也是比较大的。图 8-8 所示是示例程序的安装包，其中 resources.arsc 就占用了 700KB 以上，比 res 文件还大。所以对字符串的精简，也是资源文件优化很重要的一个手段，而文件名的混淆，是字符串精简最常用的方式之一。

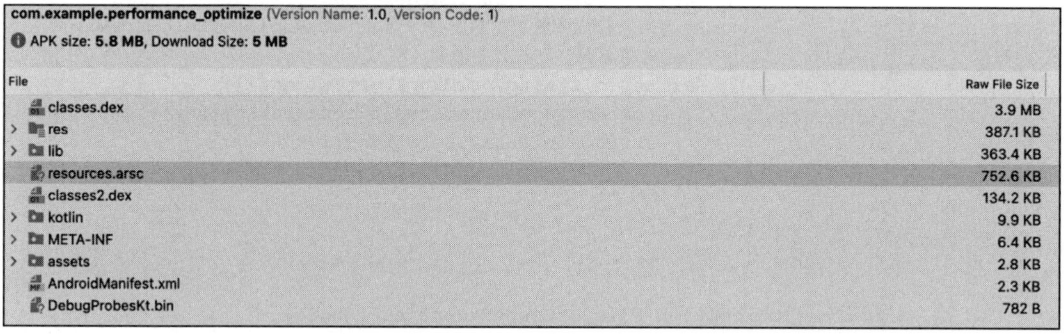

图 8-8　示例程序中 resources.arsc 文件的大小

文件名混淆后，可以将长的文件名变成短的文件名，所以 resources.arsc 中记录的数据就会更少，resources.arsc 文件的体积自然就下降了。对于一个资源文件较多的应用来说，资源文件名混淆带来的包体积收益很可观。

```
res/anim/abc_fade_in.xml -> r/a/a.xml
```

Android 提供了对代码的混淆，但是却没有提供对资源文件名的混淆，因此我们可以自己实现这一优化方案。方案实现需要解析和修改 resources.arsc 文件，流程和图片去重的实现方案类似，所以有了对前面方案的了解，文件名混淆实现起来就很容易了。

我们同样可以在图片去重方案中自定义的 Gradle 插件中进行操作，只需要遍历 res 目录下的资源文件，然后按照字符串 a、b、c、d……不断累加的顺序给文件重命名，同时在 resources.arsc 文件的字符串常量池中找到文件的索引地址，然后修改就行了，代码流程其实和图片去重的方案差不了太多，笔者就不详细讲了，读者可以自己去实现。需要注意的是，从 AGP 4.2 开始，官方支持了资源混淆的功能，可以在项目根目录的"gradle.properties"文件中添加"android.enableResourceOptimizations = true"进行配置的开启，所以如果我们项目的 AGP 是 4.2 及以上的版本，就不需要再去实现这个方案了。

8.1.4 使用开源工具

针对 resources.arsc 能做的东西还有很多，比如前面提到 shrinkResources 配置只会将无用的资源文件置空，但是并不会删除，所以我们可以进一步删除这些资源及其在 resources.arsc 文件中的相关字符串。这些优化的原理并不复杂，但是实施起来都比较烦琐，需要熟悉 resources.arsc 文件的格式，并对其进行解析和修改，我们可以使用 android-chunk-utils 等工具来更便捷地实现这些技术方案。

对于上述提到的图片去重、文件名混淆等功能，自己去实现的工作量大而且流程复杂，幸运的是，这些优化方案都是非常成熟的方案，所以这些优化都可以使用开源库去完成，并不需要我们再去重复造轮子了。不管是微信的 Andresguard 框架，还是字节的 AabResGuard 框架，它们的功能都非常强大，使用也非常简单，参考官方文档进行接入即可，读者可以自己去查看。

8.2 精简 dex 文件

减少代码量是投入产出比最高的体积优化方案之一，其中最简单的方案就是删除不再使用的业务代码，这种优化并不复杂，复杂的是我们要怎么发现项目中的无用代码。因此在这一节中，笔者会介绍无用代码的检测方案，以及一些通用的代码精简的优化方案。

8.2.1 删减无用的代码

删减无用代码最关键的步骤就是怎么去发现无用代码，只要能发现这些无用代码，直接删除即可。这里介绍两种用来发现无用代码的方案，分别是使用 Lint 检测以及使用代码覆盖率检查。

和检测无用资源一样，Lint 也可以检测没被使用到的代码。操作方式也是一样的，通过 AndroidStudio 操作即可，在 Analyze 菜单中单击 Run Inspection by Name，并在对话框里输入 unused declaration 来扫描没使用的方法、字段和类，对于扫描出来的结果，单击 safe delete 即可。通过反射等动态化方式执行的代码也可能会被当作无用代码扫描出来，所以我们也需要检查一下，不能一股脑全删了。

Lint 扫描出来的都是本地源码依赖的模块，对于那些通过 AAR 或者 SDK 等形式依赖的模块，Lint 就扫不出来了，这个时候我们可以在程序运行时来检查哪些代码执行过，哪些代码没被执行过。这里介绍一下 Android 自带的代码覆盖率检测工具——jacoco。

代码覆盖率检测主要是在测试人员或者单元测试在测试新功能时，用于检测哪些代码在测试中被覆盖了，哪些代码没有被覆盖到，这样就能在上线前充分保障功能的可用性。除了测试使用，我们也可以将这个功能用在线上代码中，协助开发人员检查无用代码。下面介绍一下 jacoco 的使用。

1）在 gradle 中应用 jacoco 脚本，并在 buildTypes 中进行开启。笔者使用的是 0.8.5 这个版本，是比较稳定的一个版本。

```
apply plugin: 'jacoco'

jacoco {
    toolVersion = "0.8.5"
}

android {
    ......
    buildTypes {
        release {
            ......
            testCoverageEnabled = true
        }
        debug {
            ......
            testCoverageEnabled = true
        }
    }
}
```

2）通过上面简单的配置，我们就成功开启代码覆盖检查了，只需要找个合适的时机，比如用户退到后台时，把 jacoco 采集的数据写到本地或者上传到服务器即可。下面看下具体的实现代码。

```
private void generateCoverageReport() {
    File file = new File(Environment.getExternalStorageDirectory(), "/coverage.ec");
    // 创建一个文件用于写入数据
    if (!file.exists()) {
        try {
            file.createNewFile();
        } catch (IOException e) {

        }
```

```
    }
    try {
        // 我们需要利用反射，并执行 getExecutionData 方法拿到数据，写入文件中
        OutputStream out = new FileOutputStream(file, false);
        Object agent = Class.forName("org.jacoco.agent.rt.RT")
            .getMethod("getAgent")
            .invoke(null);
        // 调用 getExecutionData 函数来获取覆盖数据
        out.write((byte[]) agent.getClass().getMethod("getExecutionData", boolean.
            class)
            .invoke(agent, false));
        out.close();
    } catch (Exception e) {

    }
    // 上传文件到服务器端
    ......
}
```

3）当我们在服务器端拿到上面的jacoco生成的代码覆盖率数据文件后，就可以去jacoco的官网下载jacoco的jar包并找到jacococli这个jar文件，如图8-9所示，执行"java -jar jacococli.jar report coverage.ec --classfiles xxx（项目生成的class目录）--sourcefiles xxx（项目的源码目录）--html report"命令，就能将这个文件转换成html文件。

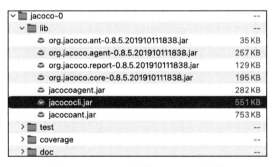

图8-9　jacoco中的jacococli文件

脚本中的参数解释如下：

❑ coverage.ec：就是我们从服务器端拿到的代码覆盖文件。

❑ --classfiles：需要指定我们项目生成的class文件的路径，Android项目中一般是编译后生成的 /app/build/intermediates/javac/ 路径下的 debug 或者 release 目录。

❑ --sourcefiles：需要指定源码路径，也就是项目的 src/main/java 目录。

最终指定输出格式为html，名字为report。当我们生成html文件后，就能清晰地看到对象的使用率，如图8-10所示，点进去之后还能看到代码的覆盖情况。

jacoco的实现原理也是字节码插桩，在每个方法中插入检测代码会增加代码量，不仅会导致包体积增长，还会导致一定的性能损耗，所以我们尽量不要大范围地开启这个功能，

仅小部分测试用户开启即可。jacoco 目前的主要应用场景还是测试，用于线上使用的场景较少，如果我们需要将其用于线上，笔者建议大家对 jacoco 进行裁剪，减少插桩量。

JaCoCo > org.jacoco.core > org.jacoco.core.runtime

org.jacoco.core.runtime

Element	Missed Instructions	Cov.	Missed Branches	Cov.	Missed	Cxty	Missed	Lines	Missed	Methods	Missed	Classes
InjectedClassRuntime.java		0%		n/a	9	9	22	22	9	9	2	2
ModifiedSystemClassRuntime.java		90%		100%	1	13	4	37	1	12	0	3
LoggerRuntime.java		93%		50%	3	10	3	35	2	9	0	2
AbstractRuntime.java		75%		n/a	1	4	1	5	1	4	0	1
AgentOptions.java		100%		100%	0	63	0	113	0	46	0	2
CommandLineSupport.java		100%		97%	1	25	0	51	0	4	0	1
RuntimeData.java		100%		100%	0	12	0	56	0	10	0	1
WildcardMatcher.java		100%		100%	0	8	0	21	0	3	0	1
SystemPropertiesRuntime.java		100%		n/a	0	4	0	13	0	4	0	1
RemoteControlReader.java		100%		100%	0	7	0	15	0	4	0	1
OfflineInstrumentationAccessGenerator.java		100%		n/a	0	3	0	10	0	3	0	1
RemoteControlWriter.java		100%		n/a	0	3	0	8	0	3	0	1
Total	186 of 1,697	89%	2 of 96	97%	15	161	30	386	13	111	2	17

图 8-10 jacoco 生成的代码使用情况

8.2.2 开启编译优化

在 Java 文件编译成字节码文件，以及字节码文件编译成 dex 文件的过程中，我们也有很多方案可以用来优化体积，其中最常用的就是混淆、代码删减和代码优化，下面我们分别来看这几种方案。

1. 混淆

我们在资源文件体积优化的时候也讲到过混淆，代码的混淆比资源文件的混淆更进一步，除了名称会缩短，代码也会被混淆，比如方法名、变量名等。混淆后的类文件体积会更小，也会更安全。当代码被混淆后，可以通过“/build/outputs/mapping/release/”路径下的 mapping 文件查看混淆后名称和源码的对应关系，如下所示。

```
androidx.appcompat.app.ActionBarDrawerToggle$DelegateProvider -> a.a.a.b:
androidx.appcompat.app.AlertController -> androidx.appcompat.app.AlertController:
    android.content.Context mContext -> a
    int mListItemLayout -> O
    int mViewSpacingRight -> l
    android.widget.Button mButtonNeutral -> w
    int mMultiChoiceItemLayout -> M
    boolean mShowTitle -> P
    int mViewSpacingLeft -> j
    int mButtonPanelSideLayout -> K
```

我们可以在项目 app 目录下的 build.gradle 文件的 buildTypes 配置中，通过 minifyEnabled 字段来开启代码混淆。混淆开启后，需要指定混淆规则的配置文件（proguardFiles），配置代码如下。

```
android {
    buildTypes {
```

```
        release {
            minifyEnabled true
            proguardFiles getDefaultProguardFile('proguard-android.txt'), 'proguard-
                rules.pro'
        }
    }
}
```

上面代码中指定的混淆规则的配置文件是"proguard-rules.pro",所以我们需要进一步在该混淆配置文件中配置代码的混淆规则。常见的混淆规则如下。

```
# 代码混淆压缩比,在 0~7 之间,默认为 5,一般不需要修改
-optimizationpasses 5

# 混淆时不使用大小写混合,混淆后的类名为小写
-dontusemixedcaseclassnames

# 指定不去忽略非公共的库的类
-dontskipnonpubliclibraryclasses

# 指定不去忽略非公共的库的类的成员
-dontskipnonpubliclibraryclassmembers

# 不做预检验
-dontpreverify

# 是否生成混淆文件,需保留,否则 release 包无法分析异常
-verbose

# 指定混淆时采用的算法,后面的参数是一个过滤器,这个过滤器是谷歌推荐的算法,一般不改变
-optimizations !code/simplification/artithmetic,!field/*,!class/merging/*

# 保护代码中的 Annotation 不被混淆,这在 JSON 实体映射时很重要,比如 fastJson,如果被混淆了就
    无法使用了
-keepattributes *Annotation*

# 避免混淆泛型
-keepattributes Signature

# 抛出异常时保留代码行号
-keepattributes SourceFile,LineNumberTable
```

当然,项目中也有很多类不能被混淆,不然程序可能会有异常,比如通过字符串反射获取的对象等。笔者在这里也对文件的 keep 规则做一些讲解,主要的 keep 规则见表 8-1。

表 8-1　keep 规则

命令	作用
-keep	防止类和成员被移除或者被重命名
-keepnames	防止类和成员被重命名

(续)

命令	作用
-keepclassmembers	防止成员被移除或者被重命名
-keepclassmembersname	防止成员被重命名
-keepclasseswithmembers	防止拥有该成员的类和成员被移除或者被重命名
-keepclasseswithmembernames	防止拥有该成员的类和成员被重命名
类通配符 *	匹配任意长度字符,但不包含包名分隔符(.)
类通配符 **	匹配任意长度字符,并且包含包名分隔符(.)
类 extends	匹配某个基类的 keep 类
类 implements	匹配实现了某接口的 keep 类
类 $	内部类
成员(方法)通配符 *	匹配任意长度字符,但不包含包名分隔符(.)
成员(方法)通配符 **	匹配任意长度字符,并且包含包名分隔符(.)
成员(方法)通配符 ***	匹配任意参数类型
成员(方法)通配符 ...	匹配任意长度的任意类型参数
成员(方法)通配符 <>	匹配方法名

2. 代码删减

在 R8 编译中,编译器会通过方法的可达分析来检测方法是否被使用到,如果没被使用到,方法就会在编译过程中被删减。开启 R8 很简单,只需要在 build.gradle 中将 minifyEnabled 的属性设为 true 即可。

3. 代码优化

代码优化实际很复杂,它需要经过词法分析、语法分析和语义分析这 3 个步骤才能检测出哪些代码是可以优化的。最常见的如代码内联,对于只被调用一次的方法,或者被调用多次但是汇编代码长度小于 8 的方法都会被合并到调用方法中,还有的优化是如果 if else 中是空实现,则删除这个 if else 等。

当我们把混淆打开时,代码删减、代码优化等选项也会一起开启,所以在编译过程中这 3 个优化都是同时进行的。

8.2.3 dex 重排

在第 4 章中,我们学习了通过 Facebook 的 Redex 重排 dex 文件来加快启动速度的优化方案。重排 dex 文件其实附带优化了 dex 文件的体积。

为什么 dex 类文件重排后能优化体积呢?默认情况下,我们的类文件在 dex 文件中是乱序的,这样就会产生很多跨 dex 的引用,因为当前 dex 中的对象会用到很多其他 dex 文件中的对象、方法或者变量等数据。为了能支持跨 dex 的引用,就需要在当前的 dex 文件中持有其他 dex 文件所引用数据的 id。如图 8-11 所示,如果我们在 dex0 的类中调用了 dex1 文件中类的方法,那么 dex0 中就需要保留一个对 dex1 中类的引用。

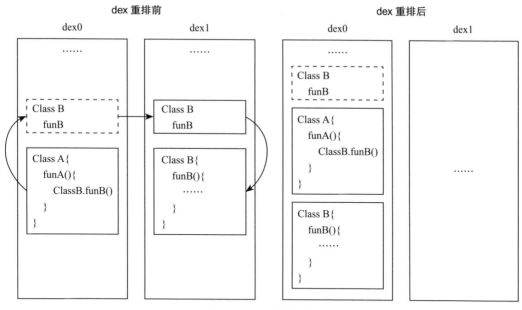

图 8-11　dex 重排优化

所以当 dex 中的类文件重排后，跨 dex 调用的情况就会大大减少，和这相关的引用数据也会减少，dex 文件的体积自然也就减小了。通过图 8-11 也可以看到，重排后 ClassB 的索引由 2 个减少到了 1 个。不同大小的应用在 dex 重排后包体积的优化效果并不完全一样，dex 文件越多，优化效果越明显，如果一个应用只有一个 dex 文件，这个优化就没效果了。按照官方的数据，一个中型应用在进行 dex 类文件重排后可以减小 5% 左右的体积。

8.2.4　移除行号信息

图 8-12 所示是一个常见的 Crash 日志，可以看到 Crash 日志中有些信息有准确的行号，比如"android.os.Handler.dispatchMessage（Handler.java：109）"发生在第 109 行，而"androidx.window.embedding.h.<init> (Unknown Source:0)"就没有行号信息。

类文件的行号信息存放在 dex 文件 Data 数据区的"debug_items"数据段中。默认情况下行号信息是保留的，所以发生异常后，从崩溃信息中就能定位到具体是哪个对象的哪一行发生了错误。但是我们也可以移除行号信息，只需要在 Proguard 混淆配置文件中添加"-keepattributes LineNumberTable"配置就可以了，根据 Google 官方统计，移除行号信息后，dex 文件的体积可以减小 5.5% 左右。

移除行号信息不难，难的是移除行号信息后，我们如何有效分析堆栈。这里介绍目前两种主流方案的思路。

1. 服务端还原行号方案

这种方案的总体思路是先编译一个没有移除行号信息的包，并把 dex 文件中的 debug_

items 数据提取出来，但线上发布的依然是移除了行号的包。当线上包发生 crash 时，在负责全局异常捕获的 Handler 中捕获堆栈相关的信息并上传到服务器，服务器拿着捕获的信息和前面提取出来的"debug_items"数据来还原行号。

```
Caused by: java.lang.reflect.InvocationTargetException
        at java.lang.reflect.Method.invoke(Native Method)
        at androidx.window.core.c.a(SourceFile:67436573)
        at androidx.window.embedding.EmbeddingCompat.a(SourceFile:16973846)
        at androidx.window.embedding.ExtensionEmbeddingBackend.<init>(SourceFile:17039385)
        at androidx.window.embedding.ExtensionEmbeddingBackend$a.a(SourceFile:262169)
        at androidx.window.embedding.h.<init>(SourceFile:196613)
        at androidx.window.embedding.h.<init>(Unknown Source:0)
        at androidx.window.embedding.h$a.a(SourceFile:262164)
        at androidx.window.embedding.h.c(Unknown Source:2)
        at android.app.Activity.performCreate(Activity.java:8654)
        at android.app.Activity.performCreate(Activity.java:8625)
        at android.app.Instrumentation.callActivityOnCreate(Instrumentation.java:1398)
        at android.app.ActivityThread.performLaunchActivity(ActivityThread.java:4294)
        at android.app.ActivityThread.handleLaunchActivity(ActivityThread.java:4496)
        at android.app.servertransaction.LaunchActivityItem.execute(LaunchActivityItem.java:109)
        at android.app.servertransaction.TransactionExecutor.executeCallbacks(TransactionExecutor.java:149)
        at android.app.servertransaction.TransactionExecutor.execute(TransactionExecutor.java:103)
        at android.app.ActivityThread$H.handleMessage(ActivityThread.java:2776)
        at android.os.Handler.dispatchMessage(Handler.java:109)
        at android.os.Looper.loopOnce(Looper.java:206)
        at android.os.Looper.loop(Looper.java:296)
        at android.app.ActivityThread.main(ActivityThread.java:9072)
```

图 8-12　Crash 日志

思路很容易理解，但是想要落地，我们首先需要知道"debug_items"存放的数据的格式。实际上，每一个方法都有一个对应的 debug_info_item 结构的数据存放在 debug_items 区域，debug_info_item 的数据结构如下。

```
struct debug_info_item {
    uint32_t line_start;         // 起始行号
    uint32_t parameters_size;    // 参数数量
    uint32_t* parameter_names;   // 参数名称偏移数组
    uint16_t* line_code;         // 行号指令数组
};
```

对该结构体中各个字段的解释如下。
- line_start：表示代码的起始行号。
- parameters_size：表示方法的参数数量。
- parameter_names：是一个偏移数组，用于指向存储参数名称的字符串列表。通过偏移数组中的偏移量，可以找到对应的参数名称字符串。
- line_code：是一个指令数组，用于表示每一行代码的行号。每个指令是一个 16 位的无符号整数，表示相对于起始行号的偏移量。

根据 line_code 指令行号数组，我们能知道方法中每个指令的行号偏移信息，然后再将偏移值加上 line_start 起始行号值，就能知道每个指令的真正行号了。所以如果我们能在 crash 的捕获 Handler 中拿到堆栈的指令，就能进行行号还原了。

但是如何获取这些数据呢？当我们不知道一个技术方案如何实施时，其实可以先参考 Android 系统是怎么做的。我们在通过 Throwable 对象获取堆栈时，该对象内部实际上是通过 nativeGetStackTrace 方法来获取堆栈信息的，它的源码实现如下，可以看到该方法实际上会执行 thread.cc 文件中的 InternalStackTraceToStackTraceElementArray 函数。

```cpp
static jobjectArray Throwable_nativeGetStackTrace(JNIEnv *env, jclass,
                                jobject javaStackState) {
    ...
    ScopedFastNativeObjectAccess soa(env);
    return Thread::InternalStackTraceToStackTraceElementArray(soa, javaStackState);
}
```

InternalStackTraceToStackTraceElementArray 函数会根据当前线程的深度来遍历这个线程的堆栈，并通过代码 decoded_traces->Get(0) 获取这个方法（artMethod）以及方法指令在 dex 中的偏移（dex_pc），有了这个偏移，实际上就能去 debug_info_item 中查找行数了。

```cpp
objectArray Thread::InternalStackTraceToStackTraceElementArray(const
                        ScopedObjectAccessAlreadyRunnable &soa,
                        jobject internal, jobjectArray output_array,
                        int *
                        stack_depth) {
    // 1. 获取堆栈深度
    int32_t depth = soa.Decode<mirror::Array>(internal)->GetLength() - 1;
    ...
    // 遍历堆栈信息
    for (uint32_t i = 0; i < static_cast<uint32_t>(depth); ++i)
    {
        // 2. 解码内部堆栈信息
        ObjPtr <mirror::ObjectArray<mirror::Object>> decoded_traces =
            soa.Decode<mirror::Object>(internal)->AsObjectArray<mirror::Object>();

        // 获取堆栈的方法信息
        const ObjPtr <mirror::PointerArray> method_trace =
            ObjPtr<mirror::PointerArray>::DownCast(decoded_traces->Get(0));

        // 3. 从堆栈跟踪中获取对应的 ArtMethod 对象及其在 Dex 文件中的偏移量
        ArtMethod *method =
            method_trace->GetElementPtrSize<ArtMethod *>(i, kRuntimePointerSize);
        uint32_t dex_pc = method_trace->GetElementPtrSize<uint32_t>(
            i + static_cast<uint32_t> (method_trace->GetLength()) / 2,
            kRuntimePointerSize);
        // 4. 创建 StackTraceElement 对象
        const ObjPtr <mirror::StackTraceElement> obj =
            CreateStackTraceElement(soa, method, dex_pc);
    }
```

```
        return result;
}
```

对上面代码的部分解释如下。

1）通过 soa 对象解码传入的 internal 对象，获取堆栈深度。

2）开始使用一个循环遍历堆栈跟踪信息。在每次循环中，解码堆栈信息并获取堆栈的方法信息。

3）使用 method_trace 对象从堆栈跟踪中获取当前方法的 ArtMethod 对象及其在 Dex 文件中的偏移量（dex_pc）。

4）使用 CreateStackTraceElement 函数创建一个 StackTraceElement 对象，该对象封装了方法和偏移量的信息。

我们接着看 CreateStackTraceElement 函数是如何进行行号还原的，方法代码如下，可以看到该方法会通过偏移量（dex_pc）并调用 code_item_accessors.h 文件中的 GetLineNumForPc 函数来完成行号的还原，在这个逻辑中，函数会遍历该方法对应的"debug_info_item"来寻找行号。

```
static ObjPtr <mirror::StackTraceElement> CreateStackTraceElement(const
                ScopedObjectAccessAlreadyRunnable &soa,
                ArtMethod *method,
                uint32_t dex_pc)REQUIRES_SHARED(Locks::mutator_lock_){
    ...
    int32_t line_number;
    // 获取 pc 对应的代码行号
    line_number=method->GetLineNumFromDexPC(dex_pc);
    ...
}


inline bool CodeItemDebugInfoAccessor::GetLineNumForPc(const uint32_t address,
                        uint32_t *line_num) const {
    return DecodeDebugPositionInfo([&](const DexFile::PositionInfo &entry) {
        if (entry.address_ > address) {
            return true;
        }
        *line_num = entry.line_;
        return entry.address_ == address;
    });
}

bool DexFile::DecodeDebugPositionInfo(const uint8_t *stream, const
IndexToStringData &index_to_string_data, const
                    DexDebugNewPosition &position_functor) {
    // 遍历 dex 中对应的 debugInfo
    PositionInfo entry;
    entry.line_ = DecodeDebugInfoParameterNames(&stream, VoidFunctor());
    for (;;) {
```

```
            uint8_t opcode = *stream++;
            switch (opcode) {
                case DBG_END_SEQUENCE:
                    return true;
                case DBG_ADVANCE_PC:
                    entry.address_ += DecodeUnsignedLeb128(&stream);
                    break;
                case DBG_ADVANCE_LINE:
                    entry.line_ += DecodeSignedLeb128(&stream);
                    break;
                ...        // 其他 event 类型处理，与局部变量、源文件相关
                default: {
                    int adjopcode = opcode - DBG_FIRST_SPECIAL;
                    entry.address_ += adjopcode / DBG_LINE_RANGE;
                    // 根据 debug_info_item 的偏移计算行号。
                    entry.line_ += DBG_LINE_BASE + (adjopcode % DBG_LINE_RANGE);
                    break;
                }
            }
        }
    }
}
```

上面流程中出现的关键数据是 artMethod 对象、dex_pc 偏移值，这两个数据都存储在 method_trace，也就是堆栈的方法信息中，所以我们只需要拿到 method_trace 的数据，就能按照上面的逻辑，完成行号的计算。

我们可以通过 Native Hook 技术获取 method_trace，可以拦截的点有很多，比如 VMStack_getThreadStackTrace 函数，这是一个有符号的函数，所以也容易拦截。函数拿到 ArtMethod 的指令集和 dex_pc 偏移值后上报到服务器端，服务器端再拿着"debug_info_item"数据按照上面的逻辑实现一遍，就能还原对应的行号了。笔者这里仅介绍方案的思路和大致流程，如果读者感兴趣，可以通过我们学习的 Native Hook 技术进一步完善方案细节。

2. 客户端共享数据段方案

每一个方法都有一个对应的 debug_info_item 数据。所以方案二就是让所有的方法共享一个 debug_info_item 数据，并把 debug_items 数据段中其他的数据都剔除掉，这样 debug_items 的数据量就能明显减少。

我们可以在 Gradle 编译过程中生成 dex 文件的阶段，比如 transformDexArchiveWith-DexMerger 等阶段来操作和修改 dex 文件，将 debug_info_item 合并成一个，并将 dex 方法中对 debug_info_item 的引用都指向同一个。这种方法不需要服务器端配合，直接在本地就能还原出行号，但是这种方案很复杂，需要对 dex 文件的数据段有非常深入的掌握，有兴趣的读者可以参考字节跳动开源的 ByteX 这个开源库，里面便采用了这种方案对行号进行优化。

8.3 精简 so 库

对 so 文件的精简优化可以概括为 3 类：第一类是减少 so 库中的代码；第二类是删除冗余的 so 文件；第三类是精简 so 文件里的数据内容。

8.3.1 删除无用代码

编译过程中有很多配置项可以帮助我们删除无用的资源或者 Java 代码。同样地，在 so 库编译的过程中也有很多编译配置项可以帮助我们精简 Native 代码。

项目中的 Native 代码，如 .cpp、.c 或 .h 文件被编译成 so 文件的过程中，都会经历预处理、编译、汇编和链接的过程，在这个流程中，我们也可以通过开启各种配置来优化文件体积。这里介绍最常用的两种方案。

1. 开启 -gc-sections

-gc-sections 开启后，就可以在 Native 代码的编译过程中移除无用的代码。如果我们是通过 Android.mk 的方式来编译 Native 代码的，可以在 Android.mk 文件中添加如下配置。

```
LOCAL_CPPFLAGS += -ffunction-sections -fdata-sections
LOCAL_CFLAGS += -ffunction-sections -fdata-sections
LOCAL_LDFLAGS += -Wl,--gc-sections
```

如果我们是通过 cmake 的方式来编译 C++ 代码的，可以在 CmakeLists.txt 中添加如下配置。

```
set(CMAKE_C_FLAGS "${CMAKE_C_FLAGS} -ffunction-sections -fdata-sections -Wl,--gc-sections")
set(CMAKE_CXX_FLAGS "${CMAKE_CXX_FLAGS} -ffunction-sections -fdata-sections -Wl,--gc-sections")
set(CMAKE_SHARED_LINKER_FLAGS "${CMAKE_SHARED_LINKER_FLAGS} -Wl,--gc-sections")
```

上面两种配置方式其实都一样，都是开启了"-ffunction-sections -fdata-sections"和"-Wl, --gc-sections"配置。

- -ffunction-sections 和 -fdata-sections 这两个参数表示将每个函数或符号创建为一个独立段，不使用此参数时，Native 代码编译后只有一个整块的 .text 段记录所有代码，使用此参数则会将每一个函数单独编译为一段，比如函数 func 就会被编译为 .text.func 段。
- -Wl, --gc-sections 这个参数中，-Wl 表示在链接阶段，--gc-sections 是跟在 -Wl 后面的一个参数，表示删除无用的段。所以这 3 个配置配合使用，就能在编译过程中删掉没被使用到的 C 或者 C++ 代码了。

2. 开启 LTO

LTO（Link Time Optimization，链接阶段优化）能够在链接目标文件时检测出无效代码并删除它们，从而减少编译产物的体积。那什么是无效代码呢？比如某个 if 条件永远为假，那么 if 为真下的代码块就是无效代码，开启 LTO 后就会被移除。Cmake 和 Android.mk 的配置方式分别如下。

Android.mk 的配置方式。

```
LOCAL_CFLAGS += -flto
OCAL_CPPFLAGS += -flto
LOCAL_LDFLAGS += -O3 -flto
```

Cmake 的配置方式。

```
set(CMAKE_CXX_FLAGS "${CMAKE_C_FLAGS} -flto")
set(CMAKE_CXX_FLAGS "${CMAKE_CXX_FLAGS} -flto")
3set(CMAKE_SHARED_LINKER_FLAGS "${CMAKE_SHARED_LINKER_FLAGS} -O3 -flto")
```

上面的配置中，-O3 表示优化的级别，有 O1、O2、O3 三种级别，O3 效果最好。-flto 则表示开启 LTO。

8.3.2 删除冗余的 so 文件

手机的 CPU 处理器主要有下面 5 种类型。
- armeabi-v7a：第 7 代 32 位 ARM 处理器。
- arm64-v8a：第 8 代 64 位 ARM 处理器。
- armeabi：第 5 代、第 6 代的 32 位 ARM 处理器，早期的手机在使用，现在基本很少了。
- x86：Intel 32 位处理器，现在几乎没有手机使用该处理器。
- x86_64：Intel 64 位处理器，现在几乎没有手机使用该处理器。

我们的应用为了能在搭载不同 cpu 平台的设备上运行，可能会在项目中为不同的平台都打入一份 so 文件，这样就导致 so 文件有多份，体积也会大很多。

实际上，我们需要考虑的只有 armeabi-v7a 和 arm64-v8a 这两个平台，其他的没必要为了做兼容而放入对应类型的 so 库。并且 arm64-v8a 平台，也就是 64 位手机，是支持 32 位和 64 位应用的，但是 armeabi-v7a，即 32 位手机无法运行 64 位的应用，所以为了进一步节约包体积，我们可以在项目中统一只打入 32 位的 so 文件，因为 64 位手机可以兼容运行 32 位的 so 文件，所以程序能正常运行，但是性能会差一些，我们后续在 64 位手机上通过动态化方案下载 64 位的 so 文件即可。

不过随着 64 位的机器越来越普及，32 位机已经越来越少了，所以过不了多久，我们可能就不会再因为要兼容不同平台打入多份 so 文件导致的体积过大而头疼了。在 64 位机普及之前，我们也可以统计一下我们应用的使用设备中 32 位机器的占比是多少，如果非常少，就可以直接不再兼容 32 位机，而统一都使用 64 位的 so 文件了。

8.3.3 删除符号信息

符号表已经讲过很多次，它主要存放函数或者变量的符号数据。移除符号表后，so 文件的体积能大幅减小，一般能减小 50% 以上，在 build 生成 apk 或者 aar 时，Android 会自动帮我们生成去符号表的 so。如果我们的项目中有 Native 代码，那么编译后，就可以看到编译产物文件 intermediates 中有 merged_native_libs 文件，它存放了没有去符号表的 so，还有一个 stripred_native_libs 文件，它存放了去符号表的 so。对于 release 包，我们要确保使用了已经移除符号表的 so。

项目中的 C 或 C++ 代码在编译成 so 时，虽然 Android 会自动帮我们移除符号表，但如果这些 C 或 C++ 代码中引入了其他静态 so 文件的方法、函数或变量，就会自动引入它们的符号，而且 Android 在编译的过程中并不会移除这些符号，但是我们可以通过在编译选项中加入"-Wl,--exclude-libs,ALL"来删除使用这些静态 so 文件所引入的符号。

8.4 压缩 dex 文件

在 dex 文件的压缩上，Facebook 是做得比较好的一个应用。下载 Facebook 的 APK 包并解压，如图 8-13 所示，可以看到它只有一个 dex 文件，这是怎么做到的呢？

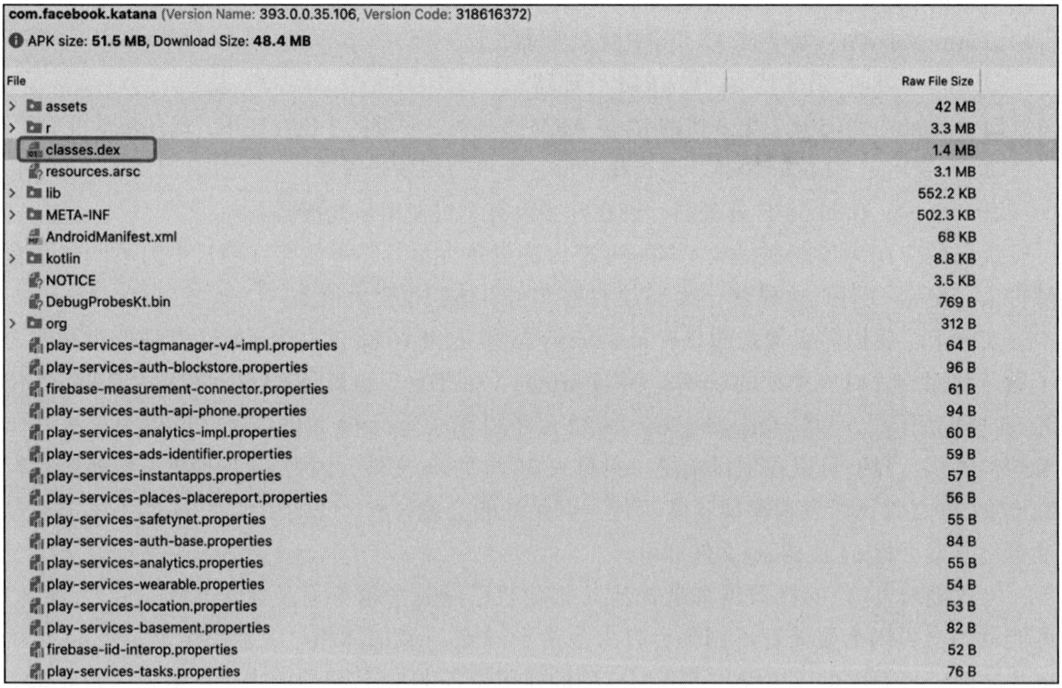

图 8-13 只有一个 dex 文件的 APK 安装包

实际上，它除了首 dex 文件还保留，其他的 dex 文件都已经被压缩，命名为 secondary-program-dex-jars 文件，并放在了 assets 目录中，如图 8-14 所示。

笔者在这里先介绍一下这个方案的原理：在打包过程中，首先通过 dex 排序，将启动和最开始要用到的类文件放在第一个 dex 文件中，并进行保留；然后将剩下的 dex 文件全部通过 7z 或者其他压缩算法进行压缩，并放在 assets 目录中，Facebook 是用自研的 zstd 算法，这个压缩算法比 7z 的压缩率更高而且也是开源的；当应用启动后，我们尽早将 assets 目录中的 dex 文件解压出来，并且接管系统的类加载器（ClassLoader），从解压后的 dex 文件中进行类加载。

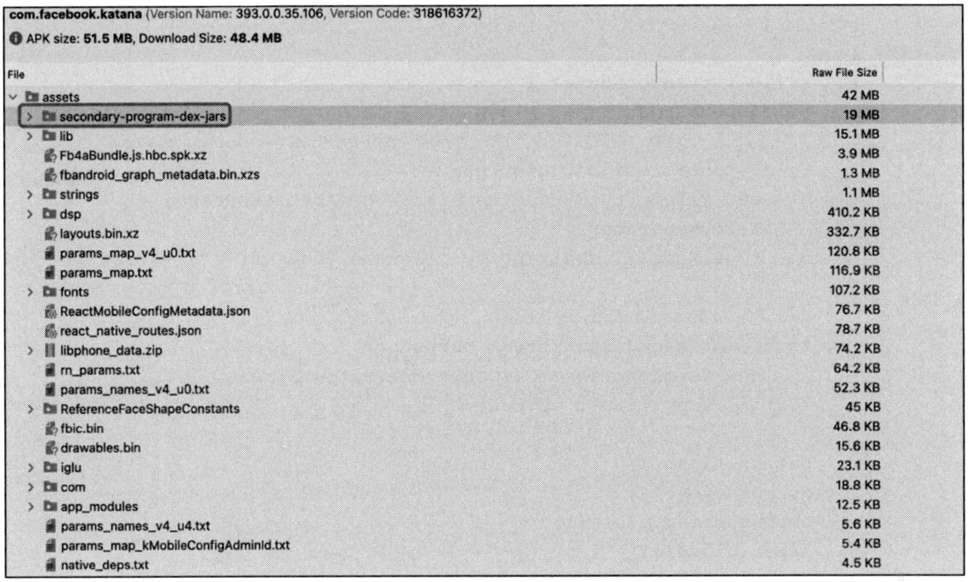

图 8-14　其他的 dex 文件都放在了 secondary-program-dex-jars 文件中

我们来看一下这个方案的关键流程。

1）我们需要对 dex 排序并且对非首 dex 进行压缩。这一步我们依然可以通过 Facebook 提供的 redex 来进行，将 dex 排好序后，通过开源的 zstd 工具将剩下的 dex 文件压缩，并放入 assets 目录中，然后再签名。我们也可以将这个流程放在 Gradle 任务中，从而避免重新打包。dex 重排可以参考 redex 的开源源码 InterDexPass.cpp 文件中的实现方法，然后编写 gradle 脚本，并把脚本放在 dex 生成之后的阶段，比如 mergeReleaseAssets 或者 packageRelease 等阶段。

2）我们需要对除第一个 dex 文件外的其他 dex 文件都进行压缩并将其放入 asstes 目录中，我们依然可以在前面提到的 mergeReleaseAssets 或 packageRelease 阶段中通过自定义的 Gradle 任务来处理。为了更好的压缩效率，我们需要在 Gradle 依赖中引入 zstd 开源库，笔者推荐直接使用已经适配 Android 的开源版本即可，比如 luben 开源库等，这些开源库拿来就能直接使用。

```
implementation "com.github.luben:zstd-jni:1.4.5-6@aar"
```

使用 luben 进行压缩的流程实现代码如下。

```java
public static void doCompress(File dexPath, File assetPath) {
    File[] seconddexs = dexPath.listFiles(new FilenameFilter() {
        @Override
        public boolean accept(File file, String s) {
            //遍历文件，并且处理非第一个 dex 文件
            return s.endsWith(".dex") && (s.indexOf("classes.dex") == -1);
        }
    });

    try {
        for (File f : seconddexs) {
            FileInputStream input = new FileInputStream(f);
            // 压缩成 .zst 后缀结尾的文件，并放在 asset 目录下
            FileOutputStream outputStream =
                new FileOutputStream(assetPath.getAbsolutePath() +
                File.separator +
                f.getName().substring(0, filename.indexOf('.'))+".zst");

            // 调用 zstd 的 api 进行压缩
            ZstdCompressorOutputStream output =
                new ZstdCompressorOutputStream(outputStream, 19);
            IOUtils.copy(input, output);

            output.flush();
            output.close();
            outputStream.close();
            input.close();
        }
    } catch (FileNotFoundException e) {
        e.printStackTrace();
    } catch (IOException e) {
        e.printStackTrace();
    }

    // 删除原本的 classes2.dex ~ classesN.dex
    Arrays.asList(seconddexs).stream().forEach(File::delete);
}
```

3）编译流程的工作已经做完了，接下来就是应用启动过程中需要做的流程了。在应用启动时，我们需要对前面压缩并放进 assets 目录中的 dex 文件进行解压。解压操作和如何使用解压后的 dex 文件都不是方案的难点，这个方案的难点在于我们解压出来的 dex 文件没有进行 dex2oat 操作，所以当我们直接使用这里面的类文件时，系统会阻塞应用去进行 dex2oat 操作。因为这个流程的耗时比较久，在用户体验上是无法接受的。那么 Facebook 是怎么解决这个问题的呢？Facebook 会为 dex 文件创建一个假的 odex 文件，这个 odex 文件的格式和 dex2oat 流程生成的 odex 文件的格式一样，但是这个文件只包含了 dex 的字节码，其他内容都是空的。这样做的目的是骗过 dex2oat 的流程，使系统认为已经生成了 odex 文件，就不再执行这一步了。Facebook 把这个技术方案称为 oatmeal，oatmeal 生成

odex 的时机需要早于系统执行 dex2oat 的时机，并且这个过程需要很快完成，这样才能消除 dex 压缩这个方案带来的负面影响。

生成 odex 文件的流程比较复杂，需要非常熟悉 odex 文件的结构，然后按照 dex2oat 中的逻辑生成一个类似的 odex 文件，而且即使绕过了 dex2oat 的校验，解压流程也始终会带来一定的性能影响，如果不是有严苛的包体积要求，笔者也不建议使用该方案，即使是 Facebook 也在较新的版本中关闭了该优化，所以这里仅仅介绍该方案的原理和流程，希望能给读者带来一些新的灵感和思路，并不对实现细节展开讲解，有兴趣的读者可以阅读 Facebook 开源的 oatmeal 的源码。

8.5 压缩 so 库

了解了 dex 文件的压缩，再来看一下 so 库的压缩，下面介绍两种 so 库压缩方案，一种是官方提供的方案，另一种是自定义的压缩方案。

8.5.1 官方方案压缩 so

我们可以在 AndroidManifest.xml 文件中通过 extractNativeLibs 属性，来配置是否要开启 so 的压缩。

```
<application android:extractNativeLibs="true"></application>
```

我们在示例程序中引入一个体积较大的 so 文件，然后在开启和关闭 extractNativeLibs 的条件下分别进行打包，从结果来看，如图 8-15 所示，开启 so 压缩后包体积减小了一半。

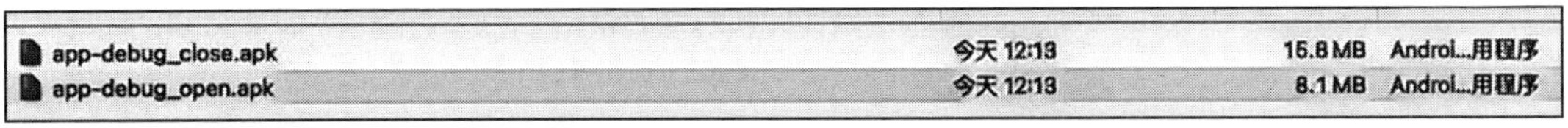

图 8-15 开启和关闭 so 压缩的包体积对比

需要注意的是，当 minSdkVersion 小于 23 或 Android Gradle plugin 小于 3.6 时，extractNativeLibs 默认为 true，其他条件下都默认为 false。虽然开启 so 压缩后，包体积会减小很多，特别对 so 文件多的应用来说，但是在安装 APK 时，安装时间会变长，因为安装流程中会去解压这个 so，不过相比于获得的包体积收益，这部分增加的安装时间是可以接受的。

8.5.2 自定义方案压缩 so

extractNativeLibs 开启后会通过 zip 进行压缩，但是我们也知道 zip 的压缩率其实并不高，7z 或者 zstd 压缩算法要比 zip 的压缩率高很多。所以如果我们需要更进一步地减小包体积大小，那么可以自定义 so 的压缩方案，使用 7zip 或者 zstd 对 so 进行压缩，整个流程主要分为两步。

1）在 APK 构建过程中找个合适的时机，如 so 处理完成后，通过 Gradle 任务对 so 进行压缩。

2）在应用启动时找个合适的时机，比如 CPU 闲置时、用户处于后台时，或者用户使用到这个 so 时，解压缩 so。

1. 打包时压缩 so

我们先看看第一个步骤，在 APK 构建过程中，如果我们想要压缩 so，需要等待 so 相关的任务都处理完成后才能进行，所以可以在 packageRelease 阶段，也就是生成 APK 的阶段之前对 so 进行压缩处理，流程实现如下。

```
project.afterEvaluate {
    project.plugins.withId("com.android.application") { AppPlugin p ->
        p.getVariantManager().getVariantScopes().each { VariantScope scope ->

            // 1. 寻找 package 这个 task
            def packageTask =
                project.tasks.findByName("package${scope.fullVariantName.capitalize()}")

            if(packageTask != null){
                // 在 packageTask 之前执行 so 的压缩
                packageTask.doFirst {
                // 获取 jni 目录中的 so 文件
                FileCollection soFiles = scope
                    .getTransformManager()
                    .getPipelineOutputAsFileCollection(StreamFilter.NATIVE_LIBS)
                // 获取 assets 文件，用来存放压缩后的 so
                File assetsFile =scope
                    .getArtifacts()
                    .getFinalArtifactFiles(InternalArtifactType.MERGED_ASSETS)
                    .getFiles().iterator().next();

                //2. 压缩 so
                doSoCompress(soFiles,assetsFile)
                }
            }
        }
    }
}
```

我们接着来看 deSoCompress 里面压缩 so 的操作，这里的代码其实和上一节中 dex 压缩的代码是一样。

```
private void doSoCompress(Set<File> soFiles, File assetsFile){
    // 遍历 jni 文件中的 so，并进行压缩和删除处理
    try {
        for (File f : soFiles) {
            FileInputStream input = new FileInputStream(f);
            // 压缩成 .so 后缀结尾的文件，并放在 asset 目录下
```

```
            FileOutputStream outputStream = new FileOutputStream(assetsFile.
              getAbsolutePath() +
                File.separator + f.getName().substring(0, filename.indexOf('.'))+
                   ".so");

            // 调用 zstd 的 api 进行压缩
            ZstdOutputStream output = new ZstdOutputStream(outputStream, 19);
            IOUtils.copy(input, output);

            output.flush();
            output.close();
            outputStream.close();
            input.close();
        }
    } catch (FileNotFoundException e) {
        e.printStackTrace();
    } catch (IOException e) {
        e.printStackTrace();
    }

    // 删除原 so 文件
    Arrays.asList(soFiles).stream().forEach(File::delete);
}
```

到这里，在打包过程中通过 zstd 压缩 so 的流程就完成了。

2. 解压并使用 so

当压缩好 so 后，接下来就需要解决如何解压 so 的问题了。我们可以在启动时或者 CPU 闲置时对 so 进行批量解压，也可以在用户使用到这个 so 时再解压。这里重点介绍一下在使用时解压的操作，能把这一时机的解压操作完美解决，其他时机的解压操作就容易很多了。

当应用需要使用一个 so 时，可以调用 System.loadLibrary（String libName）根据 so 的名称来进行加载，也可以调用 System.load（String pathName）传入 so 库文件的路径来进行加载。加载过程中如果找不到这个 so，程序就会抛出 UnsatisfiedLinkError 异常。

了解这一基本知识点后，方案就很简单了。我们通过 System.loadLibrary 来加载 so，然后捕获 UnsatisfiedLinkError 异常，接着去 assets 目录中寻找该 so 是否被压缩，如果被压缩，则解压后通过 System.load 方式来加载即可。为了实现这一方案，我们首先要对 System.loadLibrary 做拦截，通过字节码操作对该方法进行拦截，下面是通过 Lancet 拦截 loadLibrary 的代码。

```
@TargetClass(value = "java.lang.System")
@Proxy(value = "loadLibrary", globalProxyClass = true)
public static void loadLibrary(String libName) {
    // 捕获异常，解压 so 等逻辑操作
    depressAndLoadSo(libName);
}
```

当我们拦截 System.loadLibrary 方法后，就可以通过 trycatch 捕获 System.loadLibrary 的 UnsatisfiedLinkError 异常，遇到异常后去 assets 目录中寻找对应的 so 文件进行解压，这里用 zstd 库自带的解压缩接口即可，解压完成之后再通过 System.load 方法，传入解压的 so 库路径进行加载即可。

```
void depressAndLoadSo(String libName){
    try{
        System.loadLibrary(libName);
    }catch(UnsatisfiedLinkError e){
        if(soDepress(libName)){
            System.load(context.getExternalFilesDir()+"soPath/"+soName+".so")
        }
    }
}

boolean soDepress(String soName){
    try {
        File outPutFile = new File(context.getExternalFilesDir()+"soPath/"+soName+".so");
        if(outPutFile.exists()){
            outPutFile.createNewFile();
        }
        ZstdInputStream input = new ZstdInputStream(context.getAssets().open(soName+".so"));
        FileOutputStream output = context.openFileOutput(outPutFile, Context.MODE_PRIVATE);
        IOUtils.copy(input, output);
        output.flush();
        output.close();
        input.close();
    } catch (IOException e) {
        outPutFile.delete();
        return false;
    }
    return true;
}
```

通过上面的流程来看，整个方案并不复杂，所以也比较容易落地，但是在线上使用时，出于对性能、稳定性等因素的考虑，我们需要有白名单机制，比如和启动还有和首屏相关的 so 库，需要配置到白名单中不进行压缩，因为启动时进行 so 的解压操作会阻塞应用，导致启动变慢。

8.6 动态加载资源文件

插件化的技术可以帮助我们动态地加载 APK，来实现程序功能的动态扩展，通过插件化的技术，我们可以极大地减小包体积。动态化加载 APK 就需要动态加载 APK 里面的资源、类文件、so 库和四大组件，我们先来看第一件事情——动态地加载 APK 里面的资源。

当我们在代码中加载 res 目录下的字符串、图片等资源文件时，需要知道资源 id 并调用 "context.getResources().getXXX(int id)" 方法来获取对应的资源，这个方法的底层实现是 AssetsManager（资源管理器）根据 id 去 resources.arsc 文件中寻找真正的资源。虽然我们了解资源加载的大致流程，但是想要通过插件化来实现动态的资源加载，还需要进一步地深入代码，了解资源加载的实现细节。

8.6.1 资源加载原理

这里以 getResources().getText 方法获取一个字符串资源为例，来讲解资源加载的原理。该方法会调用 AssetManager 对象的 getResourceText 方法，并最终会调用 nativeGetResourceValue 这个 Native 方法，代码如下。

```java
public CharSequence getText(@StringRes int id) throws NotFoundException {
    //getAssets() 获取 AssetManager
    CharSequence res = mResourcesImpl.getAssets().getResourceText(id);
    if (res != null) {
        return res;
    }
}

CharSequence getResourceText(@StringRes int resId) {
    synchronized (this) {
        final TypedValue outValue = mValue;
        if (getResourceValue(resId, 0, outValue, true)) {
            return outValue.coerceToString();
        }
        return null;
    }
}

boolean getResourceValue(int resId, int densityDpi,TypedValue outValue,
        boolean resolveRefs) {
    synchronized (this) {
        ensureValidLocked();
        final int cookie = nativeGetResourceValue(
                mObject, resId, (short) densityDpi, outValue, resolveRefs);
        if (cookie <= 0) {
            return false;
        }
        ……
        return true;
    }
}
```

nativeGetResourceValue 函数会将结果以 TypedValue 结构返回。我们接着到 AssetManager.

cpp 中看这个函数的实现，它会调用 AssetManager2.cpp 对象中的 GetResource 方法，而该方法里面的关键步骤就是通过 FindEntry 方法来寻找数据，流程的代码如下。

```cpp
static jint NativeGetResourceValue(JNIEnv* env, jclass /*clazz*/, jlong ptr, jint resid,
                        jshort density, jobject typed_value,
                        jboolean resolve_references) {
    ScopedLock<AssetManager2> assetmanager(AssetManagerFromLong(ptr));
    auto value = assetmanager->GetResource(static_cast<uint32_t>(resid), false ,
                        static_cast<uint16_t>(density));
    ……
    return CopyValue(env, *value, typed_value);
}

base::expected<AssetManager2::SelectedValue, NullOrIOError> AssetManager2::GetResource(
    uint32_t resid, bool may_be_bag, uint16_t density_override) const {
    // 寻找资源
    auto result = FindEntry(resid, density_override, false, false);
    ……
    return SelectedValue(value.dataType, value.data, result->cookie, result->type_flags,
                        resid, result->config);
}
```

FindEntry 方法会去 resources.arsc 文件中查找真正的资源数据。该方法的简化流程代码如下。

```cpp
base::expected<FindEntryResult, NullOrIOError> AssetManager2::FindEntry(
        uint32_t resid, uint16_t density_override, bool stop_at_first_match,
        bool ignore_configuration) const {
    ……

    // 获取 package id
    const uint32_t package_id = get_package_id(resid);
    // 获取 type id
    const uint8_t type_idx = get_type_id(resid) - 1;
    // 获取 entry id
    const uint16_t entry_idx = get_entry_id(resid);
    uint8_t package_idx = package_ids_[package_id];


    // 获取 PackageGroup
    const PackageGroup& package_group = package_groups_[package_idx];
    // 在 PackageGroup 中寻找数据
    auto result = FindEntryInternal(package_group, type_idx, entry_idx, *desired_config,
                        stop_at_first_match, ignore_configuration);
    ……

    return result;
}
```

```
base::expected<FindEntryResult, NullOrIOError> AssetManager2::FindEntryInternal(
    ……) {
    ……
    const size_t package_count = package_group.packages_.size();
    for (size_t pi = 0; pi < package_count; pi++) {
        const ConfiguredPackage& loaded_package_impl = package_group.packages_
            [pi];
        // 获取 LoadedPackage
        const LoadedPackage* loaded_package = loaded_package_impl.loaded_package_;
        const ApkAssetsCookie cookie = package_group.cookies_[pi];
        ……
        // 根据类型 id 获取对应的数据段
        const TypeSpec* type_spec = loaded_package->GetTypeSpecByTypeIndex(type_
            idx);
        const size_t type_entry_count = (use_filtered) ? filtered_group.type_entries.
            size()
                                      : type_spec->type_entries.size();
        for (size_t i = 0; i < type_entry_count; i++) {
            const TypeSpec::TypeEntry* type_entry = (use_filtered) ? filtered_group.
                type_entries[i]
                                      : &type_spec->type_entries[i];
            // 进一步查找
            ……
        }
    }
}
```

对该方法中主要流程的解释如下。

1）根据资源 id 获取该资源的 package_id、type_id、package_id，这些 id 用于在 resources.arsc 中定位具体的数据内容。

2）根据资源 id 调用 FindEntryInternal 方法，FindEntryInternal 方法会获取 packages_ 集合，并从中找到正确的 LoadedPackage，然后寻找真正的数据。LoadedPackage 实际上就是系统解析 resources.arsc 文件后对应的数据结构。

通过上面的代码我们知道了 resources.arsc 文件会被解析并放在 LoadedPackage 数据结构中。如果我们想要动态地加载 APK 资源，就要确保插件 APK 的 resources.arsc 被解析并放在了 LoadedPackage 数据结构里面。那么 resources.arsc 是什么时候被解析并封装成 LoadedPackage 数据的呢？实际上 AssetsManager 在创建的时候，就会执行应用的 resources.arsc 文件解析。接下来，我们看一下 AssetsManager 的创建流程。

AssetsManager 在应用冷启动并执行 performLaunchActivity 方法时就会被创建，该方法在执行过程中会调用 createActivityContext 方法创建 Context，同时也会通过 createBaseToken-Resources 方法创建 Resources 及 AssetManager，流程代码如下。

```
static ContextImpl createActivityContext(ActivityThread mainThread,
    LoadedApk packageInfo, ActivityInfo activityInfo, IBinder activityToken,
    int displayId,
```

```
        Configuration overrideConfiguration) {
    String[] splitDirs = packageInfo.getSplitResDirs();
    ClassLoader classLoader = packageInfo.getClassLoader();
    ......

    // 创建 context
    ContextImpl context = new ContextImpl(......);
    context.mContextType = CONTEXT_TYPE_ACTIVITY;
    context.mIsConfigurationBasedContext = true;

    ......

    final ResourcesManager resourcesManager = ResourcesManager.getInstance();
    // 创建 Resources
    context.setResources(resourcesManager.createBaseTokenResources(......));
    return context;
}
```

我们接着看 createBaseTokenResources 方法的实现,顺着方法内的链路一路跟踪下去,该方法最终会调用 createResourcesImpl 方法来创建 AssetManager,流程代码如下。

```
public @Nullable Resources createBaseTokenResources(......) {
    try {
        // 资源的路径
        final ResourcesKey key = new ResourcesKey(
            resDir,
            splitResDirs,
            combinedOverlayPaths(legacyOverlayDirs, overlayPaths),
            libDirs,
            displayId,
            overrideConfig,
            compatInfo,
            loaders == null ? null : loaders.toArray(new ResourcesLoader[0]));
        classLoader = classLoader != null ? classLoader : ClassLoader.getSystemClassLoader();

        ......


        return createResourcesForActivity(token, key,
            Configuration.EMPTY, null,
            classLoader, null);
    } finally {
        Trace.traceEnd(Trace.TRACE_TAG_RESOURCES);
    }
}

private Resources createResourcesForActivity(......) {
    synchronized (mLock) {
        ResourcesImpl resourcesImpl = findOrCreateResourcesImplForKeyLocked(key,
            apkSupplier);
```

```java
        if (resourcesImpl == null) {
            return null;
        }

        return createResourcesForActivityLocked(activityToken, initialOverrideConfig,
                overrideDisplayId, classLoader, resourcesImpl, key.mCompatInfo);
    }
}

private @Nullable ResourcesImpl findOrCreateResourcesImplForKeyLocked(
        @NonNull ResourcesKey key, @Nullable ApkAssetsSupplier apkSupplier) {
    ResourcesImpl impl = findResourcesImplForKeyLocked(key);
    if (impl == null) {
        impl = createResourcesImpl(key, apkSupplier);
        if (impl != null) {
            mResourceImpls.put(key, new WeakReference<>(impl));
        }
    }
    return impl;
}
```

我们接着看 createResourcesImpl 的实现流程，代码如下。

```java
private @Nullable ResourcesImpl createResourcesImpl(@NonNull ResourcesKey key) {
    final DisplayAdjustments daj = new DisplayAdjustments(key.mOverrideConfiguration);
    daj.setCompatibilityInfo(key.mCompatInfo);

    final AssetManager assets = createAssetManager(key);
    ...
    return impl;
}

private @Nullable AssetManager createAssetManager(@NonNull final ResourcesKey key,
        @Nullable ApkAssetsSupplier apkSupplier) {
    final AssetManager.Builder builder = new AssetManager.Builder();

    final ArrayList<ApkKey> apkKeys = extractApkKeys(key);
    for (int i = 0, n = apkKeys.size(); i < n; i++) {
        final ApkKey apkKey = apkKeys.get(i);
        try {
            // 创建 ApkAssets
            builder.addApkAssets(
                    (apkSupplier != null) ?
                            apkSupplier.load(apkKey) : loadApkAssets(apkKey));
        } catch (IOException e) {
            ……
        }
    }

    if (key.mLoaders != null) {
        for (final ResourcesLoader loader : key.mLoaders) {
```

```java
        builder.addLoader(loader);
    }
}
// 通过建造者模式创建 AssetManager
return builder.build();
```

从上面的流程可以看到，AssetManager 在这时会被创建，并且 AssetManager 的关键成员对象是 ApkAssets，它才是真正存放 resources.arsc 资源的类。流程中会调用 loadApkAssets 函数，并通过 ResourcesKey（也就是资源路径）来创建 ApkAssets，并加载和解析资源。loadApkAssets 函数的流程代码如下。

```java
private @NonNull ApkAssets loadApkAssets(@NonNull final ApkKey key) throws IOException {
    ApkAssets apkAssets;

    ......

    // 创建 ApkAssets，并加载解析资源
    apkAssets = ApkAssets.loadFromPath(key.path, flags);

    synchronized (mLock) {
        mCachedApkAssets.put(key, new WeakReference<>(apkAssets));
    }

    return apkAssets;
}

public static @NonNull ApkAssets loadFromPath(String path, int flags)
        throws IOException {
    return new ApkAssets(FORMAT_APK, path, flags, null);
}

private ApkAssets(@FormatType int format, @NonNull String path, int flags,
        @Nullable AssetsProvider assets) throws IOException {
    Objects.requireNonNull(path, "path");
    mFlags = flags;
    mNativePtr = nativeLoad(format, path, flags, assets);
    mStringBlock = new StringBlock(nativeGetStringBlock(mNativePtr), true);
    mAssets = assets;
}
```

从上面的流程可以看到，loadApkAssets 函数调用 ApkAssets.loadFromPath 方法创建 ApkAssets，而 ApkAssets 的构造函数会执行 nativeLoad 来加载和解析资源，该方法的实现位于 ApkAssets.cpp 中，代码如下所示。NativeLoad 方法可以加载 APK、Overlay、ARSC、目录等类型的资源。应用启动时，这里加载的资源是 FORMAT_DIRECTORY 类型，也就是目录下的资源文件。

```cpp
static jlong NativeLoad(JNIEnv* env, jclass /*clazz*/, const format_type_t format,
```

```
                    jstring java_path, const jint property_flags, jobject assets_provider) {
    ScopedUtfChars path(env, java_path);
    if (path.c_str() == nullptr) {
        return 0;
    }

    auto loader_assets = LoaderAssetsProvider::Create(env, assets_provider);
    std::unique_ptr<ApkAssets> apk_assets;
    switch (format) {
        case FORMAT_APK: {
            auto assets = MultiAssetsProvider::Create(std::move(loader_assets),
                              ZipAssetsProvider::Create(path.c_str(),
                                                         property_flags));
            apk_assets = ApkAssets::Load(std::move(assets), property_flags);
            break;
        }
        case FORMAT_IDMAP:
            apk_assets = ApkAssets::LoadOverlay(path.c_str(), property_flags);
            break;
        case FORMAT_ARSC:
            apk_assets = ApkAssets::LoadTable(AssetsProvider::CreateAssetFromFile(path.
                c_str()),
                              std::move(loader_assets),
                              property_flags);
            break;
        case FORMAT_DIRECTORY: {
            auto assets = MultiAssetsProvider::Create(std::move(loader_assets),
                              DirectoryAssetsProvider::Create(path.c_str()));
            apk_assets = ApkAssets::Load(std::move(assets), property_flags);
            break;
        }
        default:
            const std::string error_msg = base::StringPrintf("Unsupported format type %d",
                format);
            jniThrowException(env, "java/lang/IllegalArgumentException", error_msg.c_
                str());
            return 0;
    }

    return CreateGuardedApkAssets(std::move(apk_assets));
}
```

继续查看 ApkAssets::Load 的最终实现函数 LoadImpl, 代码如下所示, 可以发现它调用了 LoadedArsc::Load 来加载和解析目录下的 resources.arsc 资源文件。

```
std::unique_ptr<ApkAssets> ApkAssets::LoadImpl(std::unique_ptr<Asset> resources_asset,
                              std::unique_ptr<AssetsProvider> assets,
                              package_property_t property_flags,
                              std::unique_ptr<Asset> idmap_asset,
                              std::unique_ptr<LoadedIdmap> loaded_idmap) {
```

```
    if (assets == nullptr ) {
        return {};
    }

    std::unique_ptr<LoadedArsc> loaded_arsc;
    if (resources_asset != nullptr) {
        const auto data = resources_asset->getIncFsBuffer(true);
        const size_t length = resources_asset->getLength();

        loaded_arsc = LoadedArsc::Load(data, length, loaded_idmap.get(),
            property_flags);
    } else {
        loaded_arsc = LoadedArsc::CreateEmpty();
    }

    return std::unique_ptr<ApkAssets>(new ApkAssets(std::move(resources_asset),
                    std::move(loaded_arsc), std::move(assets),
                    property_flags, std::move(idmap_asset),
                    std::move(loaded_idmap)));
}
```

在 LoadImpl 方法中，LoadedArsc::Load 函数会将路径下的 resources.arsc 解析成 LoadedPackage 结构，并且存放到 packages_ 集合容器中。到这里，整个资源加载的流程就完整了，了解了资源文件加载的流程，我们就可以进一步学习如何动态地加载资源文件了。

8.6.2　动态加载资源

在前面资源加载的原理分析中，我们知道查找资源时 FindEntryInternal 方法会遍历 packages_ 容器，然后通过 packages_ 容器存放的 LoadedPackage 来查找并获取真正的资源数据，并且在启动过程中会创建 AssetsMananger，而 AssetsMananger 中最关键的就是创建 ApkAssets，ApkAssets 会将 resources.arsc 文件解析成 LoadedPackage，并存放到 packages_ 容器中。知道了这一流程，我们的方案也就有了，能不能为插件 APK 也创建一个 ApkAssets，并将插件的资源文件加载并解析到这个 ApkAssets 中去呢？答案是可以的，这就是动态加载资源的实现原理。

通过 AssetManager 的 addAssetPath 方法就能实现这个方案。通过下面的代码可以看到，在 addAssetPath 方法的实现中会调用 ApkAssets.loadFromPath 方法，这个方法在前面也介绍过了，该方法会创建 ApkAssets，并加载和解析对应路径下的 resource.arsc 文件。

```
@Deprecated
@UnsupportedAppUsage
public int addAssetPath(String path) {
    return addAssetPathInternal(path, false /*overlay*/, false /*appAsLib*/);
}

private int addAssetPathInternal(String path, boolean overlay, boolean appAsLib) {
    Objects.requireNonNull(path, "path");
```

```
    synchronized (this) {
        ensureOpenLocked();
        ……

        final ApkAssets assets;
        try {
            ……
            // 创建 ApkAssets，并加载解析 resource.arsc
            assets = ApkAssets.loadFromPath(path,
                appAsLib ? ApkAssets.PROPERTY_DYNAMIC : 0);
        } catch (IOException e) {
            return 0;
        }

        mApkAssets = Arrays.copyOf(mApkAssets, count + 1);
        mApkAssets[count] = assets;
        nativeSetApkAssets(mObject, mApkAssets, true);
        invalidateCachesLocked(-1);
        return count + 1;
    }
}
```

addAssetPath 是一个隐藏方法，应用程序是无法直接使用的，但是我们可以通过反射进行调用。当我们知道如何加载插件 APK 的资源后，我们就可以继续完成方案了。这个时候会面临两个选择。

❑ 将插件 APK 的资源加载进宿主应用的 AssetManager 中。
❑ 创建一个独立的 Resources 和 AssetManager，用来加载插件 APK 的资源。

这两个选择各有优缺点。第一个选择，如果将插件 APK 的资源加载进主应用的 AssetManager 中，那么资源 id 可能会重复，所以我们需要在 gradle 构建 R.java 文件时，重新生成不会和宿主重复的资源 id，但是如果我们的插件多，就很难保证不重复。但是这个方案有个好处是，我们在插件中获取资源会容易很多，直接通过"context.getResources().getXXX()"方法就能获取。

第二个选择，插件中的代码在使用资源时，无法直接通过"getContext().getResources().getXXX()"获取资源，而是要通过"pluginResource().getXXX()"方法获取资源。但笔者还是推荐使用这种方案，因为它可以将插件资源和宿主隔离开来，隔离后能更好地管控，不需要担心资源 id 重复的问题。代码如下。

```
public Resources createPluginResources(String pluginPath){
    //1. 创建 AssetManager 实例
    AssetManager assetManager = AssetManager.class.newInstance();

    //2. 反射设置资源加载路径
    Method method = AssetManager.class.getMethod("addAssetPath", String.class);
    method.invoke(assetManager, pluginPath);

    //3. 创建一个新的 Resource
```

```
    Resources pluginResource = new Resources(assetManager,
            mContext.getResources().getDisplayMetrics(),
            mContext.getResources().getConfiguration());

    return pluginResource;
}
```

前面花了很长的篇幅介绍资源加载的原理，但最终动态加载资源的方案并不复杂，而正源于对资源加载流程的深入了解，我们才能确认最终的方案是可行的，对于任何技术，我们不仅要知道它怎么做，更应该要知道它为什么这样做，这样才能让我们在技术的成长道路上越走越远。

8.7 动态加载类文件

掌握了资源文件的动态加载，我们接着了解类文件的动态加载。

8.7.1 类加载原理

在项目代码中想要使用一个类，首先要创建这个类，我们有两种方式来创建类对象：第一种方式是在代码中通过 new 关键字来创建对象，ART 虚拟机在执行这段代码时，会自动地帮我们查找并创建这个对象，这种方式也称为隐式加载；第二种方式是在代码中通过 Class.forName 或者 ClassLoader.loadClass 反射的方式来创建对象，这种方式称为显式加载。

1. 隐式加载类

我们先看看隐式加载。当 ART 解释器在解释执行代码的过程中遇到 new 关键字时，便会通过如下的逻辑来查找和创建该对象，其中 ResolveVerifyAndClinit 便是查找这个类的关键方法。

```
HANDLER_ATTRIBUTES bool NEW_INSTANCE() {
    ObjPtr<mirror::Object> obj = nullptr;
    /*1. 查找并创建类对象，其中 dex::TypeIndex(B()) 是我们要创建的对象索引，
    shadow_frame_ 是当前方法栈，GetMethod 获取的就是当前方法 */
    ObjPtr<mirror::Class> c = ResolveVerifyAndClinit(dex::TypeIndex(B()),
                                shadow_frame_.GetMethod(),
                                Self(),
                                false,
                                do_access_check);
    if (LIKELY(c != nullptr)) {

        // 2. 在虚拟机中为这个类创建空间
        gc::AllocatorType allocator_type =
            Runtime::Current()->GetHeap()->GetCurrentAllocator();
        if (UNLIKELY(c->IsStringClass())) {
            obj = mirror::String::AllocEmptyString(Self(), allocator_type);
        } else {
```

```
                obj = AllocObjectFromCode(c, Self(), allocator_type);
        }
    }
    if (UNLIKELY(obj == nullptr)) {
        return false;
    }
    obj->GetClass()->AssertInitializedOrInitializingInThread(Self());
    SetVRegReference(A(), obj);
    return true;
}
```

上面代码中的 ResolveVerifyAndClinit 方法会进行类的查找和创建，这个方法的代码如下。

```
inline ObjPtr<mirror::Class> ResolveVerifyAndClinit(dex::TypeIndex type_idx,
                                ArtMethod* referrer,
                                Thread* self,
                                bool can_run_clinit,
                                bool verify_access) {
    ClassLinker* class_linker = Runtime::Current()->GetClassLinker();
    // 查找和加载类
    ObjPtr<mirror::Class> klass = class_linker->ResolveType(type_idx, referrer);
    ......
    return h_class.Get();
}

inline ObjPtr<mirror::Class> ClassLinker::ResolveType(dex::TypeIndex type_idx,
                                ArtMethod* referrer) {
    ......
    resolved_type = DoResolveType(type_idx, referrer);
    ......
    return resolved_type;
}

template <typename RefType>
ObjPtr<mirror::Class> ClassLinker::DoResolveType(dex::TypeIndex type_idx, RefType
    referrer) {
    StackHandleScope<2> hs(Thread::Current());
    // 获取调用方法的 dexCache
    Handle<mirror::DexCache> dex_cache(hs.NewHandle(referrer->GetDexCache()));
    // 获取调用方法的 ClassLoader
    Handle<mirror::ClassLoader> class_loader(hs.NewHandle(referrer->GetClassLoader()));
    return DoResolveType(type_idx, dex_cache, class_loader);
}

ObjPtr<mirror::Class> ClassLinker::DoResolveType(dex::TypeIndex type_idx,
                        Handle<mirror::DexCache> dex_cache,
                        Handle<mirror::ClassLoader> class_loader) {
    Thread* self = Thread::Current();
    // 根据要创建的对象的索引获取对象的全限定名称
    const char* descriptor = dex_cache->GetDexFile()->StringByTypeIdx(type_idx);
    // 根据要查找的对象的全限定名称和 class_loader，查找这个对象
```

```
    ObjPtr<mirror::Class> resolved = FindClass(self, descriptor, class_loader);
    if (resolved != nullptr) {

        dex_cache->SetResolvedType(type_idx, resolved);
    } else {
    ......
    }
    return resolved;
}
```

上面代码逻辑中出现的 ClassLinker 是一个全局对象，专门用来处理类的查找、创建等流程。整个流程如下：

1）获取调用函数的 classloader，这个调用函数就是要执行 new 来创建对象的那个函数。
2）根据要创建的对象的 id，获取对象的全限定名称（包名+类名这种格式）。
3）通过 ClassLinker 的 FindClass 函数来查找对象。

我们接着看 ClassLinker 对象中 FindClass 的逻辑，代码逻辑如下。

```
ObjPtr<mirror::Class> ClassLinker::FindClass(Thread* self,
                             const char* descriptor,
                             Handle<mirror::ClassLoader> class_loader) {

    const size_t hash = ComputeModifiedUtf8Hash(descriptor);
    // 调用 LookupClass 查找 Class, 如果 class 已经被加载，则可以通过这个方法获取到对应的 class
    ObjPtr<mirror::Class> klass = LookupClass(self, descriptor, hash, class_loader.
        Get());
    if (klass != nullptr) {
        return EnsureResolved(self, descriptor, klass);
    }

    if (descriptor[0] != '[' && class_loader == nullptr) {
        // 在 bootClassLoader 中查找这个类
        ClassPathEntry pair = FindInClassPath(descriptor, hash, boot_class_path_);
        if (pair.second != nullptr) {
            return DefineClass(self,
                descriptor,
                hash,
                ScopedNullHandle<mirror::ClassLoader>(),
                *pair.first,
                *pair.second);
        } else {

    return nullptr;
        }
    }
    ObjPtr<mirror::Class> result_ptr;
    bool descriptor_equals;
    if (descriptor[0] == '[') {
    ......
    } else {
```

```
        ScopedObjectAccessUnchecked soa(self);
        // 在 BaseDexClassLoader 中查找 class
        bool known_hierarchy =
            FindClassInBaseDexClassLoader(self, descriptor, hash, class_loader,
                &result_ptr);
        if (result_ptr != nullptr) {
          descriptor_equals = true;
        } else if (!self->IsExceptionPending()) {
            // 抛出类没找到的错误
            ......
        }
    }
    ......


    // Success.
    return result_ptr;
}
```

上面的逻辑主要做的事情如下。

- 执行 LookupClass，去对应的 ClassLoader 中的 class_table 中寻找 Class，class_table 是存放当前已经加载过的 class 的容器。
- 判断要创建的类的类型，如果以"["开头，则去 bootClassLoader 中查找这个类，应用项目中的类名称都不会以"["开头，所以都会从 FindClassInBaseDexClassLoader 中来查找对象。

接着流程往下走，看看 FindClassInBaseDexClassLoader 方法查找对象的流程，代码如下。通过代码可以看到，该方法会先调用 class_loader->GetParent 方法从父类开始查找，也就是我们常说的双亲委派机制，并最终执行 FindClassInBaseDexClassLoaderClassPath 方法。

```
bool ClassLinker::FindClassInBaseDexClassLoader(Thread* self,
                              const char* descriptor,
                              size_t hash,
                              Handle<mirror::ClassLoader> class_loader,
                              ObjPtr<mirror::Class>* result) {
    ......
  if (IsPathOrDexClassLoader(class_loader) || IsInMemoryDexClassLoader(class_
      loader)) {
    StackHandleScope<1> hs(self);
    // 首先从 class_loader 的 parent 中查找，也就是双亲委派模式
    Handle<mirror::ClassLoader> h_parent(hs.NewHandle(class_loader->GetParent()));
    ......
    RETURN_IF_UNRECOGNIZED_OR_FOUND_OR_EXCEPTION(
        FindClassInBaseDexClassLoaderClassPath(self,
                              descriptor,
                              hash,
                              class_loader,
                              result),*result,self);
    ......
```

```
        return true;
    }
    ......
    return false;
}
```

FindClassInBaseDexClassLoaderClassPath 方法会遍历 class_loader 中的 dex 文件，并根据类名称查找这个类，代码如下。

```
bool ClassLinker::FindClassInBaseDexClassLoaderClassPath(
        Thread* self,
        const char* descriptor,
        size_t hash,
        Handle<mirror::ClassLoader> class_loader,
        /*out*/ ObjPtr<mirror::Class>* result) {


    const DexFile* dex_file = nullptr;
    const dex::ClassDef* class_def = nullptr;
    ObjPtr<mirror::Class> ret;
    // 遍历当前 classloader 中的 dex 文件，根据类的全限定名称查找对象
    auto find_class_def = [&](const DexFile* cp_dex_file) REQUIRES_SHARED(Locks::
        mutator_lock_) {
        const dex::ClassDef* cp_class_def = OatDexFile::FindClassDef(*cp_dex_file,
            descriptor, hash);
        if (cp_class_def != nullptr) {
            dex_file = cp_dex_file;
            class_def = cp_class_def;
            return false;
        }
        return true;
    };
    VisitClassLoaderDexFiles(self, class_loader, find_class_def);

    if (class_def != nullptr) {
        *result = DefineClass(self, descriptor, hash, class_loader, *dex_file, *class_
            def);
        if (UNLIKELY(*result == nullptr)) {
            CHECK(self->IsExceptionPending()) << descriptor;
            FilterDexFileCaughtExceptions(self, this);
        } else {
            DCHECK(!self->IsExceptionPending());
        }
    }
    return true;
}
```

到这里，我们对隐式加载和查找类的流程就清晰了，当找到这个类后，ClassLinker 后续会进行连接、加载、初始化等工作。

2. 显式加载类

显式加载类和隐式加载类的机制是一样的，只不过入口不一样而已，显式加载类的入口是 Class.forName 或者 ClassLoader.loadClass，和上面的机制差别不大，都是调用 ClassLinker 来查找和加载类，这里就不重复讲解了，读者可以自己去研究。

8.7.2 动态加载类

了解了 ART 虚拟机加载类的原理，想要实现类的动态加载就很容易了。我们依然有两种方案：第一种是将插件 APK 包的 dex 文件通过反射技术插入宿主的 ClassLoader 的 dex 列表中；第二种是创建一个 DexClassLoader，并且把插件 APK 中的 dex 文件加载进去，插件中的类都是用这个 DexClassLoader。出于解耦和稳定性考虑，笔者推荐使用第二种方案，实现也比较简单，代码如下。

```
public DexClassLoader createDexClassLoader(String dexPath,
        String mNativeLibDir,
        Context mContext) {
    // 解析完的 odex 放置的路径
    File dexOutputDir = mContext.getDir("dex", Context.MODE_PRIVATE);
    dexOutputPath = dexOutputDir.getAbsolutePath();
    //mNativeLibDir，即插件中的 lib 文件放置的路径
    DexClassLoader loader = new DexClassLoader(dexPath,
            dexOutputPath,
            mNativeLibDir,
            mContext.getClassLoader());
    // 此处 context 为 applicationContext，将应用的 classloader 作为父 classLoader 传入
    return loader;
}
```

8.8　动态加载 so 库文件

我们接着再看看 so 库文件的加载原理。在项目中，我们有两种方式来加载 so 文件，第一种是通过 System.loadLibrary(String libName) 方法传入 so 库的名称；第二种是通过 System.load(String pathName) 方法传入 so 库文件的路径，这种方式只需要传入 so 库的路径，就能直接让我们获得动态加载 so 库的能力，但是每次加载 so 库都需要传入完整的路径，在使用上不太方便，所以我们可以深入了解第一种方式的实现原理，看看能否通过第一种方式来实现动态加载 so 库。

8.8.1　so 库加载原理

System.loadLibrary(libName) 方法在 Runtime.java 这个对象中，它的流程代码如下。

```
private synchronized void loadLibrary0(ClassLoader loader, Class<?> callerClass,
    String libname) {
```

```
    String libraryName = libname;
    if (loader != null && !(loader instanceof BootClassLoader)) {
        String filename = loader.findLibrary(libraryName);
        if (filename == null &&
                (loader.getClass() == PathClassLoader.class ||
                loader.getClass() == DelegateLastClassLoader.class)) {
            // 给 libname 添加 lib 前缀和 .so 后缀
            filename = System.mapLibraryName(libraryName);
        }
        if (filename == null) {
            throw new UnsatisfiedLinkError(loader + " couldn't find \"" +
                        System.mapLibraryName(libraryName) + "\"");
        }
        // 加载 so
        String error = nativeLoad(filename, loader);
        if (error != null) {
            throw new UnsatisfiedLinkError(error);
        }
        return;
    }
    ......
}
```

上面的方法会调用 nativeLoad 这个 Native 方法，该方法最终会执行 java_vm_ext.cc 文件下的 LoadNativeLibrary 方法来加载 so 库，代码如下。

```
JNIEXPORT jstring JNICALL
Runtime_nativeLoad(JNIEnv* env, jclass ignored, jstring javaFilename,
        jobject javaLoader, jclass caller)
{
    return JVM_NativeLoad(env, javaFilename, javaLoader, caller);
}

JNIEXPORT jstring JVM_NativeLoad(JNIEnv* env,
                jstring javaFilename,
                jobject javaLoader,
                jclass caller) {
    ScopedUtfChars filename(env, javaFilename);
    if (filename.c_str() == nullptr) {
        return nullptr;
    }

    std::string error_msg;
    {
        art::JavaVMExt* vm = art::Runtime::Current()->GetJavaVM();
        // 加载 so 库
        bool success = vm->LoadNativeLibrary(env,
                    filename.c_str(),
                    javaLoader,
```

```
            caller,
            &error_msg);
    if (success) {
        return nullptr;
    }
}

env->ExceptionClear();
return env->NewStringUTF(error_msg.c_str());
}
```

我们看一下 LoadNativeLibrary 方法的实现，它的代码非常长，我们只需要关心如何查找 so 即可，简化的流程代码如下。

```
bool JavaVMExt::LoadNativeLibrary(JNIEnv* env,
                  const std::string& path,
                  jobject class_loader,
                  jclass caller_class,
                  std::string* error_msg) {

    // 从 libraries_ 缓存容器判断这个 so 是否已经加载
    ......


    // 获取 so 的路径
    ScopedLocalRef<jstring> library_path(env, GetLibrarySearchPath(env, class_loader));

    // 根据路径加载 so
    void* handle = android::OpenNativeLibrary(
        env,
        runtime_->GetTargetSdkVersion(),
        path_str,
        class_loader,
        (caller_location.empty() ? nullptr : caller_location.c_str()),
        library_path.get(),
        &needs_native_bridge,
        &nativeloader_error_msg);
    ......
    return was_successful;
}

jstring JavaVMExt::GetLibrarySearchPath(JNIEnv* env, jobject class_loader) {
    ......
    return soa.AddLocalReference<jstring>(
        WellKnownClasses::dalvik_system_BaseDexClassLoader_getLdLibraryPath->
            InvokeVirtual<'L'>(
                soa.Self(), mirror_class_loader));
}
```

可以看到，这里会调用 Java 层的 ClassLoader 中的 getLdLibraryPath 来获取 so 文件的

路径。回到 Java 层的 BaseDexClassLoader.java 对象中看看这个方法的实现，代码如下。

```java
public @NonNull String getLdLibraryPath() {
    StringBuilder result = new StringBuilder();
    for (File directory : pathList.getNativeLibraryDirectories()) {
        if (result.length() > 0) {
            result.append(':');
        }
        result.append(directory);
    }

    return result.toString();
}

public List<File> getNativeLibraryDirectories() {
    return nativeLibraryDirectories;
}
```

到这里我们就知道，对于 System.loadLibrary 这种加载 so 的方式，我们只需要将 so 的路径放到 nativeLibraryDirectories 集合中，就可以正常使用了。

8.8.2 动态加载 so 库

了解了上面的原理后，动态加载 so 库的方案就呼之欲出了，并且有多种方式来实现，这里列举几种典型方式。

- 通过反射修改数组的 nativeLibraryDirectories 这个集合数据，将插件 APK 的 so 路径添加进去。
- 在自己创建的 DexClassLoader 中指定插件 so 的路径。
- 在插件中通过 System.load 方法指定具体 so 路径的地址来加载。
- 通过 System.loadLibrary 的方式，但是通过字节码操作替换 System.load。
- 出于对插件场景下解耦和隔离的考虑，笔者建议使用第二种方式。实现方案主要是当前面的动态类文件加载方案创建 DexClassLoader 时，将插件 APK 的 so 路径作为入参设置进去，代码如下所示。

```java
public DexClassLoader createDexClassLoader(String dexPath,
        String dexOutputPath,
        String mNativeLibDir,
        Context mContext) {
    // 解析完的 odex 放置的路径
    File dexOutputDir = mContext.getDir("dex", Context.MODE_PRIVATE);
    dexOutputPath = dexOutputDir.getAbsolutePath();
    //mNativeLibDir，即插件中的 lib 文件放置的路径
    DexClassLoader loader = new DexClassLoader(dexPath,
            dexOutputPath,
            mNativeLibDir,
            mContext.getClassLoader());
```

```
        // 此处的 context 为 applicationContext，将应用的 classloader 做为父 classLoader 传入
        return loader;
    }
```

但是对于非插件使用的场景，比如仅对 so 进行动态化，或者前面提到的 so 压缩等场景，笔者就不建议第二种方式了，此时第一种方式是最佳的，因为这种场景需要减少解耦和隔离。

8.9 动态加载四大组件

我们已经能够动态加载插件包中的资源文件、so 库文件和 class 类文件了，但这并不意味着我们就能成功地启动插件包中的四大组件，因为在四大组件的启动过程中，ActivityManagerService 会进行一系列的校验，如果要启动的组件没有在该程序的 Manifest 文件中进行配置，就无法通过校验，而插件和程序本体（也称之为宿主）是分离开的，插件中的组件是无法提前在宿主的 Manifest 文件中配置的，如果成功配置了，也就意味着失去了动态化的能力。因此要正常启动插件中的组件，就需要想办法绕过 AMS 的校验。

这里以 Activity 这个组件为例，讲解如何绕过 AMS 的检查，目前主要有两种方案。
- 第一种是启动一个在宿主中预先配置的 Activity（后面统一称为 ProxyActivity），完成 AMS 校验和流程后，在后续某个流程点进行拦截，通过偷梁换柱的方式将这个 ProxyActivity 替换成插件中想启动的 Activity（后面统一称为 PluginActivity）。
- 第二种也是先启动一个在宿主中预先配置的 Activity，然后在这个 Activity 的所有生命周期方法中，重定向调用插件中想启动的 Activity 中对应的生命周期方法。

由于这两种方案都需要对 Activity 的启动流程有一定的了解，所以这里先介绍一下启动 Activity 的大致流程。

8.9.1 Activity 启动流程

Activity 的启动流程非常长，我们没必要对流程中的每个方法调用都很熟悉，即使花了大力气去熟悉也很容易忘记，所以只需要熟悉关键流程和节点即可。为了更好理解，这里将流程分为两部分讲解，分别为应用侧和 AMS 侧。

1. 应用侧

我们先看看在应用侧所做的事情。当我们在应用中通过 Content 的 startActivity 方法来启动一个 Activity 时，会经由 Instrumentation 这个对象通过 Binder 通信来通知 AMS 执行 startActivity 方法，当 ASM 侧经过一系列的流程，其中就包括目标 Activity 的校验后，会回到应用侧，由应用侧进行目标 Activity 的创建，以及目标 Activity 的生命周期执行等流程，该流程的时序图如图 8-16 所示。

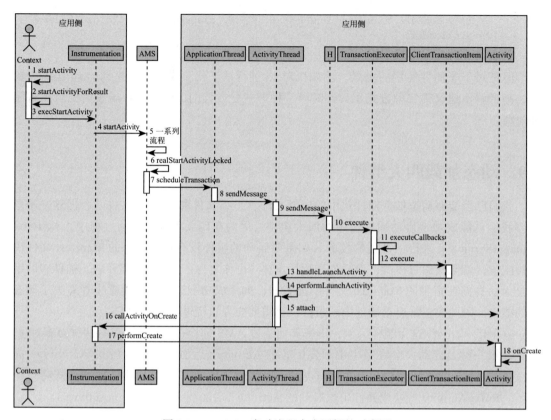

图 8-16　Activity 启动流程中应用侧的时序图

对照着时序图的流程，我们接着来看看里面的代码逻辑，startActivity 的代码如下。

```
public void startActivity(Intent intent, @Nullable Bundle options) {
    getAutofillClientController().onStartActivity(intent, mIntent);
    if (options != null) {
        startActivityForResult(intent, -1, options);
    } else {
        startActivityForResult(intent, -1);
    }
}

public void startActivityForResult(
        String who, Intent intent, int requestCode, @Nullable Bundle options) {
    Uri referrer = onProvideReferrer();
    if (referrer != null) {
        intent.putExtra(Intent.EXTRA_REFERRER, referrer);
    }
    options = transferSpringboardActivityOptions(options);
    // 通过 Instrumentation 启动 Activity
    Instrumentation.ActivityResult ar =
        mInstrumentation.execStartActivity(
```

```
            this, mMainThread.getApplicationThread(), mToken, who,
            intent, requestCode, options);
    if (ar != null) {
        mMainThread.sendActivityResult(
            mToken, who, requestCode,
            ar.getResultCode(), ar.getResultData());
    }
    cancelInputsAndStartExitTransition(options);
}
```

通过上面的代码可以看到，启动 Activity 实际是执行 Instrumentation 对象的 execStartActivity 方法。从 Android10 开始，execStartActivity 方法会通过 IActivityTaskManagerSingleton 这个 Binder 代理对象来调用 ActivityTaskManagerService 的 startActivity 方法，代码如下。

```
public ActivityResult execStartActivity(
    Context who, IBinder contextThread, IBinder token, String target,
    Intent intent, int requestCode, Bundle options) {
    ……
    try {
        intent.migrateExtraStreamToClipData(who);
        intent.prepareToLeaveProcess(who);
        // 调用 ActivityTaskManagerService 的 startActivity 方法
        int result = ActivityTaskManager.getService().startActivity(whoThread,
            who.getOpPackageName(), who.getAttributionTag(), intent,
            intent.resolveTypeIfNeeded(who.getContentResolver()), token, target,
            requestCode, 0, null, options);
        checkStartActivityResult(result, intent);
    } catch (RemoteException e) {
        throw new RuntimeException("Failure from system", e);
    }
    return null;
}
```

而在 Android 10 之前，系统会通过 IActivityManagerSingleton 这个 Binder 代理对象直接调用 ActivityManagerService 的 startActivity 方法。而 ActivityManagerService 内部的 startActivity 方法依然调用的是 ActivityTaskManagerService 的 startActivity 方法，所以它们的流程也是大同小异。

```
public ActivityResult execStartActivity(
        Context who, IBinder contextThread, IBinder token, Activity target,
        Intent intent, int requestCode, Bundle options) {
    ……
    try {
        intent.migrateExtraStreamToClipData();
        intent.prepareToLeaveProcess(who);
        // 调用 ActivityManagerService 的 startActivity 方法
        int result = ActivityManager.getService()
            .startActivity(whoThread, who.getBasePackageName(), intent,
                intent.resolveTypeIfNeeded(who.getContentResolver()),
```

```
                token, target != null ? target.mEmbeddedID : null,
                requestCode, 0, null, options);
            checkStartActivityResult(result, intent);
        } catch (RemoteException e) {
            throw new RuntimeException("Failure from system", e);
        }
        return null;
    }
```

当 AMS 侧收到应用侧启动 Activity 的调用后，就会开始一系列的流程，比如权限校验、栈处理等，AMS 完成这些流程后，流程会回到应用侧这边，此时应用侧会继续处理接下来的事情。

1）应用侧的主线程（ActivityThread）中名为 H 的 Handler 内部类收到 AMS 的调用通知，处理 EXECUTE_TRANSACTION 任务逻辑，该逻辑经过 TransactionExecuotor、ClientTransactionItem 等对象的处理，最终还是会执行 ActvityThread 的 handleLaunchActivity 方法。

2）handleLaunchActivity 方法会调用 performLaunchAcitivty，该方法是一个关键的方法，它会根据 AMS 传过来的 Acitivty 信息创建对应的 Activity、Context 和 Window 等对象。创建完这些关键对象后，该方法便会执行所创建的 Activity 的 onCreate 这一生命周期方法。

我们接着通过代码来进一步地熟悉上述的流程。ActivityThread 的内部类 H 对象中的 EXECUTE_TRANSACTION 便是应用侧收到 AMS 启动 Activity 通知后的流程开始点，代码如下，关键流程是执行 TransactionExecutor 对象的 execute 方法。

```
class H extends Handler {
    ......
    public void handleMessage(Message msg) {
        switch (msg.what) {
            ......
            case EXECUTE_TRANSACTION:
                final ClientTransaction transaction = (ClientTransaction) msg.obj;
                mTransactionExecutor.execute(transaction);
                break;
            ......
        }
        Object obj = msg.obj;
        if (obj instanceof SomeArgs) {
            ((SomeArgs) obj).recycle();
        }
    }
}
```

接着看 TransactionExecutor 对象的 execute 方法，该方法会接着执行 executeCallbacks 方法，代码如下所示。

```
public void execute(ClientTransaction transaction) {
    ......
    executeCallbacks(transaction);
```

```java
        ……
    }

    public void executeCallbacks(ClientTransaction transaction) {
        // 从 ClientTransaction 中取出 callbacks
        final List<ClientTransactionItem> callbacks = transaction.getCallbacks();

        final IBinder token = transaction.getActivityToken();
        ActivityClientRecord r = mTransactionHandler.getActivityClient(token);
        ……
        final int size = callbacks.size();
        for (int i = 0; i < size; ++i) {
            // 这里的 ClientTransactionItem 的实例对象实际是 LaunchActivityItem
            final ClientTransactionItem item = callbacks.get(i);
            ……
            // 调用 execute 方法
            item.execute(mTransactionHandler, token, mPendingActions);
            item.postExecute(mTransactionHandler, token, mPendingActions);

            if (postExecutionState != UNDEFINED && r != null) {

                final boolean shouldExcludeLastTransition =
                    i == lastCallbackRequestingState && finalState == postExecutionState;
                // 执行后续的 onStart、onResume 流程
                cycleToPath(r, postExecutionState, shouldExcludeLastTransition, transaction);
            }
        }
    }
```

executeCallbacks 方法会调用 callbacks 中 ClientTransactionItem 的 execute 方法和 postExecute 方法，这里的 ClientTransactionItem 是一个抽象类，它的实现类是 LaunchActivityItem 对象。通过上面的代码可以看到，callbacks 是从 ClientTransaction 数据中取出来，这个数据是 AMS 侧传过来的，我们可以从 AMS 侧执行的最后一个方法 realStartActivityLocked 中看到，它在 clientTransaction.addCallback 方法中创建了 LaunchActivityItem 对象实例，并在最后执行了 mService.getLifecycleManager().scheduleTransaction 通知应用侧启动 Activity。

```java
    boolean realStartActivityLocked(ActivityRecord r, WindowProcessController proc,
            boolean andResume, boolean checkConfig) throws RemoteException {
            ……
            clientTransaction.addCallback(LaunchActivityItem.obtain(new Intent(r.intent),
                System.identityHashCode(r), r.info,
                mergedConfiguration.getGlobalConfiguration(),
                mergedConfiguration.getOverrideConfiguration(), r.compat,
                r.getFilteredReferrer(r.launchedFromPackage), task.voiceInteractor,
                proc.getReportedProcState(), r.getSavedState(), r.getPersistentSavedState(),
                results, newIntents, r.takeOptions(), isTransitionForward,
                proc.createProfilerInfoIfNeeded(), r.assistToken, activityClientController,
                r.shareableActivityToken, r.getLaunchedFromBubble(), fragmentToken));
```

```
……
// 通知 ActivithThread 中的 H Handler
mService.getLifecycleManager().scheduleTransaction(clientTransaction);
……

    return true;
}
```

我们接着看 LaunchActivityItem 对象的 execute 方法和 postExecute 方法。execute 方法会调用 client 的 handleLaunchActivity 方法，这里的 client 就是 ActivityThread 实例。postExecute 则设置了 ActivityThread 中的一个标志位。

```
public void execute(ClientTransactionHandler client, IBinder token,
        PendingTransactionActions pendingActions) {
    Trace.traceBegin(TRACE_TAG_ACTIVITY_MANAGER, "activityStart");
    ActivityClientRecord r = new ActivityClientRecord(token, mIntent, mIdent, mInfo,
            mOverrideConfig, mCompatInfo, mReferrer, mVoiceInteractor, mState,
            mPersistentState, mPendingResults, mPendingNewIntents, mActivityOptions,
            mIsForward, mProfilerInfo, client, mAssistToken, mShareableActivityToken,
            mLaunchedFromBubble,  mTaskFragmentToken);
    // 调用 ActvityThread 对象的 handleLaunchActivity 方法
    client.handleLaunchActivity(r, pendingActions, null);
    Trace.traceEnd(TRACE_TAG_ACTIVITY_MANAGER);
}

@Override
public void postExecute(ClientTransactionHandler client, IBinder token,
        PendingTransactionActions pendingActions) {
    client.countLaunchingActivities(-1);
}
```

需要注意，Android 9 以下的代码和上面的流程是有一些区别的，Android 9 以下会执行 H 对象的 LAUNCH_ACTIVITY 这个 case 条件，在这个 case 中，系统会直接执行 handleLaunchActivity 方法，所以代码会比上面简短很多。因为这里也是 Hook 方案中的一个拦截点，所以我们需要了解不同系统版本的区别。

```
private class H extends Handler {
    ……
    public void handleMessage(Message msg) {
        switch (msg.what) {
            case LAUNCH_ACTIVITY: {
                final ActivityClientRecord r = (ActivityClientRecord) msg.obj;

                r.packageInfo = getPackageInfoNoCheck(
                        r.activityInfo.applicationInfo, r.compatInfo);
                handleLaunchActivity(r, null, "LAUNCH_ACTIVITY");
                Trace.traceEnd(Trace.TRACE_TAG_ACTIVITY_MANAGER);
            } break;
            ……
```

```
        }
        Object obj = msg.obj;
        if (obj instanceof SomeArgs) {
            ((SomeArgs) obj).recycle();
        }
    }
}
```

我们接着看 ActivityThread 中的 handleLaunchActivity 方法，简化的源码如下。

```
public Activity handleLaunchActivity(ActivityClientRecord r,
        PendingTransactionActions pendingActions, Intent customIntent) {
    ……
    final Activity a = performLaunchActivity(r, customIntent);
    ……
    return a;
}
```

handleLaunchActivity 方法调用了 performLaunchActivity 方法，简化的源码如下。

```
private Activity performLaunchActivity(ActivityClientRecord r, Intent customIntent) {
    ActivityInfo aInfo = r.activityInfo;
    //1. 创建 Context
    ContextImpl appContext = createBaseContextForActivity(r);
    Activity activity = null;
    try {
        java.lang.ClassLoader cl = appContext.getClassLoader();
        // 创建 Activity
        activity = mInstrumentation.newActivity(
            cl, component.getClassName(), r.intent);
        ……
    } catch (Exception e) {

    }

    try {
        ……

        if (activity != null) {
            ……
            Window window = null;
            ……
            //2. 初始化 Activity，创建 Window 对象（PhoneWindow）并关联 Activity 和 Window
            activity.attach(appContext, this, getInstrumentation(), r.token,
                r.ident, app, r.intent, r.activityInfo, title, r.parent,
                r.embeddedID, r.lastNonConfigurationInstances, config,
                r.referrer, r.voiceInteractor, window, r.activityConfigCallback,
                r.assistToken, r.shareableActivityToken);
            ……
            r.activity = activity;
            if (r.isPersistable()) {
```

```
                //3. 执行 activity 的 OnCreate 回调
                mInstrumentation.callActivityOnCreate(activity, r.state, r.persistentState);
            } else {
                mInstrumentation.callActivityOnCreate(activity, r.state);
            }
            ……
        }
    } catch (SuperNotCalledException e) {
        ……
    } catch (Exception e) {
        ……
    }

    return activity;
}
```

performLaunchActivity 是一个很关键的方法,它主要做的事情如下。

❑ 创建 Context 和 Activity。
❑ 调用 Activity 的 attach 方法来初始化 Activity。
❑ 通过 Instrumentation 对象来回调 Activity 的 OnCreate 生命周期函数。

Activity 的 onCreate 生命周期函数执行完成后,executeCallbacks 方法会接着调用 cycleToPath 来执行 Activity 接下来的生命周期,cycleToPath 方法中执行的逻辑就和插件相关的技术没太多联系了,所以不在这里讲了。到这里,我们了解了应用侧的启动流程。流程并不复杂,读者可以对照着时序图来阅读代码,防止迷失在冗长的代码中。

2. AMS 侧

了解了应用侧所做的事情,我们再来看看 AMS 侧所做的事情。AMS 侧的流程非常长,但我们也不需要熟悉每个环节,只需要重点关注关键流程和路径就可以了,其时序流程如图 8-17 所示。

AMS 侧的关键步骤主要做了如下几件事情。

1)进行检查和校验工作,如调用者权限检查、目标 Intent 信息和完整性检查等。

2)创建 ActivityRecord 对象,该对象就是 Activity 在 AMS 中的记录。

3)处理 Activity 启动模式逻辑,如计算是否存在可以使用的任务栈、是否允许在给定的任务或新任务上启动活动、复用或者创建堆栈等。

4)最后在 startSpecificActivity 方法中判断目标 Activity 所在的进程是否存在,如果不存在,则通知系统创建目标进程,然后重新执行该方法。如果进程已经存在,则调用 realStartActivityLocked 方法通知应用侧进行后续流程。

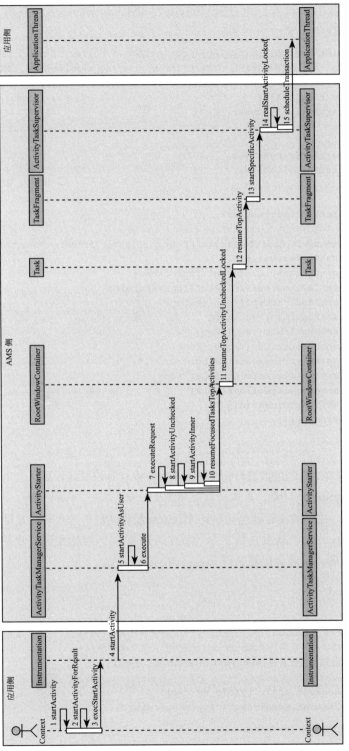

图 8-17 AMS 侧时序流程图

我们从 AMS 侧的入口点，也就是 ActivityTaskManagerService 对象的 startActivity 函数开始看起，它的代码如下。

```
public final int startActivity(IApplicationThread caller, String callingPackage,
        String callingFeatureId, Intent intent, String resolvedType, IBinder resultTo,
        String resultWho, int requestCode, int startFlags, ProfilerInfo profilerInfo,
        Bundle bOptions) {
    return startActivityAsUser(……);
}

public int startActivityAsUser(……) {
    return startActivityAsUser(……);
}

private int startActivityAsUser(……) {
    ……
    return getActivityStartController().obtainStarter(intent, "startActivityAsUser")
            .setCaller(caller)
            .setCallingPackage(callingPackage)
            .setCallingFeatureId(callingFeatureId)
            .setResolvedType(resolvedType)
            .setResultTo(resultTo)
            .setResultWho(resultWho)
            .setRequestCode(requestCode)
            .setStartFlags(startFlags)
            .setProfilerInfo(profilerInfo)
            .setActivityOptions(opts)
            .setUserId(userId)
            .execute();
}
```

startActivityAsUser 对调用者进行初步的 uid 权限检查等校验流程后，会通过 obtainStarter 方法来获取 ActivityStarter 对象，并执行该对象的 execute 方法，代码如下。该方法会接着进行一些检查和校验，这里的校验就包括检查 Manifest 配置文件中是否有配置目标 Acitvity。对于插件中的 Activity，由于其没在宿主的 Manifest 中配置，因此在这一步是无法通过校验的。当校验都完成后，系统会接着执行 executeRequest 方法。

```
int execute() {
    try {
        ……
        /* PackageManager 会查询系统中所有符合要求的 Activity，
           如果存在多个满足条件的 Activity 则会弹框让用户来选择，
           如果找不到就代表没在 manifest 中进行配置，则会报错
        */
        if (mRequest.activityInfo == null) {
            mRequest.resolveActivity(mSupervisor);
        }
        ……
```

```
        res = executeRequest(mRequest);
    ......
}
```

executeRequest 方法会继续进行一系列的检查校验，如校验目标 Activity 的权限等，校验没问题后就会为要启动的 Activity 创建一个 ActivityRecord。每个启动的 Activity 都需要在 AMS 里面有一个记录，而 ActivityRecord 对象就是这个 Activity 的记录，用来存储这个 Activity 的 callerApp、callingPid 等数据信息，代码如下。

```
private int executeRequest(Request request) {
    ......

    final ActivityRecord r = new ActivityRecord.Builder(mService)
        .setCaller(callerApp)
        .setLaunchedFromPid(callingPid)
        .setLaunchedFromUid(callingUid)
        .setLaunchedFromPackage(callingPackage)
        .setLaunchedFromFeature(callingFeatureId)
        .setIntent(intent)
        .setResolvedType(resolvedType)
        .setActivityInfo(aInfo)
        .setConfiguration(mService.getGlobalConfiguration())
        .setResultTo(resultRecord)
        .setResultWho(resultWho)
        .setRequestCode(requestCode)
        .setComponentSpecified(request.componentSpecified)
        .setRootVoiceInteraction(voiceSession != null)
        .setActivityOptions(checkedOptions)
        .setSourceRecord(sourceRecord)
        .build();

    mLastStartActivityRecord = r;

    ......

    mLastStartActivityResult = startActivityUnchecked(r, sourceRecord, voiceSession,
            request.voiceInteractor, startFlags, true /* doResume */, checkedOptions,
            inTask, inTaskFragment, restrictedBgActivity, intentGrants);



    return mLastStartActivityResult;
}
```

创建完 ActivityRecord 后，系统就会执行 startActivityUnchecked 方法，代码如下，该方法又会执行 startActivityInner 方法，该方法主要设置 Activity 启动模式的逻辑。

```
private int startActivityUnchecked(final ActivityRecord r, ActivityRecord sourceRecord,
        IVoiceInteractionSession voiceSession, IVoiceInteractor voiceInteractor,
```

```java
        int startFlags, boolean doResume, ActivityOptions options, Task inTask,
        TaskFragment inTaskFragment, boolean restrictedBgActivity,
        NeededUriGrants intentGrants) {
    ……
    result = startActivityInner(r, sourceRecord, voiceSession, voiceInteractor,
            startFlags, doResume, options, inTask, inTaskFragment, restrictedBgActivity,
            intentGrants);
    ……

    return result;
}

int startActivityInner(final ActivityRecord r, ActivityRecord sourceRecord,
        IVoiceInteractionSession voiceSession, IVoiceInteractor voiceInteractor,
        int startFlags, boolean doResume, ActivityOptions options, Task inTask,
        TaskFragment inTaskFragment, boolean restrictedBgActivity,
        NeededUriGrants intentGrants) {

    ……

    // 获取 TargetRootTask
    if (mTargetRootTask == null) {
        mTargetRootTask =
            getOrCreateRootTask(mStartActivity, mLaunchFlags, targetTask, mOptions);
    }

    ……

    if (mDoResume) {
        final ActivityRecord topTaskActivity = startedTask.topRunningActivityLocked();
        if (!mTargetRootTask.isTopActivityFocusable()
                || (topTaskActivity != null
                && topTaskActivity.isTaskOverlay()
                && mStartActivity != topTaskActivity)) {
            ……
        } else {
            ……
            /* RootWindowContainer 是一个窗口容器，它包含了系统中所有的窗口和任务
               当一个 Activity 被启动或者重新获得焦点时，
               该方法会确保当前用户焦点的任务栈顶的 Activity 被正确地恢复到活动状态 */
            mRootWindowContainer.resumeFocusedTasksTopActivities(mTargetRootTask,
                    mStartActivity,
                    mOptions,
                    mTransientLaunch);
        }
    }
    mRootWindowContainer.updateUserRootTask(mStartActivity.mUserId, mTargetRootTask);

    // Activity 启动后更新最近任务列表
    mSupervisor.mRecentTasks.add(startedTask);
    mSupervisor.handleNonResizableTaskIfNeeded(startedTask,
```

```
            mPreferredWindowingMode, mPreferredTaskDisplayArea, mTargetRootTask);
    ......
    return START_SUCCESS;
}
```

当处理好要启动的 Activity 的启动模式后，便又是一段很长的流程。系统首先调用 RootWindowContainer 对象的 resumeFocusedTasksTopActivities 方法，接着调用 Task 对象的 resumeTopActivityUncheckedLocked 和 resumeTopActivityInnerLocked 方法，然后调用 TaskFragment 对象的 resumeTopActivity 方法。这些流程的方法都非常长，但主要的作用是在新的 Activity 被启动时，对其他 Activity 的状态进行管理，确保它们正确地暂停、恢复或停止，这里就不详细展开讲了，我们知道大致流程即可，流程代码如下。

```
boolean resumeFocusedTasksTopActivities(
        Task targetRootTask, ActivityRecord target, ActivityOptions targetOptions,
        boolean deferPause) {
    ......
    result = targetRootTask.resumeTopActivityUncheckedLocked(target, targetOptions,
            deferPause);
    ......
    return result;
}
boolean resumeTopActivityUncheckedLocked(ActivityRecord prev, ActivityOptions options,
        boolean deferPause) {
    ......
    someActivityResumed = resumeTopActivityInnerLocked(prev, options, deferPause);
    ......

    return someActivityResumed;
}

private boolean resumeTopActivityInnerLocked(ActivityRecord prev, ActivityOptions
        options, boolean deferPause) {
    ......

    final boolean[] resumed = new boolean[1];
    final TaskFragment topFragment = topActivity.getTaskFragment();
    // 调用 TaskFragment 的 resumeTopActivity 方法
    resumed[0] = topFragment.resumeTopActivity(prev, options, deferPause);
    ......
    return resumed[0];
}

final boolean resumeTopActivity(ActivityRecord prev, ActivityOptions options,
        boolean deferPause) {
    ......
    mTaskSupervisor.startSpecificActivity(next, true, true);
    ......
```

```
        return true;
    }
```

resumeTopActivity 方法的最后便是调用 ActivityTaskSupervisor 对象的 startSpecificActivity，该方法的代码如下。startSpecificActivity 流程会判断目标 Activity 的进程是否存在，如果不存在则会同步创建进程，并在进程创建和启动完成后，重新执行 startSpecificActivity 方法；如果目标进程存在，则调用 realStartActivityLocked 方法。

```
void startSpecificActivity(ActivityRecord r, boolean andResume, boolean checkConfig) {
    final WindowProcessController wpc =
            mService.getProcessController(r.processName, r.info.applicationInfo.uid);

    boolean knownToBeDead = false;
    if (wpc != null && wpc.hasThread()) {
        try {
            // 如果目标 activity 的进程存在，则执行 realStartActivityLocked 方法
            realStartActivityLocked(r, wpc, andResume, checkConfig);
            return;
        } catch (RemoteException e) {

        }
        ……
    }

    // 如果目标 activity 的进程不存在，则启动目标进程
    mService.startProcessAsync(r, knownToBeDead, isTop,
            isTop ? HostingRecord.HOSTING_TYPE_TOP_ACTIVITY
                : HostingRecord.HOSTING_TYPE_ACTIVITY);
}

boolean realStartActivityLocked(ActivityRecord r, WindowProcessController proc,
    boolean andResume, boolean checkConfig) throws RemoteException {
    ……
    clientTransaction.addCallback(LaunchActivityItem.obtain(new Intent(r.intent),
            System.identityHashCode(r), r.info,
            mergedConfiguration.getGlobalConfiguration(),
            mergedConfiguration.getOverrideConfiguration(), r.compat,
            r.getFilteredReferrer(r.launchedFromPackage), task.voiceInteractor,
            proc.getReportedProcState(), r.getSavedState(), r.getPersistentSavedState(),
            results, newIntents, r.takeOptions(), isTransitionForward,
            proc.createProfilerInfoIfNeeded(), r.assistToken, activityClientController,
            r.shareableActivityToken, r.getLaunchedFromBubble(), fragmentToken));
    ……
    // 通知应用侧的 MainThread 继续后面的流程
    mService.getLifecycleManager().scheduleTransaction(clientTransaction);
    ……

    return true;
}
```

realStartActivityLocked 方法通过应用侧的 Binder 代理进行通信，并将流程交到应用侧。到这里我们就把 AMS 侧所做的事情整体梳理了一遍，里面的流程非常长，如果读者是初学 Activity 的启动流程，其实并不需要太在意里面的代码细节，否则容易迷失其中找不到重点，只需要抓住关键的流程和路径即可。

8.9.2 启动拦截

了解了 Activity 的启动流程，我们就可以实现插件中 Activity 组件的启动方案了。这里假设要启动名称为 PluginActivity 的 Activity 组件，当 PluginActivity 是宿主中的 Activity 时，正常的启动流程如下。

```
startActivity(new Intent(this, PluginActivity.class));
```

但是当我们将 PluginActivity 放到插件中后，就无法直接用上面的方式来启动这个 Activity 了，因为代码中找不到这个对象。此时我们可以使用插件的 context，并根据包名和类名来启动插件中的 PluginActivity。

```
Intent intent = new Intent();
intent.setClassName("com.example.test","PluginActivity");
pluginContext.startActivity(intent);
```

在前面我们已经知道如何加载插件中的类，所以此时通过 pluginContext 能够正常加载插件中的 PluginActivity 类，但是却无法正常启动这个 Activity 的原因也知道了，是因为 PluginActivity 无法通过 AMS 的校验。

我们先看看如何通过 Hook 的方案绕过 AMS 的校验。通过前面的流程讲解可以知道，虽然对 Activity 的校验是在 AMS 侧做的，但是 Activity 的创建是在应用侧的 ActivityThread 类的 handleLaunchActivity 方法中进行的。了解了这一点，方案就很好理解了，主要分为 3 步。

1）在宿主的 Manifest 配置文件中预埋一个 ProxyActivity。

2）在流程进入 AMS 前找到一个时机，将要启动的 PluginActivity 替换为在宿主的配置文件中预埋的 ProxyActivity。

3）当 AMS 侧完成对 ProxyActivity 的校验及相关流程并回到应用侧后，再找一个时机将 ProxyActivity 替换为插件中的 PluginActivity。

下面详细看一下这 3 个步骤的实现。

1. 预埋 ProxyActivity

预埋 ProxyActivity 很简单，直接在宿主中创建一个空的 Activity，并在 Manifest 文件中进行配置即可。成熟的插件化框架都是通过 Gradle 脚本来自动生成 ProxyActivity 的，这样省去了很多烦琐的手动操作流程。为了简化方案流程，笔者就不在这里展开讲解这种方式了。

2. Activity 替换

在进入 AMS 前，我们将 PluginActivity 替换成能正常启动的宿主中的 ProxyActivity，一旦进入 AMS 侧后，就无法进行替换了，否则程序会出现异常。根据启动流程来看，最好的拦截时机就是应用侧的 Binder 代理对象调用 AMS 的 startActivity 方法的时候。

从 Android 10 开始，AMS 在客户端的 Binder 代理对象是 IActivityTaskManager 中的 IActivityTaskManagerSingleton 对象；Android 10 到 Android 8，Binder 代理对象则是 ActivityManager 的 IActivityManagerSingleton；Android 8 以下，Binder 代理对象则是 ActivityManagerNative 中的 gDefault。知道了需要拦截的方法和对象后，我们就可以进行拦截了。我们可以通过反射拿到需要拦截的对象，再通过 Java 的 Proxy 动态代理机制修改这个对象中的方法。

下面是完整的方案实现。当我们拦截了 startActivity 方法后，将要启动的 PluginActivity 替换成 ProxyActivity，并将 PluginActivity 存储在 extra 数据段中，后面需要使用。

1）根据系统判定，选择不同的拦截方案。

```java
public static void hookAMSBinderProxy(){
    if(Build.VERSION.SDK_INT > Build.VERSION_CODES.P){
        hookIActivityTaskManager();
    }else{
        hookIActivityManager();
    }
}
```

2）在 Android 10 以上的 Hook 方案，我们需要通过反射拿到 IActivityTaskManager 中的 IActivityTaskManagerSingleton，并通过 Java 的 Proxy 代理技术来拦截 startActivity 方法，并在 startActivity 方法中完成对 PluginActivity 的替换，代码如下。

```java
public static void hookIActivityTaskManager(){
    try{
        Field singletonField = null;
        Class<?> actvityManager = Class.forName("android.app.ActivityTaskManager");
        singletonField = actvityManager.getDeclaredField("IActivityTaskManagerSingleton");
        singletonField.setAccessible(true);
        Object singleton = singletonField.get(null);
        // 拿到 IActivityTaskManagerSingleton 对象
        Class<?> singletonClass = Class.forName("android.util.Singleton");
        Field mInstanceField = singletonClass.getDeclaredField("mInstance");
        mInstanceField.setAccessible(true);
        final Object IActivityTaskManager = mInstanceField.get(singleton);

        // 创建动态代理对象
        Object proxy = Proxy.newProxyInstance(Thread.currentThread().getContextClassLoader()
                , new Class[]{Class.forName("android.app.IActivityTaskManager")}
                , new InvocationHandler() {
                    @Override
                    public Object invoke(final Object proxy,
                            final Method method, final Object[] args) throws Throwable {
                        Intent raw = null;
                        int index = -1;
```

```
                    if ("startActivity".equals(method.getName())) {
                        for (int i = 0; i < args.length; i++) {
                            if(args[i] instanceof Intent){
                                raw = (Intent)args[i];
                                index = i;
                            }
                        }
                        // 将 PluginActivity 替换成 ProxyActivity
                        Intent newIntent = new Intent();
                        newIntent.setComponent(new ComponentName("com.example.test",
                            ProxyActivity.class.getName()));
                        newIntent.putExtra(TARGET_INTENT,raw);
                        args[index] = newIntent;
                    }

                    return method.invoke(IActivityTaskManager, args);
                }
            });
        // 将 ActivityManager.getService() 替换成 proxyInstance
        mInstanceField.set(singleton, proxy);

    }catch (Exception e){
        e.printStackTrace();
    }
}
```

3）在 Android 10 以下的拦截方案中，我们需要进一步判断系统，确定要获取的是 gDefault 对象或者是 IActivityManagerSingleton 对象，然后同样是拦截代理对象里面的 startActivity 方法。代码如下。

```
public static void hookIActivityManager() {
    try {
        // 获取 singleton 对象
        Field singletonField = null;
        if (Build.VERSION.SDK_INT < Build.VERSION_CODES.O) { // 小于 8.0
            Class<?> clazz = Class.forName("android.app.ActivityManagerNative");
            singletonField = clazz.getDeclaredField("gDefault");
        } else {
            Class<?> clazz = Class.forName("android.app.ActivityManager");
            singletonField = clazz.getDeclaredField("IActivityManagerSingleton");
        }

        singletonField.setAccessible(true);
        Object singleton = singletonField.get(null);

        Class<?> singletonClass = Class.forName("android.util.Singleton");
        Field mInstanceField = singletonClass.getDeclaredField("mInstance");
        mInstanceField.setAccessible(true);
        final Object mInstance = mInstanceField.get(singleton);
```

```java
            Class<?> iActivityManagerClass = Class.forName("android.app.IActivityManager");
            Object proxyInstance =
                Proxy.newProxyInstance(Thread.currentThread().getContextClassLoader(),
                    new Class[]{iActivityManagerClass}, new InvocationHandler() {
                        @Override
                        public Object invoke(Object proxy,
                            Method method, Object[] args) throws Throwable {
                            if ("startActivity".equals(method.getName())) {
                                int index = -1;

                                for (int i = 0; i < args.length; i++) {
                                    if (args[i] instanceof Intent) {
                                        index = i;
                                        break;
                                    }
                                }
                                Intent intent = (Intent) args[index];

                                Intent proxyIntent = new Intent();
                                proxyIntent.setComponent("com.example.test",
                                    ProxyActivity.class.getName()));

                                proxyIntent.putExtra(TARGET_INTENT, intent);
                                args[index] = proxyIntent;
                            }
                            return method.invoke(mInstance, args);
                        }
                    });

            mInstanceField.set(singleton, proxyInstance);

        } catch (Exception e) {
            e.printStackTrace();
        }
    }
```

3. Activity 还原

在上面的流程中我们已经将 PluginActivity 替换成了宿主中的 ProxyActivity，所以能成功通过 AMS 中的校验流程，然后回到应用侧进行后续的 Activity 创建等流程。这个时候，我们需要找个时机再将 ProxyActivity 还原成 PluginActivity，这样就能正常启动 PluginActivity 了。

根据启动流程来看，最佳时机是在 ActivityThread 中的 H 对象处理 AMS 的通知启动 Activity 时，我们可以通过反射拿到 H 对象，而 H 对象是一个 Handler 对象，所以我们可以通过添加自己的逻辑到 Handler 的 callback 中，完成对原逻辑的修改。在我们自己的逻辑中，取出 extra 中存储的 PluginActivity 进行替换即可。在不同的 Android 版本中，H 对象收到的 Message 的类型是不一样的，从 Android 9 开始收到的是 EXECUTE_TRANSACTION 消息，该消息的值为 159，但是 Android 9 之前收到的是 LAUNCH_ACTIVITY 消息，该消息的值为 100，所以为了兼容性考虑，我们也需要对不同的系统版本分别处理，代码如下。

```java
public static void hookHandler() {
    try {
        // 获取 ActivityThread 类的 Class 对象
        Class<?> clazz = Class.forName("android.app.ActivityThread");
        Field activityThreadField = clazz.getDeclaredField("sCurrentActivityThread");
        activityThreadField.setAccessible(true);
        Object activityThread = activityThreadField.get(null);
        // 获取 mH 对象
        Field mHField = clazz.getDeclaredField("mH");
        mHField.setAccessible(true);
        final Handler mH = (Handler) mHField.get(activityThread);

        // 创建新的 callback
        Field mCallbackField = Handler.class.getDeclaredField("mCallback");
        mCallbackField.setAccessible(true);
        Handler.Callback callback = new Handler.Callback() {
            @Override
            public boolean handleMessage(@NonNull Message msg) {
                switch (msg.what) {
                    case 100:
                        //LAUNCH_ACTIVITY, Android 9 以下的情况
                        replaceBelow9(msg);
                        break;
                    case 159:
                        // EXECUTE_TRANSACTION, Android 9 及以上的情况
                        replaceAftert9(msg);
                        break;
                }
                return false;
            }
        };
        // 替换系统的 callBack
        mCallbackField.set(mH, callback);
    } catch (
            Exception e) {
        e.printStackTrace();
    }
}
```

Android 9 以下系统的替换逻辑如下。

```Java
void replaceBelow9(Message msg){
    try {
        // 取出 extra 中的 Intent, 并进行替换
        Field intentField = msg.obj.getClass().getDeclaredField("intent");
        intentField.setAccessible(true);
        Intent proxyIntent = (Intent) intentField.get(msg.obj);
        Intent intent = proxyIntent.getParcelableExtra(TARGET_INTENT);
        if (intent != null) {
```

```
            intentField.set(msg.obj, intent);
        }
    } catch (Exception e) {
        e.printStackTrace();
    }
}
```

Android 9 及以上系统的替换逻辑如下。

```
void replaceAftert9 (Message msg){
    try {
        // 获取 mActivityCallbacks 对象
        Field mActivityCallbacksField =
                msg.obj.getClass().getDeclaredField("mActivityCallbacks");
        mActivityCallbacksField.setAccessible(true);
        List mActivityCallbacks = (List) mActivityCallbacksField.get(msg.obj);

        for (int i = 0; i < mActivityCallbacks.size(); i++) {
            // 取出 LaunchActivityItem 中的 Intent，并进行替换
            if (mActivityCallbacks.get(i).getClass().getName().
                    equals("android.app.servertransaction.LaunchActivityItem")){
                // 获取启动代理的 Intent
                Object launchActivityItem = mActivityCallbacks.get(i);
                Field mIntentField =
                launchActivityItem.getClass().getDeclaredField("mIntent");
                mIntentField.setAccessible(true);
                // 目标 Intent 替换 proxyIntent
                Intent proxyIntent = (Intent) mIntentField.get(launchActivityItem);
                Intent intent = proxyIntent.getParcelableExtra(TARGET_INTENT);
                if (intent != null) {
                    mIntentField.set(launchActivityItem, intent);
                }
            }
        }
    } catch (Exception e) {
        e.printStackTrace();
    }
}
```

以上就是 Hook 方案的全部流程了，只要我们对 Activity 的启动流程有一定的了解，就能很容易地理解并且实现该方案。剩下的如 Service、Broadcast 等组件的原理和方案都和 Activity 组件是类似的，这里就不一一讲解了。

8.9.3 方法重定向

方法重定向的方案相比 Hook 方案会容易很多，我们只需要将 ProxyActivity 的各个生命周期方法重定向到插件 PluginActivity 中对应的生命周期方法，同时将插件 PluginActivity 中复写自 Activity 的方法都重定向给 ProxyActivity 中对应的方法去执行即可。流程如图 8-18 所示。

由于涉及的方法比较多，对每一个方法都进行重定向操作是一个比较烦琐的过程，因此我们通常需要继承一个已经处理好这些重定向关系的基类，比如 PluginActivity 已经处理好

了这些回调关系，就可以把它作为基类，插件中的 Activity 组件都直接继承 PluginActivity 即可。这种方案的原理和技术点也非常简单，只需要处理好函数之间的重定向关系即可，但是不够灵活，这里就不展开介绍代码了。

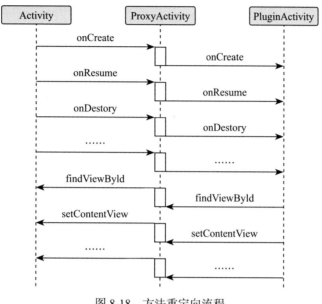

图 8-18　方法重定向流程

8.9.4　开源插件化框架

　　虽然上面我们已经了解了插件化技术的原理和实现方案，但出于稳定性和性能等方面的考虑，笔者并不建议大家重复去实现一个插件化的框架，插件化技术已经非常成熟，网上也有很多开源的插件化框架供我们使用，常见的插件化框架包括 VirtualApp、Small、携程的 DynamicApk、360 的 RePlugin、腾讯的 Shadow 等。

　　开源的插件化框架非常多，那么在应用开发中该如何进行选择呢？我们主要基于这两点来进行选择。

- 尽量选择使用用户多、更新频率高、拦截点少的框架，像 VirtualApp 或者 Small 都是很久以前的框架了，而且长期没有更新，不建议使用。
- 根据插件化框架的技术实现方案，选择符合应用特性的框架。如果插件的能力属于宿主的一部分，和宿主需要较强的耦合，那么我们就需要选择将插件的资源、dex、so 合并到宿主上下文中的方案。如果插件的能力仅仅是宿主的扩展，和宿主不需要太强的耦合，那么我们要尽量选用独立上下文的方案。

　　虽然有很多优秀的开源插件化框架供我们使用，但我们还是需要深入了解插件化技术的原理，因为只有这样，我们才能更合理、更放心地使用这些开源框架，并能进一步对开源框架进行改造，使其更好地适配我们自己的项目场景。

Chapter 9 第 9 章

其他优化

本章出现的源码：

1）power_profile 数据定义，访问链接为 https://source.android.com/devices/tech/power/values。

2）BatteryStatsImpl.java，访问链接为

https://cs.android.com/android/platform/superproject/+/android-14.0.0_r9:frameworks/base/services/core/java/com/android/server/power/stats/BatteryStatsImpl.java。

3）BatteryUsageStatsProvider，访问链接为

https://cs.android.com/android/platform/superproject/+/android-14.0.0_r9:frameworks/base/services/core/java/com/android/server/power/stats/BatteryUsageStatsProvider.java。

4）WifiPowerCalculator.java，访问链接为

https://cs.android.com/android/platform/superproject/+/android-14.0.0_r9:frameworks/base/services/core/java/com/android/server/power/stats/WifiPowerCalculator.java。

5）battery-historian，访问链接为 https://developer.android.com/topic/performance/power/setup-battery-historian。

我们已经学习了 Android 开发中最常见的性能优化方向，这些优化可以极大地提升用户体验。但是针对用户体验的优化工作是永无止境的，因此作为本书的最后一章，笔者将对耗电优化、流量优化、磁盘占用优化、降级优化等其他前文没有详细介绍的优化方向进行集中讲解，希望能帮助读者形成一套完整的性能优化体系。

现在的手机设备越来越强大，我们往往不用刻意去优化功耗以及网络和磁盘的占用，

但这并不代表这几个方向就不需要优化了，因为一旦出现耗电严重、流量消耗过多等问题，依然会影响用户体验，甚至还可能导致用户投诉。针对这几个方向的优化，往往都是以预防发生严重异常为主，并且在发生严重异常时需要做到及时修复和止损，因此我们首先需要做好监控，再基于完善的监控进一步进行治理和优化。

降级优化不同于其他优化方向，它将性能优化从局部和单一视角提升到整体视角，从而形成一套综合的性能优化方案。

9.1 耗电优化

要做好耗电优化，首先要做好耗电监控。想要做好耗电监控，最好的方法是先了解 Android 系统是如何进行应用耗电统计的，理解相关思路后再落地和完善对程序的耗电监控方案。我们先来看 Android 系统耗电统计的原理。

9.1.1 耗电统计原理

Android 系统有对程序的耗电进行统计的功能，如图 9-1 所示，在 Android 设备设置页的电池选项中可以看到程序的电量消耗情况。所以如果我们了解了 Android 系统是如何进行耗电统计的，自然就知道了怎么对程序进行耗电监控。

图 9-1　程序耗电统计

系统无法采用电流仪等设备进行程序耗电统计，因为这些硬件是手机不支持的。系统在进行程序耗电统计时，是基于程序在运行过程中使用的屏幕、CPU、蓝牙、网络等模块的时长，并根据公式"模块额定功率 × 模块使用耗时"来统计程序的电量消耗的。虽然这种统计方式无法做到非常精确，但是能基本反映各应用的电量消耗情况。

1. 模块功率

先来看模块功率。每个模块的功率都是不一样的。按照功率计算方式的不同，模块主要有下面 3 类。

- **相机（Camera）、闪光灯（FlashLight）、媒体播放器（MediaPlayer）等普通设备模块**。这类模块的工作功率基本和额定功率一致，所以只需要统计模块的使用时长再乘以额定功率即可得出模块的电量消耗情况。
- **Wi-Fi、移动流量、蓝牙等数据模块**。这类模块的功率需要按照阶段方式计算，其中工作阶段的功率可以分为不同的档位，比如，手机的 Wi-Fi 模块在不工作时、在强信号阶段工作时和在弱信号阶段工作时，功率差距非常大。信号比较弱的时候，Wi-Fi 模块就必须工作在比较高的功率档位，以维持数据链路。
- **CPU、屏幕等模块**。这类模块需要采用多段功耗累加的方式计算功率。CPU 模块除了每一个 CPU 核心需要像数据模块那样按阶梯计算耗电量之外，CPU 的每一个集群（Cluster）一般都包含一个或多个规格相同的核心，这些核心也会带来额外的功耗，此外整个 CPU 处理器芯片也有功耗。因此 CPU 电量消耗 = 各核心功耗总和 + 各集群（Cluster）功耗 + 芯片功耗。屏幕模块会按照程序的屏幕锁（WakeLock）的持有时长、不同的亮度以及该亮度下对应的功耗来计算多阶段总的功耗。

每个模块的功耗大小需要由厂商自己定义，功耗的定义一般位于 /system/framework/framework-res.apk 中的 power_profile.xml 文件中。图 9-2 所示是笔者测试机的 power_profile.xml 文件以及该文件下的功耗定义（位于 APK 模块中）。

我们无法直接查看 APK 模块中的文件，因此需要借助 apktool 工具反解 framework-res.apk 模块，反解出来的 power_profile.xml 的部分数据如图 9-3 所示。

power_profile.xml 文件中包含的数据的作用可以在谷歌官方文档中查询到，部分数据及其说明见表 9-1。

2. 模块耗时

了解了模块的功率，我们再来看模块耗时是如何计算的。实际上，耗电模块在工作或者状态变更时，都会通知 BatteryStatsService 系统服务，而 BatteryStatsService 会调用 BatteryStatsImpl 对象进行耗时统计，BatteryStatsImpl 又持有各个模块的计时器（Timer）和功耗计算器（Calculator），用于统计各个模块的使用时长以及功耗，如图 9-4 所示。

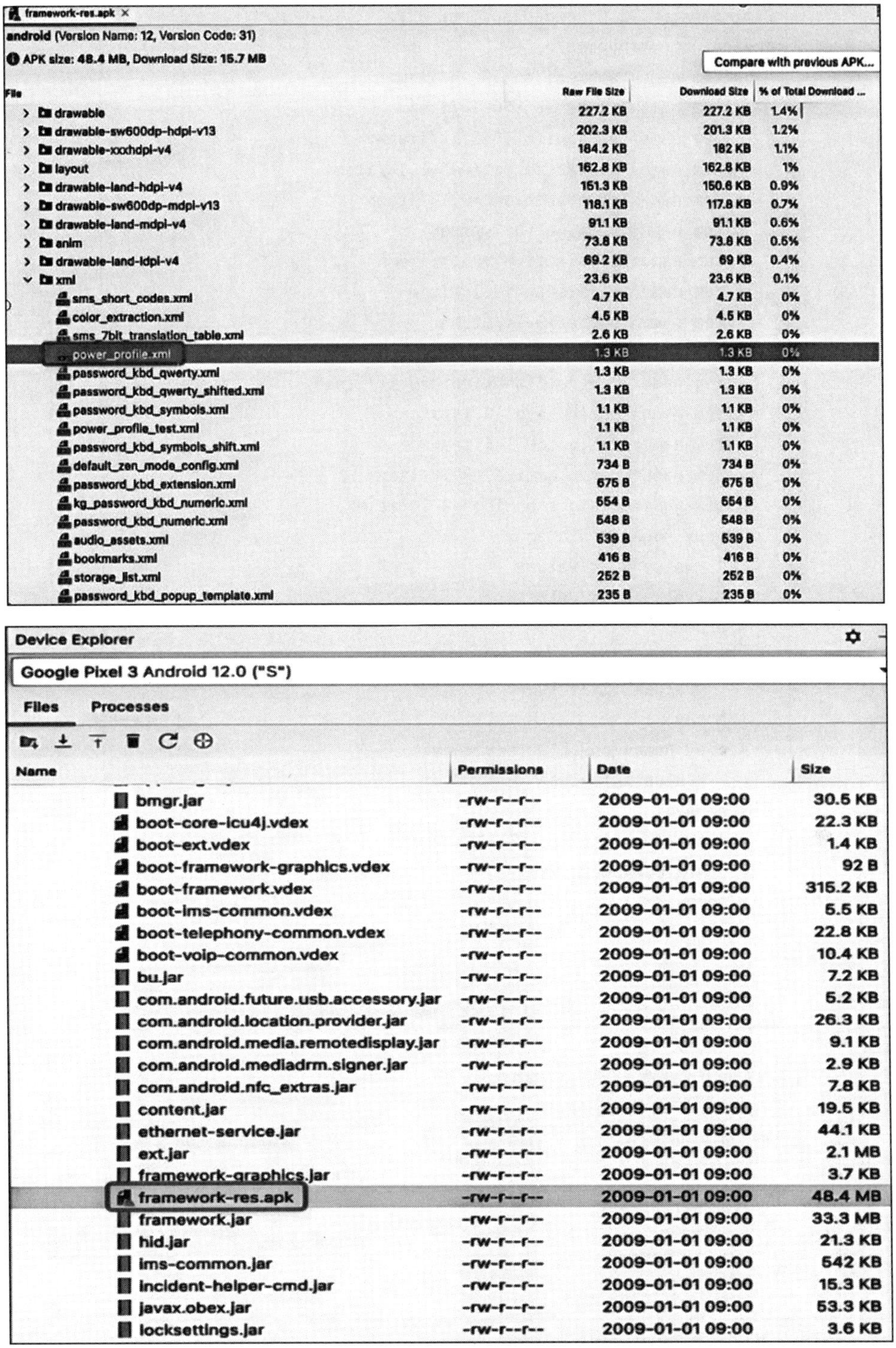

图 9-2 power_profile 文件及功耗定义

```xml
<?xml version="1.0" encoding="utf-8"?>
<device name="Android">
    <item name="ambient.on">0.1</item>
    <item name="screen.on">0.1</item>
    <item name="screen.full">0.1</item>
    <item name="bluetooth.active">0.1</item>
    <item name="bluetooth.on">0.1</item>
    <item name="wifi.on">0.1</item>
    <item name="wifi.active">0.1</item>
    <item name="wifi.scan">0.1</item>
    <item name="audio">0.1</item>
    <item name="video">0.1</item>
    <item name="camera.flashlight">0.1</item>
    <item name="camera.avg">0.1</item>
    <item name="gps.on">0.1</item>
    <item name="radio.active">0.1</item>
    <item name="radio.scanning">0.1</item>
    <array name="radio.on">
        <value>0.2</value>
        <value>0.1</value>
    </array>
    <array name="cpu.active">
        <value>0.1</value>
    </array>
    <array name="cpu.clusters.cores">
        <value>1</value>
    </array>
    <array name="cpu.speeds.cluster0">
        <value>400000</value>
    </array>
```

图 9-3　功耗定义数据

表 9-1　部分数据及其说明

数据项	说明	示例值（mA）	备注
ambient.on	屏幕在低电耗/微光/始终开启模式（而非关闭模式）下消耗的额外电量	100	—
screen.on	屏幕以最低亮度开启时消耗的额外电量	200	包括触摸控制器和显示屏背光，亮度为 0，而非 Android 通常所设的最低值 10% 或 20%
screen.full	与处于最低亮度的屏幕相比，当屏幕处于最高亮度时的额外电量	100～300	将此值乘以一定比例（基于屏幕亮度）后与 screen.on 的值相加，用来计算屏幕耗电量
wifi.on	当 WLAN 打开，但未接收、发送信号或执行扫描时消耗的额外电量	2	—
wifi.active	通过 WLAN 发送或接收信号时消耗的额外电量	31	—

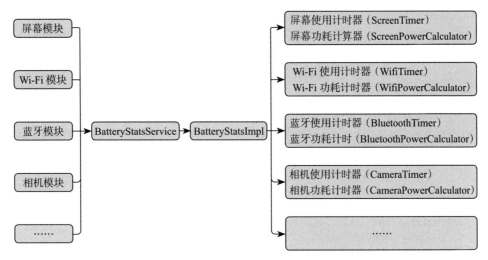

图 9-4　BatteryStatsImpl 持有的计时器和计算器

BatteryStatsImpl 的构造函数的简化代码如下。代码中的逻辑主要是初始化用于存储模块工作时长的 batterystats.bin 文件，以及初始化各个模块的计时器。

```
private BatteryStatsImpl(Clock clock, File systemDir, Handler handler,
        PlatformIdleStateCallback cb, MeasuredEnergyRetriever energyStatsCb,
        UserInfoProvider userInfoProvider) {
    init(clock);

    if (systemDir == null) {
        mStatsFile = null;
        mBatteryStatsHistory = new BatteryStatsHistory(mHistoryBuffer);
    } else {
        // 初始化 batterystats.bin 文件，用于存储模块工作的时长
        mStatsFile = new AtomicFile(new File(systemDir, "batterystats.bin"));
        mBatteryStatsHistory = new BatteryStatsHistory(this, systemDir, mHistoryBuffer);
    }
    ……
    // 初始化各个模块的计时器
    initTimersAndCounters();
    ……
}
```

initTimersAndCounters 函数会初始化系统各个模块的计时器，由于涉及的模块非常多，因此这个函数的代码较长，我们可以看看这个函数的部分代码。

```
protected void initTimersAndCounters() {
    mScreenOnTimer = new StopwatchTimer(mClock, null, -1, null, mOnBatteryTimeBase);
    mScreenDozeTimer = new StopwatchTimer(mClock, null, -1, null, mOnBatteryTimeBase);
    ……
    mDeviceIdleModeFullTimer =
        new StopwatchTimer(mClock, null, -14, null, mOnBatteryTimeBase);
```

```
        mDeviceLightIdlingTimer =
            new StopwatchTimer(mClock, null, -15, null, mOnBatteryTimeBase);
        mDeviceIdlingTimer =
            new StopwatchTimer(mClock, null, -12, null, mOnBatteryTimeBase);
        mPhoneOnTimer = new StopwatchTimer(mClock, null, -3, null, mOnBatteryTimeBase);
        ……
        mWifiActivity = new ControllerActivityCounterImpl(mClock, mOnBatteryTimeBase,
            NUM_WIFI_TX_LEVELS);
        mBluetoothActivity = new ControllerActivityCounterImpl(mClock, mOnBatteryTimeBase,
            NUM_BT_TX_LEVELS);
        mModemActivity = new ControllerActivityCounterImpl(mClock, mOnBatteryTimeBase,
            ModemActivityInfo.getNumTxPowerLevels());
        mMobileRadioActiveTimer =
            new StopwatchTimer(mClock, null, -400, null, mOnBatteryTimeBase);
        mMobileRadioActivePerAppTimer = new StopwatchTimer(mClock, null, -401, null,
            mOnBatteryTimeBase);
        mMobileRadioActiveAdjustedTime = new LongSamplingCounter(mOnBatteryTimeBase);
        mMobileRadioActiveUnknownTime = new LongSamplingCounter(mOnBatteryTimeBase);
        ……
        mAudioOnTimer = new StopwatchTimer(mClock, null, -7, null, mOnBatteryTimeBase);
        mVideoOnTimer = new StopwatchTimer(mClock, null, -8, null, mOnBatteryTimeBase);
        mFlashlightOnTimer = new StopwatchTimer(mClock, null, -9, null, mOnBatteryTimeBase);
        mCameraOnTimer = new StopwatchTimer(mClock, null, -13, null, mOnBatteryTimeBase);
        mBluetoothScanTimer = new StopwatchTimer(mClock, null, -14, null, mOnBatteryTimeBase);
        ……
}
```

了解各个模块计时器的初始化方法后,我们再通过几个例子看看这些模块是如何进行工作时长统计的。

(1) Wi-Fi 模块

当 Wi-Fi 开启时,系统会通过 BatteryStatsService 调用 BatteryStatsImpl 对象中的 noteWifiOnLocked 方法,该方法会启动计时器进行计时,并通过 recordState2StartEvent 方法将时间信息写入 mStatsFile 文件。

```
public void noteWifiOnLocked(long elapsedRealtimeMs, long uptimeMs) {
    if (!mWifiOn) {
        mHistory.recordState2StartEvent(elapsedRealtimeMs, uptimeMs,
            HistoryItem.STATE2_WIFI_ON_FLAG);
        mWifiOn = true;
        mWifiOnTimer.startRunningLocked(elapsedRealtimeMs);
        scheduleSyncExternalStatsLocked("wifi-off", ExternalStatsSync.UPDATE_WIFI);
    }
}
```

当 Wi-Fi 关闭时,系统会调用 noteWifiOffLocked 方法来关闭计时,并通过 recordState2-StopEvent 方法来更新存储的工作时长信息。

```
public void noteWifiOffLocked(long elapsedRealtimeMs, long uptimeMs) {
    if (mWifiOn) {
```

```
        mHistory.recordState2StopEvent(elapsedRealtimeMs, uptimeMs,
                HistoryItem.STATE2_WIFI_ON_FLAG);
        mWifiOn = false;
        mWifiOnTimer.stopRunningLocked(elapsedRealtimeMs);
        scheduleSyncExternalStatsLocked("wifi-on", ExternalStatsSync.UPDATE_WIFI);
    }
}
```

(2) Audio 模块

Audio 模块可将时间信息写入缓存信息,统计方式与 Wi-Fi 模块类似,可通过 recordState-StartEvent 和 recordStateStopEvent 方法打开和关闭 Audio。

```
public void noteAudioOnLocked(int uid, long elapsedRealtimeMs, long uptimeMs) {
    uid = mapUid(uid);
    if (mAudioOnNesting == 0) {
        mHistory.recordStateStartEvent(elapsedRealtimeMs, uptimeMs,
                HistoryItem.STATE_AUDIO_ON_FLAG);
        mAudioOnTimer.startRunningLocked(elapsedRealtimeMs);
    }
    mAudioOnNesting++;
    getUidStatsLocked(uid, elapsedRealtimeMs, uptimeMs)
            .noteAudioTurnedOnLocked(elapsedRealtimeMs);
}

public void noteAudioOffLocked(int uid, long elapsedRealtimeMs, long uptimeMs) {
    if (mAudioOnNesting == 0) {
        return;
    }
    uid = mapUid(uid);
    if (--mAudioOnNesting == 0) {
        mHistory.recordStateStopEvent(elapsedRealtimeMs, uptimeMs,
                HistoryItem.STATE_AUDIO_ON_FLAG);
        mAudioOnTimer.stopRunningLocked(elapsedRealtimeMs);
    }
    getUidStatsLocked(uid, elapsedRealtimeMs, uptimeMs)
            .noteAudioTurnedOffLocked(elapsedRealtimeMs);
}
```

3. 耗电计算

当系统有了每个模块的工作耗时数据后,就能计算各个模块的耗电量了,我们在系统设置页中看到的各个程序的电量消耗,最终是通过 BatteryUsageStatsProvider 中的 getCurrentBatteryUsageStats 方法来获取的,该方法的部分代码如下。

```
private BatteryUsageStats getCurrentBatteryUsageStats(BatteryStatsImpl stats,
        BatteryUsageStatsQuery query, long currentTimeMs) {
    ……
    final List<PowerCalculator> powerCalculators = getPowerCalculators();
    // 遍历各个模块的功耗计算器
    for (int i = 0, count = powerCalculators.size(); i < count; i++) {
```

```
            PowerCalculator powerCalculator = powerCalculators.get(i);
            if (powerComponents != null) {
                boolean include = false;
                for (int powerComponent : powerComponents) {
                    if (powerCalculator.isPowerComponentSupported(powerComponent)) {
                        include = true;
                        break;
                    }
                }
                if (!include) {
                    continue;
                }
            }
            // 计算模块的耗电量,并传入 batteryUsageStatsBuilder 中
            powerCalculator.calculate(batteryUsageStatsBuilder,
                    stats,
                    realtimeUs,
                    uptimeUs, query);
        }
        ......
        return batteryUsageStats;
}
```

可以看到，getCurrentBatteryUsageStats 方法会遍历每一个 PowerCalculator（耗电模块计算器），然后调用 calculate 方法来计算耗电量。这里还是以 Wi-Fi 模块为例来讲解。Wi-Fi 模块的实现类是 WifiPowerCalculator.java，该类的 calculate 方法的部分代码如下。

```
public void calculate(BatteryUsageStats.Builder builder, BatteryStats
    batteryStats,
        long rawRealtimeUs, long rawUptimeUs, BatteryUsageStatsQuery query) {
    BatteryConsumer.Key[] keys = UNINITIALIZED_KEYS;
    long totalAppDurationMs = 0;
    double totalAppPowerMah = 0;
    final PowerDurationAndTraffic powerDurationAndTraffic = new
        PowerDurationAndTraffic();
    ......
    // 计算 Wi-Fi 模块消耗的电量
    calculateApp(powerDurationAndTraffic, app.getBatteryStatsUid(), powerModel,
            rawRealtimeUs, BatteryStats.STATS_SINCE_CHARGED,
            batteryStats.hasWifiActivityReporting(), consumptionUC);
    ......
    // 计算在当前电量下,还能继续使用多长时间的 Wi-Fi
    calculateRemaining(powerDurationAndTraffic, powerModel, batteryStats,
        rawRealtimeUs,
            BatteryStats.STATS_SINCE_CHARGED, batteryStats.
                hasWifiActivityReporting(),
            totalAppDurationMs, totalAppPowerMah, consumptionUC);
    ......
}
```

上面代码中的 calculateApp 方法主要用于计算程序通过 Wi-Fi 传输数据时的能耗，它会根据应用程序的数据发送和接收时长、空闲时长以及 power_profile.xml 中定义的功耗参数来计算电量消耗。calculateRemaining 方法用于估算在当前电池电量下，设备在继续使用 Wi-Fi 时还能维持多久。我们来看一下 calculateApp 是如何计算电量的，简化的代码如下。流程最后的 calculatePower 方法使用的就是"模块功率 × 模块耗时"这一简单的公式来进行电量消耗计算的。

```
private void calculateApp(PowerDurationAndTraffic powerDurationAndTraffic,
        BatteryStats.Uid u, @BatteryConsumer.PowerModel int powerModel,
        long rawRealtimeUs, int statsType, boolean hasWifiActivityReporting,
        long consumptionUC) {
    ……
    if (hasWifiActivityReporting && mHasWifiPowerController) {
        ……
        final long rxTime = rxTimeCounter.getCountLocked(statsType);
        final long txTime = txTimeCounter.getCountLocked(statsType);
        final long idleTime = idleTimeCounter.getCountLocked(statsType);
        // 根据 Wi-Fi 的上行、下线、闲置时间来计算总耗电量
        powerDurationAndTraffic.durationMs = idleTime + rxTime + txTime;
        if (powerModel == BatteryConsumer.POWER_MODEL_POWER_PROFILE) {
            powerDurationAndTraffic.powerMah =
                calcPowerFromControllerDataMah(rxTime, txTime, idleTime);
        } else {
            powerDurationAndTraffic.powerMah = uCtoMah(consumptionUC);
        }
        ……
    }
    ……
}

public double calcPowerFromControllerDataMah(long rxTimeMs, long txTimeMs, long idleTimeMs) {
    return mRxPowerEstimator.calculatePower(rxTimeMs)
            + mTxPowerEstimator.calculatePower(txTimeMs)
            + mIdlePowerEstimator.calculatePower(idleTimeMs);
}

public double calculatePower(long durationMs) {
    return mAveragePowerMahPerMs * durationMs;
}
```

9.1.2 耗电监控

虽然 Android 系统可以通过各个工作模块的电量消耗来加总计算每个程序的电量消耗，但是应用程序并无法拿到电量消耗的细化数据，并且 Android 系统只给应用程序提供 BatteryManager 对象来获取当前电量剩余的百分比。我们可以通过 BatteryManager 来统计程序在一段时间内消耗的总电量，并且根据 Android 统计电量的原理来统计每个模块的使

用时长，从而对电量消耗进行细化。

1. 总电量消耗

程序可以采用固定的频率来统计总电量消耗，比如 10min/ 次，统计后需要上报这段时间内存程序消耗的电量，服务器端拿到数据后可以以天或者小时为维度进行归类加总，这样就能统计出用户在使用程序时的电量消耗了。电量统计的代码如下。

```
int beforeBattery = 0;
void startBatteryUsageMonitor(){
    BatteryManager mBatteryManager
            = (BatteryManager) context.getSystemService(Context.BATTERY_SERVICE);
    // 调度线程池每隔 10min 执行 1 次电量统计任务
    scheduledExecutorService.scheduleAtFixedRate(new Runnable() {
        @Override
        public void run() {
            int battery =
                mBatteryManager.getIntProperty(BatteryManager.BATTERY_PROPERTY_CAPACITY);
            if(beforeBattery != 0){
                // 当前电量的分位置减去 10min 前电量的分位置就是这个时间段的电量消耗
                int batteryUsage = beforeBattery-battery;
                report(batteryUsage);
            }
            beforeBattery = battery;
        }
    }, 0, 10*60, TimeUnit.SECONDS);
}
```

上述方案得到的结果并不是非常精确，我们需要排除一些场景下的电量统计数据，如在充电和程序运行于后台等场景中就需要关闭对电量消耗的监控。

当手机在充电的时候，对程序电量消耗的统计是不准确的，所以如果系统收到了手机充电的通知，则应该放弃对电量消耗的监控，直到收到用户停止充电的通知后，再重新统计。判断手机是否充电的监听代码如下。

```
private BroadcastReceiver batteryReceiver = new BroadcastReceiver() {
    @Override
    public void onReceive(Context context, Intent intent) {
        String action = intent.getAction();

        // 处理充电连接事件
        if (action.equals(Intent.ACTION_POWER_CONNECTED)) {
            // 充电连接时暂停对耗电的统计
            stopBatteryUsageMonitor();
        }

        // 处理充电断开事件
        if (action.equals(Intent.ACTION_POWER_DISCONNECTED)) {
            // 充电断开时重新开始耗电的统计
            startBatteryUsageMonitor();
```

            }
        }
    };

当程序运行于后台时，说明用户在使用其他程序，这时候统计的电量消耗几乎都是其他程序导致的，所以此时继续统计该程序的电量消耗，会对数据的准确性产生影响。当程序运行于后台时，我们需要停止对电量消耗的监控，当程序恢复运行于前台时，再重新进行监控。通过注册 LifecycleCallback 来监听 Activity 的生命周期可以实现前后台判断：当有 Activity 执行 Resume 周期时，将计数加 1，当有 Activity 执行 Pause 周期时，将计数减 1，当计数为 0 时就表示应用运行于后台，此时可以关闭对电量消耗的统计，当计数器从 0 恢复到 1 时，表明应用从后台进入前台，便可以重新开始统计电量消耗。

```
int mActivityCount=0;
context.registerActivityLifecycleCallbacks(new Application.ActivityLifecycleCallbacks() {
    @Override
    public void onActivityResume(Activity activity, Bundle savedInstanceState) {
        // 处于前台时重新开始耗电统计
        if(mActivityCount == 0){
            startBatteryUsageMonitor();
        }
        mActivityCount ++;

    }

    @Override
    public void onActivityPause(Activity activity) {
        mActivityCount --;
        if(mActivityCount == 0){
            // 处于后台时暂停对耗电的统计
            stopBatteryUsageMonitor();
        }
    }
}
```

2. 电量消耗细化

我们从 Android 系统的 API 那里只能拿到整体的电量消耗数据，但是程序总耗电量在很多时候对我们的帮助并不大，因为即使出现了耗电异常，我们也不知道问题出在哪里。为了能在出现耗电异常时快速发现和定位问题，还需要通过监控进一步细化电量消耗的类型和场景。我们可以从模块和场景两个方向来细化电量消耗，下面是具体的细化方案。

（1）消耗模块

虽然我们无法直接拿到电量消耗的细化类型，但是根据前面的知识我们知道，系统是根据模块的使用时长 × 功率来计算电量消耗的，因此我们通过监控统计核心模块的使用时长，就能对程序的电量消耗有一个大致的归因了，常见的电量消耗较大的模块有 GPS、Audio、Camera、Video 等。我们需要手动地在这些模块使用前和使用后都进行统计，计算出使用时长，然后上报到服务器端，服务器端再根据小时或者天维度的程序电量消耗以及对应时间段内各个模块的使用时长，进行电量消耗的归因。

（2）消耗场景

除了细化电量消耗的类型，我们还可以监控电量消耗的场景，场景可以是以 Activity 为维度的场景，也可以是自定义的场景。我们先看一下以 Activity 为维度的场景。通过 LifecycleCallbacks 可以知道程序中每个 Activity 的启动和销毁，因此我们可以通过这一机制来完成以 Activity 为维度的场景的电量消耗监控，在 Activity 开始前获取当前的电量值，然后在 Activity 结束后再获取一次电量值，计算得到的差值便是这段 Activity 场景下的电量消耗。我们还可以进一步完善该方案，即在场景使用过程中监听到用户进行了充电，则放弃该次的电量消耗统计。代码如下。

```java
context.registerActivityLifecycleCallbacks(new Application.ActivityLifecycleCallbacks() {
    @Override
    public void onActivityPaused(Activity activity, Bundle savedInstanceState) {
        String activityName = activity.getClass().getName();
        // 统计 Activity 开始前的电量值
        startBatteryUsageMonitors(activityName);
    }

    @Override
    public void onActivityResumed(@NonNull Activity activity) {
        String activityName = activity.getClass().getName();
        // 统计 Activity 结束后的电量值
        stopBatteryUsageMonitor(activityName);
    }
}

private HashMap<String, Integer> mSceneBatteryConsumeMap = new HashMap();

private void startBatteryUsageMonitors(String sceneName){
    mSceneBatteryConsumeMap.put(sceneName,
            mBatteryManager.getIntProperty(BatteryManager.BATTERY_PROPERTY_CAPACITY));
}

private void stopBatteryUsageMonitor(String sceneName){
    Integer sceneStartBattery = mSceneBatteryConsumeMap.remove(sceneName);
    // 没有充电行为且能获取值则计算场景的电量消耗
    if(!charged && sceneStartBattery != null){
        Log.i(TAG,"Scene: "+sceneName+" consumed:"+ (sceneStartBattery
            - mBatteryManager.getIntProperty(BatteryManager.BATTERY_PROPERTY_CAPACITY)))
    }
}
```

除了通过 Lifecycle 这种无侵入的场景，我们还可以使用 enterScene 和 stopScene 两个全局的单例方法，这样就可以在开始和结束的代码逻辑中，手动调用 enterScene 和 stopScene 来进行电量消耗统计，实现自定义的场景电量消耗监控，代码如下。

```
void enterScene(String sceneName){
    // 开始电量消耗统计
    startBatteryUsageMonitors(sceneName);
}

void stopScene(String sceneName){
    // 结束电量消耗统计
    stopBatteryUsageMonitor(sceneName);
}
```

9.1.3 耗电治理

有了完善的耗电监控机制就可以监控程序的功耗是否有异常了,如果单位时间内电量消耗超过了阈值,比如 10min 耗电 10%,那就说明出现了异常。一旦我们通过服务器端收到异常告警,就需要对异常耗电进行排查和优化了。排查和优化主要有两个方向:一是根据线上监控上报的日志进行优化;二是通过线下的功耗分析排查高功耗模块并进行优化。

1. 线上耗电治理

在前面的监控方案中,我们将耗电细化到了具体的模块和场景,那么如何基于此对耗电模式进行治理呢?对耗电模式进行治理的主要方式如下。

- ❏ 如果是因为 CPU 长时间高负荷运转导致电量消耗过高,那么很可能是业务代码中有较多死循环函数、高频函数、高耗时函数、无效函数等。因为这些函数都会导致 CPU 电量消耗异常。我们需要基于高耗电时间段对应的 Log 日志和代码逻辑,做进一步分析和治理。
- ❏ 如果是 GPU 或者屏幕导致的电量消耗过高,那么需要减少项目中的过度绘制、过多的动画、不可见区域的动画等对 GPU 资源的消耗,进而降低电量消耗。我们还可以通过主动降低屏幕亮度、使用深色 UI 等方案进一步降低屏幕或 GPU 的电量消耗。
- ❏ 对于降低网络的电量消耗,我们需要尽量在不影响业务和性能的前提下降低网络访问频率、合并网络请求、减少流量数据。我们可以进一步优化项目中的下载逻辑,在充电场景下再去做数据的预下载或上传等逻辑。
- ❏ 在针对 GPS 的电量消耗治理中,我们需要结合业务场景来合理地降低 GPS 精度、减少请求频率,进而减少 GPS 的电量消耗。
- ❏ 业务场景的耗电治理基本和耗电模块的治理一致,只不过我们可以进一步将治理的范围缩小到具体某个业务的执行过程,主要治理方式如下。
- ❏ 在某些场景下,可以降频或者丢弃业务场景中的周期任务,比如业务进入后台时。
- ❏ 将业务多次请求的数据合并成一次。
- ❏ 减少业务中资源消耗较多的高频函数的执行次数。

2. 线下耗电分析

很多时候,通过线上监控获得的有用信息都是不足的,所以我们还需要借助线下方式分析程序的电量消耗，以收集更多的有用信息。线下耗电分析可以使用谷歌提供的 Battery Historian，安装教程可以参考官方的说明文档。

使用 Battery Historian 时首先需要使用 adb shell dumpsys batterystats --reset 命令重置设备的耗电信息，然后将手机在不充电的情况下使用一段时间，接着连接设备并执行 adb shell dumpsys batterystats > batterystats.txt 命令导出耗电信息的文件，最后将 batterystats.txt 导入 Battery Historian 提供的分析界面中。

我们可以在 Battery Historian 界面中筛选出想要分析的程序，如图 9-5 所示。在分析界面中，我们可以获取该程序的电量消耗、网络信息、屏幕耗时、唤醒锁次数、CPU 时间等详细信息。根据这些信息我们可以进一步分析和定位导致程序电量消耗大的原因。谷歌官方文档有很详细的 Battery Historian 的使用教程，这里就不再赘述了。

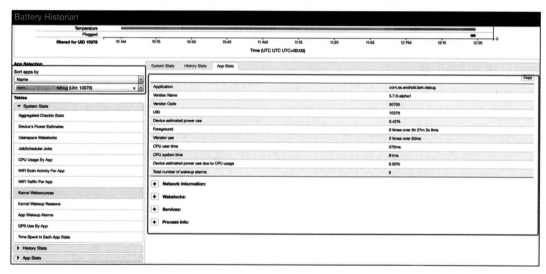

图 9-5　Battery Historian 分析界面

9.2　流量优化

虽然流量费用已经越来越低了，但是依然有很多用户的流量不够用，如果因为流量消耗过多导致用户财产损失，很可能会引来投诉和品牌劣化。除此之外，对流量的优化，也能节约服务器端的带宽，带来直接的成本收益。因此流量优化依然不容忽视。

9.2.1　流量消耗监控

想要做好流量优化，也是要从做好监控开始。Android 系统中有 3 种监控流量消耗的方式。
- 在 Android 9 以下的版本中，可以读取 /proc/net/xt_qtaguid/stats 文件来获取应用的流量消耗详情。

□ 使用 Android 的 TrafficStats 对象提供的方法可以获取流量消耗情况。
□ 使用 Android 的 NetworkStatsManager 对象可以获取流量消耗情况。

这 3 种方式的使用详情如下。

1. stats 文件

我们先来看第一种方式。/proc/net/xt_qtaguid/stats 文件包含了该 Android 设备上各个应用的网络流量统计数据，下面是一个 stats 文件数据的案例。

idx	iface	acct_tag_hex	uid_tag_int	cnt_set	rx_bytes	rx_packets	tx_bytes	tx_packets
44	wlan0	0x0	10123	0	45148	186	32150	265
45	wlan0	0x0	10123	1	0	0	0	0
46	wlan0	0x0	10138	0	19775	84	13625	129
47	wlan0	0x0	10138	1	0	0	0	0

上述数据从左到右的解释见表 9-2。

表 9-2 stats 字段解释

字段名	解释
idx	序号，表示记录的索引
iface	网络接口，比如 wlan 表示 Wi-Fi 网络适配器的物理接口，rmnet_data 表示手机数据网络接口，io 表示本地回环接口
acct_tag_hex	账户标签，用于区分不同的流量类型或应用内部的不同模块或线程
uid_tag_int	用户 ID，用于标识流量统计数据属于哪个应用
cnt_set	计数集，用于区分前台 (1) 和后台 (0) 流量
rx_bytes	接收字节，表示应用接收到的总字节数
rx_packets	接收包数，表示应用接收到的数据包数量
tx_bytes	发送字节，表示应用发送的总字节数
tx_packets	发送包数，表示应用发送的数据包数量

了解了每个字段的含义，我们就可以实现文件读取了，逐行读取 stats 文件并找到与应用 id 对应的数据段，然后进行数据加总。在加总统计流量数据时，我们还需要进一步根据 iface 字段判断消耗的是 Wi-Fi 流量还是非 Wi-Fi 流量。Wi-Fi 流量消耗的多少往往不需要过多关注。如果移动流量消耗很高，就需要格外关注了。具体的实现代码如下。

```
public static long[] readAppTraffic() throws IOException {
    long[] appTraffic = new long[2];
    BufferedReader reader = null;

    try {
        reader = new BufferedReader(new FileReader("/proc/net/xt_qtaguid/stats"));
        String line;

        while ((line = reader.readLine()) != null) {
            // 按照空白字符来分割每一行的数据
            String[] parts = line.trim().split("\\s+");
```

```java
            int currentUid = android.os.Process.myUid();
            if (parts.length >= 8) {
                String iface = parts[1];
                int uidTag = Integer.parseInt(parts[2]);
                long rxBytes = Long.parseLong(parts[5]);
                long txBytes = Long.parseLong(parts[7]);
                // 检测数据类型、Wi-Fi、移动网络或者本地回环网络，并且检查 UID 是否匹配当前进程
                if ((iface.startsWith("wlan")
                        || iface.startsWith("rmnet")
                        || iface.startsWith("ccmni"))
                        && uidTag == currentUid) {
                    if (iface.startsWith("wlan")) {
                        // 统计 Wi-Fi 的流量消耗
                        appTraffic[0] += rxBytes + txBytes;
                    } else {
                        // 统计非 Wi-Fi 的流量消耗
                        appTraffic[1] += rxBytes + txBytes;
                    }
                }
            }
        }
    } finally {
        if (reader != null) {
            reader.close();
        }
    }

    return appTraffic;
}
```

t_qtaguid 模块的 TrafficStats 接口只能查询当前时间点的流量总量，所以就需要用一个周期任务线程池按照固定的频率对流量进行采集。具体实现方案和前面采集电量是一样的，即每隔一定时间调用 readAppTraffic 获取流量后计算差值，这里不再赘述。

2. TrafficStats

从 Android 9 版本开始，谷歌逐步取消了对 t_qtaguid 模块的支持，所以在高版本设备中无法再通过读取 stats 文件获取流量使用信息，此时可以使用 TrafficStats 对象来获取当前流量。这种方式实现起来比较简单，直接调用对应的接口即可。

```java
synchronized long getCurrentBytes() {
    long totalRxBytes = TrafficStats.getTotalRxBytes();
    long totalTxBytes = TrafficStats.getTotalTxBytes();

    if (totalRxBytes != TrafficStats.UNSUPPORTED
            || totalTxBytes != TrafficStats.UNSUPPORTED) {
        // 获取设备总流量消耗
        long totalBytes = totalRxBytes + totalTxBytes;
        // 获取当前设备流量
        long uidRxBytes = TrafficStats.getUidRxBytes(android.os.Process.myUid());
```

```
            long uidTxBytes = TrafficStats.getUidTxBytes(android.os.Process.myUid());

            if (uidRxBytes != TrafficStats.UNSUPPORTED
                    || uidTxBytes != TrafficStats.UNSUPPORTED) {
                // 返回设备的流量消耗
                return uidRxBytes + uidTxBytes;
            }
            return -1;
    } else {
        return -1;
    }
}
```

3. NetworkStatsManager

TrafficStats 虽然支持查看指定程序的整体流量消耗信息,但不支持根据网络接口进行区分,因此无法明确区分消耗的是 Wi-Fi 流量还是移动网络流量。区分这一点对流量监控来说是很重要的,此时我们可以使用 NetworkStatsManager 对象来进行流量统计。

NetworkStatsManager 是 Android 6 及以上版本中用于监控网络流量数据的一个强大的工具,它提供了对网络使用历史数据的访问,可以用来获取包括 Wi-Fi 和移动网络流量等多个类型的网络流量信息。以下是 NetworkStatsManager 对象提供的 queryDetailsForUid 方法,该方法支持查询某个时间段的流量消耗,所以不需要通过周期任务去计算差值。下面是 NetworkStatsManager 对象的具体使用方法。

```
@RequiresApi(api = Build.VERSION_CODES.M)
public static long[] getNetworkUsageStats(Context context, int uid) {
    NetworkStatsManager networkStatsManager =
            (NetworkStatsManager)context.getSystemService(Context.NETWORK_STATS_
                SERVICE);
    NetworkStats networkStats = null;
    long rxBytes = 0L;
    long txBytes = 0L;

    try {
        // 结束时间为当前时间
        Instant endTime = Instant.now();
        // 开始时间为当前时间的前 10min
        Instant startTime = endTime.minus(Duration.ofMinutes(10));
        // 根据 UID 获取应用过去 10min 的流量数据
        networkStats = networkStatsManager.queryDetailsForUid(
                ConnectivityManager.TYPE_WIFI,
                "",
                startTime.toEpochMilli(),
                endTime.toEpochMilli(),
                android.os.Process.myUid());

        NetworkStats.Bucket bucket = new NetworkStats.Bucket();
        // 取出流量消耗的详细数据
```

```java
        while (networkStats.hasNextBucket()) {
            networkStats.getNextBucket(bucket);
            rxBytes += bucket.getRxBytes();
            txBytes += bucket.getTxBytes();
        }
    } catch (RemoteException e) {
        e.printStackTrace();
    } finally {
        if (networkStats != null) {
            networkStats.close();
        }
    }

    return new long[]{rxBytes, txBytes};
}
```

9.2.2 流量分类

仅统计消耗了多少流量往往是不够的，还需要对流量进行更加细化的分类，这样才能帮助我们更快地定位异常。除了 Wi-Fi 流量和移动网络流量、上行（数据发送）流量和下行（数据接收）流量等基本的流量分类外，还可以基于消耗来源或者消耗场景对流量进行分类。

1. 消耗来源

在程序使用中，流量消耗可能来自 OkHttp，也可能来自 Webview，还可能来自我们自定义的 Socket，如果能统计出流量的消耗来源，会对我们在分析异常流量消耗时提供极大的帮助。这里主要讲解如何监控 OkHttp 和 Webview 来源的流量消耗。

（1）OkHttp 流量监控

OkHttp 是使用最广的网络请求库，它支持自定义拦截器，用于在网络请求时增加自定义的逻辑，因此我们可以在请求拦截器中添加代码来监控 OkHttp 的流量消耗情况，示例代码如下所示。代码中仅打印了这一次 OKHttp 请求的流量消耗，在实际场景中，我们可以将一段时间内所有 OkHttp 请求的流量消耗进行累加，然后再进行打印和上报。

```java
public class OkHttpMonitorInterceptor implements Interceptor {

    private static final String TAG = "OkHttpInterceptor";

    @Override
    public Response intercept(Chain chain) throws IOException {
        Request request = chain.request();
        // 获取网络请求的流量消耗
        long txBytes = request().body() != null ?
            request().body().contentLength() : 0;

        Response response = chain.proceed(request);
        // 获取数据接收的流量消耗
        long rxBytes = response.body() != null ?
```

```
            response.body().contentLength() : 0;
    // 获取 URL 链接
    String url = request.url();

    Log.i(TAG, "[url]"+ url
        + " total:"+ (txBytes + rxBytes)
        + " [txBytes]:" + txBytes
        + " [rxBytes]:"+ rxBytes);
    return response;
    }
}
```

定义好流量监控的拦截器，并在 OkHttp 进行初始化的时候添加进去，代码如下所示。

```
OkHttpClient client = new OkHttpClient.Builder()
    .addInterceptor(new TrafficMonitoringInterceptor())
    .build();
```

（2）Webview 流量监控

在监控 Webview 的流量消耗时，我们可以传入自定义的 WebViewClient，并通过 WebView-Client 的 onLoadResource 方法记录开始时的流量消耗，通过 onPageFinished 方法计算加载完成后的流量消耗，流量消耗的差值即为这段时间内 Webview 的流量消耗，代码如下。

```
webView.setWebViewClient(new WebViewClient() {
    @Override
    public void onLoadResource(WebView view, String url) {
        super.onLoadResource(view, url);
        // 在每次加载资源时记录开始的流量消耗
        webViewRxBytesStart = TrafficStats.getTotalRxBytes();
        webViewTxBytesStart = TrafficStats.getTotalTxBytes();
    }

    @Override
    public void onPageFinished(WebView view, String url) {
        super.onPageFinished(view, url);
        // 计算加载完成后的流量消耗
        long webViewRxBytesEnd = TrafficStats.getTotalRxBytes();
        long webViewTxBytesEnd = TrafficStats.getTotalTxBytes();
        long rxBytes = webViewRxBytesEnd - webViewRxBytesStart;
        long txBytes = webViewTxBytesEnd - webViewTxBytesStart;

        // 打印 WebView 加载页面期间的流量消耗
        Log.i(TAG, "Url:"+url
            +" WebView Rx Bytes: " + rxBytes
            + " WebView Tx Bytes: " + txBytes);
    }
});
```

2. 消耗场景

基于场景的流量消耗统计和基于场景的电量消耗统计一样，都能以 Activity、自定义业务、前后台等维度为场景，在场景开始前和开始后统计这一段时间内的流量消耗。我们依然可以在 startScene 和 stopScene 中增加流量统计能力，这样可以减少业务方调用的复杂性，并强化 startScene 和 stopScene 这两个全局方法的功能。代码如下所示。

```
void enterScene(String sceneName){
    // 开始电量消耗统计
    startBatteryUsageMonitors(sceneName);
    // 开始流量消耗统计
    startTrafficUsageMonitors(sceneName);
}

void stopScene(String sceneName){
    // 结束电量消耗统计
    stopBatteryUsageMonitor(sceneName);
    // 结束流量消耗统计
    stopTrafficUsageMonitor(sceneName);
}

private HashMap<String, long[]> mSceneTrafficConsumeMap = new HashMap();
void startTrafficUsageMonitors(String sceneName){
    mSceneTrafficConsumeMap.put(sceneName,
        new long[]{TrafficStats.getTotalRxBytes(),TrafficStats.getTotalTxBytes()});
}

void stopTrafficUsageMonitor(String sceneName){
    long[] beforeTraffic = mSceneTrafficConsumeMap.get(sceneName);
    long rxBytes = TrafficStats.getTotalRxBytes()- beforeTraffic[0] ;
    long txBytes = TrafficStats.getTotalTxBytes()- beforeTraffic[1];
    Log.i(TAG, " Rx Bytes: " + rxBytes+ "Tx Bytes: " + txBytes);
}
```

9.2.3 流量优化

当我们通过监控知道流量消耗的来源后，再进行优化就容易很多了，这里列举一些常用的优化方案。

- **业务逻辑异常修复**：有些情况下流量消耗过大是因为死循环等异常的业务逻辑代码导致的。面对这类问题，我们需要根据前面的监控定位到具体的异常场景和时间段，然后结合日志和业务逻辑代码进行排查和修复。
- **数据预下载**：在用户连接 Wi-Fi 的时候提前下载流量消耗较大的数据，这是最常用且最有效的节约用户流量的优化方案。
- **数据压缩**：数据压缩的方案有很多，而且也都比较通用，常见的数据压缩方案包括对 POST 请求的内容使用 Gzip 压缩，减少传输数据量；压缩请求头，通过传递请求头的 MD5 值来减少重复信息的传输；采用 Protbuff 等压缩率更高的数据格式来替代 json、xml 等数据格式等。
- **增量更新**：该方案需要在服务器端的数据中加入版本控制，客户端拉取数据时带入数据版本号，只拉取不同版本间发生变化的数据，这样可以减少很多不必要的流量消耗。
- **图片优化**：图片在很多情况下都是程序中流量消耗的主要来源之一。在进行图片优化时，我们可以采用按需加载图片的方法，还可以在加载图片时先只加载对应尺寸的缩略图，只有用户查看大图的时候才去加载原图，这种方式不仅节省流量，还能节省内存。在图片源上，可以使用 Webb 格式代替 PNG 或 JPEG 格式，进一步压缩图片大小，以此来减少图片传输导致的流量消耗。
- **合并请求**：合并网络请求，减少请求次数。比如对于一些接口类如统计，不需要实时上报，可以先将统计信息保存在本地，然后根据策略统一上传。这样头信息仅需上传一次，如果数据量大的话，也能节约不少流量。

9.3　磁盘占用优化

肯定有很多人因为微信巨大的磁盘占用而苦恼过，又因为担心聊天记录的丢失而不能卸载该程序。但如果我们所开发的程序没有微信这样的优势，那么在出现磁盘占用过大的问题时就会被用户毫不留情地卸载，因此我们要确保程序的磁盘占用不能过大。

9.3.1　磁盘监控

想要确保程序的磁盘占用不会过大，第一步还是监控程序的磁盘占用。磁盘占用的监控方案比较简单，只需要根据文件路径获取对应的 File 对象，然后调用 length 方法获取文件的大小即可。为了能获得整个目录的磁盘占用情况，需要对目录进行遍历，然后将大小进行累加，代码如下。如果文件的数量比较多，那么遍历可能会比较耗时，所以我们最好在子线程中进行统计。

```
File file = new File(filePath); // filePath 是想要检查的文件或文件夹的路径
long fileSize = file.length();   // 获取文件大小

// 如果 filePath 是目录，则遍历目录下所有文件并累加它们的大小
if (file.isDirectory()) {
    File[] files = file.listFiles();
    for (File f : files) {
        fileSize += f.length();
    }
}
```

除了要知道指定目录的文件大小，我们还要知道手机设备的总磁盘大小。通过系统提供的 StatFs 对象，便可以获取指定目录的总磁盘大小。在如下代码中我们传入 Environment.getDataDirectory().getPath 路径，便能获取内部存储目录的总磁盘大小。

```
public static long getTotalSpace() {
```

```
    StatFs statFs = new StatFs(Environment.getDataDirectory().getPath());
    long totalBlocks = statFs.getBlockCountLong();
    long blockSize = statFs.getBlockSizeLong();
    return totalBlocks * blockSize;
}
```

上面的方案都需要传入指定的目录才能知道该目录的文件大小或者目录的总磁盘大小，所以我们需要进一步对 Android 中的存储目录有所了解。

9.3.2 存储目录

Android 中的存储目录分为内部存储目录和外部存储目录。

1. 内部存储目录

系统在安装程序的 APK 包时，会将 APK 包复制并解压到 data/app 目录下，并在 data/data/ 包名 / 路径下创建该程序的数据目录。该目录就是程序的内部存储目录（InternalStorage），用于存储应用的私有数据，所以只有该应用可以访问这些文件，其他应用无法访问，当应用被卸载时，内部存储中的数据会被自动删除。

我们通常通过下面几种方法来直接获取内部存储的目录。

- Environment.getDataDirectory()：返回"/data"目录的文件对象。
- context.getFilesDir()：返回"/data/data/ 包名 /files"目录的文件对象，该目录通常用于保存应用的私有文件。
- context.getCacheDir()：返回路径为"/data/data/ 包名 /cache"的文件对象，该目录用于存放临时缓存数据。
- context.getDataDir()：获取的目录是"/data/data/ 包名 /"，即应用内部存储的根目录。

2. 外部存储目录

外部存储（External Storage）最开始是指 SD 卡的存储空间，即 /sdcard 路径下的存储目录，但是现在主流的手机设备是没有 SD 卡的，所以 /sdcard/ 的目录和 /storage/emulated/0 目录合并成了一个目录，统称为外部存储目录。外部存储目录主要用来存储公共文件，如照片、视频等，如图 9-6 所示，这些公共文件的数据是所有程序都有权访问的。

通过 Environment.getExternalStoragePublicDirectory(String type) 方法，我们可以获取外部公共存储的目录，其中入参 type 的类型有下面几种。

- DIRECTORY_MUSIC：路径为 /storage/emulated/0/Music，用于存储音乐文件。
- DIRECTORY_PICTURES：路径为 /storage/emulated/0/Pictures，用于存储图片文件。
- DIRECTORY_MOVIES：路径为 /storage/emulated/0/Movies，用于存储视频文件。
- DIRECTORY_DOWNLOADS：路径为 /storage/emulated/0/Download，用于存储下载的文件。
- DIRECTORY_DCIM：路径为 /storage/emulated/0/DCIM，用于存储相机应用拍摄的

照片和录制的视频文件。
- DIRECTORY_DOCUMENTS：路径为 /storage/emulated/0/Documents，用于存储文档文件，例如 PDF 文档、Word 文档、电子书等。

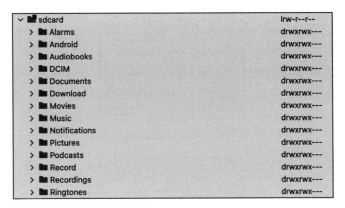

图 9-6　/sdcard/ 目录下的公共文件目录

外部存储目录除了公共目录外，还有私有目录，私有目录除了应用本身能访问，其他应用也可以通过 FileProvider 进行访问，所以外部私有目录用于存储一些隐私和敏感性不高，且需要暴露给其他应用的数据。外部存储的私有目录用法如下。
- contxt.getExternalCacheDir()：获取路径为 /emulated/0/Android/data/ 包名 /cache 目录的文件对象。
- context.getExternalFilesDir(null)：获取路径为 /emulated/0/Android/data/packagename/files 目录的文件对象。

9.3.3　磁盘优化

系统提供了对程序磁盘的清理页，我们需要进入具体应用的信息页，然后再进入存储和缓存页，便能进行磁盘清理了，如图 9-7 所示。

清理页提供了清除存储空间和清除缓存两个选项，它们的区别如下。
- **清除存储空间**：清除存储空间将彻底删除应用程序的所有数据，类似于重新安装应用程序，会清除应用程序的内部存储和外部存储中的文件、数据库、设置与缓存等。进行存储空间清理时一定要谨慎，因为很可能导致一些不可挽回的损失，比如微信清除了存储空间，那么所有的聊天记录便会丢失，如果没有进行备份就再也找不回来了。
- **清除缓存**：这个选项只会清除应用程序在设备存储中的缓存数据，也就是在 getCacheDir 和 getExternalCacheDir 路径下的文件。清除缓存对用户并不会有太大影响，因此我们可以尽量将不太重要的数据，或者可以重新下载的数据放在缓存中，这样当磁盘空间不足时，用户可以通过该选项获得明显的清理效果。如果该清理效果不佳，用户则很可能会继续清除存储空间或者卸载程序。

图 9-7　应用磁盘清理页面

虽然系统提供了手动磁盘清理页面，但是若到了用户手动清理磁盘的阶段就已经晚了，此时应用程序已经给用户留下了不好的体验。另外，并不是所有用户都知道怎么手动清理程序的磁盘空间，因此我们需要在监控到磁盘空间过大时，主动进行磁盘清理。

因为磁盘占用并不会在短时间内迅速变大，所以出于性能考虑，我们可以在程序中以较长的频率，如 1 天 / 次的频率来检测磁盘的大小，如果检测到磁盘占用正常，就不需要进行优化；如果检测到磁盘占用异常，则进行清理工作。异常的阈值可以设置为磁盘总大小的百分比，通常情况下磁盘占用超过 10% 就说明需要进行清理了。

磁盘占用异常有两种情况：
- 第一种仅是单纯地随着用户的使用导致磁盘占用变大，此时只需要通过 File 对象的 delete 方法将 Cache 目录删除即可。
- 第二种是异常情况，比如磁盘占用增长过快，前一天才进行磁盘清理了，第二天又触发了阈值，或者是 Cache 目录清理后，磁盘占用依然还是很大，这种情况下往往需要将目录中各个文件的大小上报，开发人员再根据具体的异常文件和目录，并结合日志和代码逻辑去做进一步的排查。

9.4　降级优化

我们已经学习了内存、速度、流畅性、稳定性等各个方向的性能优化方法。但是有些时候，即使我们将这些优化都做完了，程序依然会出现运行发烫、CPU 持续高负荷运行、内存频繁达到阈值等异常情况，这往往是程序的业务太多、太繁重导致的，特别是对于运行在低端机上的中大型应用来说，仅针对性能方向进行优化很难带来更好的用户体验，此时就需要进行降级了。降级一般有两种形式：第一种方式是为应用重新开发一款轻量级的程序，也称为 Lite 版本。在 Lite 版本中对部分能力和逻辑进行裁剪，以减少资源的消耗，从而让程序流畅地运行在低端机上。第二种方式是动态降级，即当设备的性能处于异常情况时，通过业务降级来确保程序的正常运行。视频播放时降低分辨率、业务拉取和解析数据时减少数据量、关闭一些非核心的功能等都属于常见的业务降级方式。由于业务降级需要基于业务的特点进行功能或者逻辑的降级，所以通用性不强，这里不会大篇幅地介绍如何进行业务降级，而是讲解如何从整体出发设计一套降级框架。这套框架可以帮助我们更好地完成业务降级操作。设计降级框架时主要考虑下面这 3 个因素。

❑ 性能指标采集和异常判断。
❑ 降级任务的添加和调度。
❑ 降级框架的效果度量。

9.4.1 性能指标采集和异常判断

只有在程序遇到性能异常时才需要降级，因此降级框架的首要任务是对性能指标进行采集，然后基于采集的指标数据判断程序是否处于性能异常情况。

常见的性能指标有 CPU 使用率、温度、内存等，这些性能指标一般都是以固定的频率进行采集，如 CPU 使用率可以 10s 采集一次，温度可以 30s 采集一次，内存可以 60s 采集一次。采集频率的确定需要考虑对性能的影响以及指标的敏感度，比如采集 CPU 的使用率，需要读取并解析 proc/stat 路径下的文件，这个操作有一定的性能损耗，所以采集不能太频繁；因为温度的变化是比较慢的，所以采集的频率可以设置得低一些。具体采集的频率并没有一个绝对值，需要根据程序的特性来进行调整，以达到一个最优值。

采集到性能指标后需要判断该指标是否异常，异常可以分为低、中、高 3 个级别，级别越高代表当前的性能表现越差，需要触发较大程度的降级才能进行缓解。对于异常阈值的判断也需要依靠经验，我们可以根据程序特点和机型来调整，以得到一个合适的值。表 9-3 所示为一组笔者在自己实际项目开发过程中为低端机设置的阈值。

表 9-3 性能指标采集阈值

类型	采集频率	异常阈值
CPU 使用率	每 10s 检测一次	• 持续 60s CPU 使用率在 50% 以上，则认为 CPU 严重高负荷运行，业务急需降级，否则程序会异常卡顿 • 持续 30s CPU 使用率在 50% 以上，则认为 CPU 中度高负荷运行，业务需要进行降级操作，程序此时处于卡顿状态 • 持续 10s CPU 使用率在 50% 以上，则认为 CPU 开始高负荷运行，业务需要进行关注，并进行轻微的降级，以提升程序体验 • CPU 使用率持续 30s 恢复到 30% 以下，则认为 CPU 压力已经缓解，程序开始表现正常，业务也可以适当关闭降级逻辑了

（续）

类型	采集频率	异常阈值
内存	每 60s 检测一次	• 当内存剩余 30MB 以下时，到达内存严重不足状态，这个时候一定要进行内存的深度降级了，否则就要出现 OOM 了 • 当内存剩余 50MB 以下时，到达内存中等不足状态，需要进行中等的内存降级逻辑 • 当内存剩余 70MB 以下时，到达内存轻度不足状态，业务方需要减少对内存的使用 • 当内存剩余 70MB 以上时，内存恢复正常，通知业务关闭内存降级逻辑
温度	每 30s 检测一次	• 当电池温度大于 40℃时，到达温度严重异常状态，需要进行深度的温度降级 • 当电池温度大于 38℃且小于或等于 40℃时，到达温度中等异常状态，触发温度降级 • 当电池温度大于 36℃且小于或等于 38℃时，到达温度轻微异常状态，业务方需要进行关注并减少导致设备发热的逻辑操作 • 如果温度恢复到 36℃以下，表示温度已正常，通知业务关闭温度降级的逻辑

9.4.2 降级任务的添加和调度

当降级框架采集到性能指标，并判断当前处于性能异常状态时，最常见的做法是通知各个业务方，业务方收到通知后进行降级。比如系统的 LowMemoryKiller 机制就是采用通知的方式让注册监听的业务来清理内存。该机制的流程如图 9-8 所示。

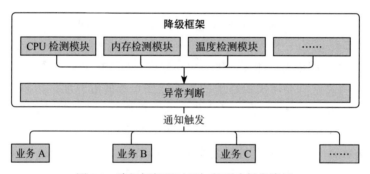

图 9-8　降级框架通过通知的形式触发降级

但是在实际开发中，仅将触发降级的通知给到各个业务方，效果往往都不好，因为业务方可能并不会响应降级通知，或者仅有个别业务方进行响应。为了达到最佳的降级效果，我们需要让业务方将降级逻辑添加到降级框架中，然后由降级框架调度和执行降级任务，以此来确保达到最佳降级效果。降级框架通过任务调度的形式触发降级的流程如图 9-9 所示。

设计降级框架时需要思考业务方要如何往降级框架中添加降级任务，以及降级框架如何调度和执行任务。

1. 添加任务

任务的添加要保持简单易用，这样才能减少业务调用的成本，所以一般提供一个全局的 addDowngradeTask 方法即可。在业务方添加降级任务时，需要带上业务的名称，这样我们就能清楚地知道，哪些业务方添加了降级处理逻辑，哪些业务方没有。对于没有注册的业务方，需要专门推动其注册降级逻辑。除了业务名称，业务方还需要带上其他参数，如降级的场景、自定义的阈值等，用于降级框架进行任务调度。

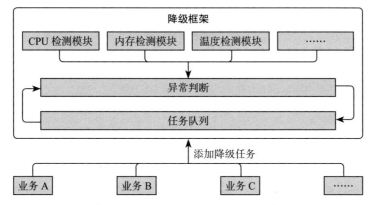

图 9-9　降级框架通过任务调度的形式触发降级的流程

2. 调度任务

对于注册进来的降级任务，降级框架需要考虑清楚调度时机及调度策略。

- **调度时机**：调度时机就是达到设定阈值的时间点。不同的设备，判断性能异常的阈值或条件是不一样的。高端机型可能 CPU 的使用率在 70% 以上，程序还是流畅的，但是低端机在 50% 以上，程序就开始卡顿了，因此不同档次的机型需要根据经验设置一个合理的阈值。
- **调度策略**：当程序处于性能异常状态时，降级框架就会执行对应场景的降级逻辑。比如当 CPU 使用率到达降级阈值时，降级框架便开始执行注册到 CPU 列表中的降级任务。在执行降级任务时，降级框架并不需要将队列里的降级逻辑一次性全部执行完成，而是可以分批执行，如果执行到某一批的降级逻辑时，CPU 使用率恢复到阈值以下了，后面的降级任务就可以不执行了。这样就可以基于全局的视角，仅以部分业务的降级换来体验的提升。

9.4.3　降级框架的效果度量

一个完善的框架，不仅要能出色地完成相应的功能，还需要有指标去度量这个框架的效果以及带来的收益。因此为了让降级框架更加完善，这里补充一下可以用于度量降级框架效果的指标，见表 9-4。

表 9-4　降级框架度量指标

指标	描述
整体的关键性能指标	通过降级框架进行降级后，整体的性能指标、如流畅性、启动速度、帧率等指标，如果有较大的提升，就说明降级框架是有效果的，否则便没有效果，此时就需要检测排查是降级框架因为阈值、回调策略等问题导致的效果不明显，还是因为业务降级逻辑不合理导致的
业务的体验指标	降级框架的作用是对业务进行降级，这些业务自身一般都有对应的业务指标，比如视频直播类的业务指标，便有用户观看时长等，如果通过降级框架的降级操作，提升了业务自身的指标，那么就说明降级是有价值的

(续)

指标	描述
降级逻辑的度量指标	降级框架在每执行一个降级任务后,需要一些度量指标去度量降级后的性能变化,如果降级任务执行后没有改善程序当前的性能,就说该降级逻辑的效果较差,需要推动业务方去进行优化,提升降级的效果
降级效果的评估指标	我们还可以增加异常持续时长这个指标来度量降级的效果,即当设备发生性能异常后,比如 CPU 过载、设备发热、内存不足等状态会持续多长时间,这个时长也可以反映用户体验的好坏时长,通过对框架的调度策略和业务的响应策略不断进行优化,这个指标就能不断地改善

9.4.4 方案实现

前面介绍了降级框架的思路和流程,这里再通过关键步骤的代码讲解降级框架的实现。这里将降级框架命名为 DevicePerfManager,并创建对应的对象,DevicePerfManager 对象持有 CPU 使用率监控、内存监控、温度监控等监控对象的实例,并且通过 ArrayList 容器来存放降级任务。UML 示例如图 9-10 所示。

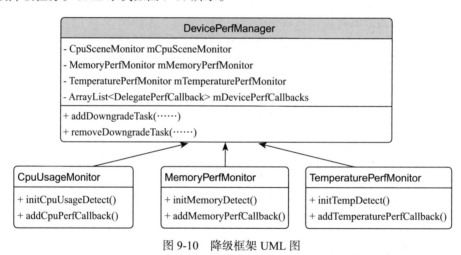

图 9-10 降级框架 UML 图

1. 注册降级任务

我们先看看业务方要如何注册降级任务。前面也提到过注册方法要简单易用,因此我们直接提供一个 addDowngradeTask 的静态方法即可,方法实现如下。

```
publicstatic addDowngradeTask(String key,
    PerfType perfType,
    Runnable task){
    //将入参封装成一个 DelegatePerfCallback 后,再放入容器中
    mDevicePerfCallbacks.add(new DelegatePerfCallback(devicePerfCallback,key,per
        fType));
}
```

对上述方法中的入参解释如下。
- key：降级逻辑的 key 值，可以用来做去重等逻辑。
- PerfType：监听指定的状态类型，如 CPU、MEMORY、TEMPERATURE 的状态。
- task：封装的降级逻辑。

业务方注册的降级任务和入参配置会被封装成一个 DelegatePerfCallback 对象，然后存入 mDevicePerfCallbacks 容器中。当某个降级条件触发时，降级框架便从容器中选择合适的 Runnable 任务来执行。

2. 调度时机和策略

下面接着以 CPU 负载异常为例，讲解 CPU 使用率采集和异常触发的实现逻辑。CPU 的使用率采集可以封装在 CpuUsageMonitor 对象中，并在 initCpuUsageDetect 方法中进行启动，代码如下。当 CpuUsageMonitor 检测出 CPU 的使用率后，便通过回调的方式将数据回调给降级框架 DevicePerfManager。

```
private void initCpuUsageDetect() {
    // 每10s 计算一次 CPU 使用率
    mScheduleThreadPool.scheduleWithFixedDelay(new DynamicFixDelayRunnable() {
        @Override
        public void run() {
            float curCpuTime = getCpuTimesN();
            long curTime = System.currentTimeMillis();
            long curTotalCpuStat = getTotalCPUTime();
            long curAppCpuStat = getAppCPUTime();
            if (mLastTotalCpuStat != 0 && mLastCpuTime != 0) {
                // 计算 CPU 使用率
                float usage = (curAppCpuStat - mLastAppCpuStat) /
                        (float) (curTotalCpuStat - mLastTotalCpuStat) * 100f;
                for (ICpuPerfCallback cpuPerfCallback : mCpuPerfCallbacks) {
                    // 将 CPU 使用率回调给降级框架
                    cpuPerfCallback.cpuUsage((int) usage);
                }
            }
            mLastTotalCpuStat = curTotalCpuStat;
            mLastAppCpuStat = curAppCpuStat;
        }
    }, 0, 10000, TimeUnit.MILLISECONDS);
}
```

降级框架 DevicePerfManager 根据 CpuUsageMonitor 回调的 CPU 使用率结合阈值来判断是否需要触发降级，代码如下所示。在降级处理函数 cpuUsageDowngrade 中，我们通过执行降级任务 Runnable 的 run 方法来触发降级逻辑。在执行完一个降级任务后，框架会检测一次当前 5s 内的 CPU 使用率，以此来判断是否要继续进行降级。

```
mCpuSceneMonitor.addCpuPerfCallback(new ICpuPerfCallback(){
    @Override
```

```java
        void cpuUsage(int usage){
            if(usage > CPU_USAGE_EXECPTION && !isCpuDowngrading){
                // 触发降级
                cpuUsageDowngrade();
            }
        }
    })

    private void cpuUsageDowngrade() {
        // 在子线程中执行降级任务
        CoreCpuThreadPool.getThreadPool().execute(() -> {
            for (DelegatePerfCallback delegatePerfCallback : mDevicePerfCallbacks) {
                // 遍历进行通知回调
                if (delegatePerfCallback.perfType == PerfType.CPU ) {
                    isCpuDowngrading = true;
                    // 执行降级任务的 run 方法
                    delegatePerfCallback.task.run();
                    // 降级后检测 5 秒内的 CPU 使用率，以判断是否继续降级
                    long beforeTotalCpuStat = getTotalCPUTime();
                    long beforeAppCpuStat = getAppCPUTime();
                    try {
                        Thread.sleep(5000);
                    } catch (InterruptedException e) {
                        e.printStackTrace();
                    }
                    // 计算当前 CPU 状态，忙碌则继续降级，否则中断降级
                    long curTotalCpuStat = getTotalCPUTimet();
                    long curAppCpuStat = getAppCPUTime();
                    int usage = (int) (((curAppCpuStat - beforeAppCpuStat) /
                            (float) (curTotalCpuStat - beforeTotalCpuStat)) * 100);
                    Log.i(TAG, "cpuUsage after downgrade" + usage);
                    if (usage < mMinBusyCpuUsage) {
                        // 如果 CPU 使用率恢复正常，则中断降级
                        break;
                    }
                }
            }
            isCpuDowngrading = false;
        });
    }
```

这里仅讲解了 CPU 高负载运行这一种性能异常的实现，其他如温度异常、内存异常等场景在机制和原理上都是类似的，就不再展开讲解了。这里讲解的案例仅是一个简化的版本，主要是为了介绍原理和思路，真实环境下的降级框架会比这个复杂很多。因为并不是所有业务场景下判断异常的阈值都一样，所以业务方大多都需要自己传入判断异常的阈值。另外，框架也不是按照顺序来进行降级的，而是按照业务优先级和效果顺序来进行降级，而且会根据异常的严重等级对相应的降级任务进行区分。感兴趣的读者可以进一步去补全和完善该方案。